제2판

결혼과 가족

문혁준·양성은·김상림·손서희·윤수정·천희영

창지사

머리말

결혼이라는 것은 하든 하지 않든 결혼적령기의 나이가 되면 진지하게 생각하는 인생의 주요 사건이며, 혼인 당사자는 물론 주변 사람들에게도 큰 의미를 갖는다.

젊은이는 결혼을 함으로써 부모의 영향력에서 벗어나게 되고, 새롭게 형성된 가족은 또 하나의 새로운 생활 공동체를 만드는 단위가 된다. 즉, 결혼은 당사자 개인만의 문제가 아니고 사회구조를 이어 나가는 하나의 절차이다.

낭만적인 사랑, 사회적·경제적 안정감, 사회적 압력 등이 결혼에 대한 주요 동기이긴 하지만 거의 모든 사회에서 결혼을 법적으로 인가하는 주된 목적은 자녀가 합법적으로 승인받는 데 있다. 이처럼 중요한 결혼이 오늘날 여러 위기 상황을 맞고 있다. 최근 통계 자료에 따르면, 두 쌍당 한 쌍꼴로 이혼할 정도로 이혼율이 급격하게 상승하고 있는 실정이다.

과거의 경우에도 결혼, 가족에 대해서 중요하게 다루었지만, 산업사회가 되면서 결혼과 가족의 개념, 사상, 가치관 등이 급속도로 변화되어 왔다. 따라서 젊은이들은 결혼과 가족에 대한 진지한 고민과 논의가 필요하며, 이를 통해 행복한 결혼, 건강한 가정 등 성공적인 삶을 영위해야 한다.

이 책은 결혼과 가족에 대한 폭넓은 지식을 쌓고자 하는 학부 학생들 및 젊은이들에게 실제적인 도움을 줄 수 있을 것이며, 결혼 상담 및 가족 상담을 공부하는 학생들에게도 기초가 되는 내용이 될 것이다.

결혼과 가족은 방대한 내용이지만 본서는 한 학기 강의계획에 맞춰 12장으로 목차를 구성하였으며, 강의 및 연구 경력뿐만 아니라 실제적 현장 경험을 두루 갖춘 저자들에 의해 공동 집필되었다. 각 장의 저자들은 다음과 같다. 1부 결혼과 가족 이해의 기초(1, 2장)는 양성은 교수, 2부 성과 사랑(3, 4장)은 윤수정 교수, 3부 결혼 과정(5, 6장)은 손서희 교수, 4부 가족 관계에서 7, 10장은 김상림 교수, 8, 9장은 문혁준 교수, 5부 가족 위기와 적응(11, 12장)은 천희영 교수가 담당하였다.

2014년에 본서의 초판이 나왔고, 이번에 개정판을 내면서 최근 정책과 통계자료들로 보완하려 애썼으나 미흡한 부분이 있으리라 생각된다. 앞으로 부족한 부분을 보완해 나갈 것을 약속드리며, 기탄없는 비판과 충고를 부탁드린다.

마지막으로 출판을 맡아 수고해 주신 창지사의 노고에 진심으로 감사드린다.

2020년 2월

저자 일동

차 례

Part 04 가족 관계

Part 05 가족 위기와 적응

Part 01

결혼과 가족 이해의 기초

제1부에서는 결혼과 가족에 대한 이론적 접근을 시도하고, 결혼과 가족이 어떻게 변화되고 있는지 살펴보고자 한다. 구체적으로, 제1장에서는 결혼과 가족이 무엇인지 개념화하고, 결혼과 가족이 수행하는 기능들을 고찰할 것이다. 결혼과 가족은 인류 역사상 가장 오래된 제도 중 하나지만 정치적, 경제적, 문화적 변동에 따라 그 개념과 기능이 변화해 왔다. 이러한 변동에 대처하기 위해 결혼과 가족의 어떤 기능이 강화되고 약화되었는지 탐색할 것이다. 또한 결혼과 가족을 분석하기 위한 다양한 이론들을 학습하고, 그 특징들을 비교할 것이다. 결혼과 가족에 대한 이론은 다양한 학문 분야의 접근을 포괄하고 통합시켜 왔다. 즉, 문화인류학, 사회학, 경제학, 법학 등의 전통적 학문분야에 심리학, 교육학, 가족학, 아동학, 사회복지학 등의 응용분야가 결합하여 발전되었다. 제1장에서는 결혼 및 가족을 설명하는 대표적인 이론으로서 구조기능주의 이론, 갈등 이론, 상징적 상호작용 이론, 사회적 교환 이론, 가족발달 이론, 가족체계 이론을 살펴볼 것이다.

제2장에서는 한국의 산업화 이후 결혼과 가족이 어떻게 변화했는지를 구조적 측면, 기능적 측면, 가치관 측면에서 조명할 것이다. 또한 최근 급격히 증가하고 있는 다양한 가족들의 특징을 살펴봄으로써 현대사회에 적응하기 위한 변화된 삶의 방식을 이해할 것이다. 다양한 가족의 대표적인 예로서 독신가구, 무자녀가족, 입양가족, 다문화가족, 한부모가족, 재혼가족 등에 대해 고찰할 것이다.

Marriage & Family

C·H·A·P·T·E·R 01

결혼과 가족에 대한 이론적 접근

■ 본 장에서는 결혼과 가족에 대한 개념적 정의를 이해하고, 결혼과 가족이 수행하는 기본적 기능들을 살펴볼 것이다. 또한 결혼과 가족을 바라보는 인식적 틀로서 구조기능주의 이론, 갈등 이론, 상징적 상호작용 이론, 사회적 교환 이론, 가족발달 이론, 가족체계 이론 등을 학습하고, 각 이론이 결혼과 가족의 특성을 어떻게 조명하고 분석하는지 비교할 것이다.

01 결혼과 가족의 개념

결혼과 가족에 대한 정의는 고정된 것이 아니며 역사적, 문화적, 사회적 요구에 따라 개념적 확대나 축소를 보여 왔다. 결혼에 대한 서구의 전통적 개념을 연구한 Bell(1997)에 따르면, 결혼은 배우자 및 배우자 가족들에 대한 새로운 관계를 규정하고, 이들의 다양한 권리를 인정하는 동시에 수행해야 할 의무를 부과하는 것이다. 구체적으로, 결혼은 배우자에 대한 배타적 성적 권리를 확보하고, 자녀에 대한 부모의 합법적 관계를 인정하며, 배우자 공동의 재산권을 인정하는 핵심적 요소를 지닌다.

결혼의 정당성은 개인이 소속된 국가의 법적 요건, 문화적 가치, 사회적 규범에 순응할 때 비로소 획득된다(사진 1-1). 예를 들어, 일부일처제(monogamy)만을 인정하는 국가에서 일부다처제(polygamy)는 위법적 행위로 간주된다. 또 다른 예로서, 이성 간의 결합만을 합법적 결혼으로 인정하는 사회에서는 동성결혼을 금지하며, 동성 사실혼 배우자의 권리를 인정하지 않는다.

[사진 1-1] 결혼식 사진

사회가 인정하는 결혼을 통해 구성된 가족은 전통적으로 다음과 같이 개념화되어 왔다. 먼저, Murdock(1949)은 가족을 "공동의 거주, 경제적 협동, 그리고 자녀의 출산과 양육을 특징으로 하는 사회적 집단"으로 정의하였다. Murdock은 가족이 기본적으로 수행해야 하는 기능으로서 성적(sexual) 기능, 재생산(reproductive) 기능, 경제적(economic) 기능, 그리고 교육적(educational) 기능을 제시했다. Murdock이 정의한 전통적 가족은 사회적으로 성관계가 용인된 성인 남녀가 한 명 이상의 친자녀 또는 입양자녀와 동거하는 형태로 구성된다. Murdock의 정의는 입양을 가족 구성의 주요 요소로 인정한 측면이 있으나, 지나치게 부부와 자녀만을 중요시함으로써 핵가족에 치중한다는 비판을 받게 된다.

구조기능주의자인 Parsons(1943)도 기능적 측면을 강조한 가족 개념을 제시한 바 있다. Parsons는 가족이 사회를 구성하는 하나의 조직으로서 달성해야 하는 과업이 있는데, 가족구성원을 준비시켜 사회에 적응하고 적절히 기능하도록 해야 한다는 것이다. 구체적으로, Parsons는 가족이란 아동의 기본적 사회화(primary socialization)를 수행하고 성인이 사회의 구성원으로서 역할을 할 수 있도록 안정감을 제공하는 집단이라고 보았다. 즉, 가족은 아동에게 사회적 가치, 규범, 제도 등을 전수하고 성인에게는 심리적 안정 및 정서적 지원을 제공함으로써 사회의 구성원으로서 기능할 수 있도록 하는 집단이다.

Burgess(1963; 김혜경·도미향·문혜숙·박충선·손홍숙·오정옥 외, 2008, 재인용)는 상징적 상호주의 이론에 입각한 전통적 가족에 대한 정의를 내린 바 있다. Burgess는 가족을 "상호작용하는 인격체들의 집합체(a unity of interacting personalities)"라고 설명하였다. 가족은 집합체이지만 그 안에 개성을 지닌 각 개인들이 모여 있으며, 서로 간의 역동적인 관계를 맺는다는 점을 지적한 것이다. 가족 내 상호작용으로 인해 가족의 기능 및 역기능은 영향을 받게 된다.

가족의 기능적 특성과 유대관계를 강조한 Lévi-Strauss(1971; 김혜경 외, 2008, 재인용)의 전통적 가족 정의도 주목할 필요가 있다. Lévi-Strauss는 가족이 결혼에 의해 시작되며, 부부와 그들의 자녀로 구성되지만 다른 근친자가 가족에 포함될 수 있다고 주장하였다. 가족구성원은 법적 결속, 종교적 유대, 경제적 권리와 의무, 성적 권리와 금지, 애정 및 존중 등 다양한 심리적 감정으로 결합된다. Lévi-Strauss의 관점은 Murdock의 핵가족 개념을 확장하여, 가족을 결혼과 혈연을 포함한 보다 넓은 친족집단으로 개념화하였다. 이를 통해 확대가족을 가족의 정의에 포함시키는 데 기여하였다.

국내 학자들의 전통적 가족 개념은 주로 가족구조에 초점을 두었다. 김두헌(1969)은 "가족은 일반적으로 영속적 결합에 의한 부부와 거기에서 생긴 자녀로 된 생활공동체"라고 하였고, 최재석(1982)은 "가족은 가례를 공동으르 하는 친족집단"이라고 하였다. 이광규(1992)는 "동거동재의 생활공동체이며 가옥, 가격(家格), 가풍(家風)을 포함하는 폭넓은 개념으로서의 문화집단"임을 강조했다. 이러한 국내 학자들의 정의에는 유교적 특성이 반영되어 있다고 볼 수 있다.

산업화와 근대화를 거치면서 결혼과 가족에 대한 정의는 심리적 기능을 강조하는 경향으로 변화하였다. Olson과 DeFrain(1997; 정현숙·유계숙, 2001, 재인용)은 가족을 "두 명 이상으로 구성되며, 애정과 친밀감을 바탕으로 서로 헌신하고, 자원과 가치관을 공유하며, 함께 의사결정에 참여하는 특성을 지닌 집단"으로 보았다. 특히 가족구성원 간의 친밀감에 대한 욕구가 충족되는 것이 중요한데, 이는 사회적 통합을 위해서도 강조되는 특성이다. 가족은 구성원들에게 격려, 위로, 애정을 제공하여 심리적 안정감을 제공하는 사회적 제도라고 할 수 있다.

현재 국립국어원(2020)의 표준국어대사전은 결혼을 "남녀가 정식으로 부부관계를 맺는 것"으로 정의하며, "주로 부부를 중심으로 한, 친족 관계에 있는 사람들의 집단 또는 그 구성원이며, 혼인, 혈연, 입양 등으로 이루어진다."고 가족을 정의한다. 2004년에 제정된 건강가정기본법(법제처, 2013)에서는 입양을 가족 형성의 주요 요건으로 포함하여 "혼인·혈연·입양으로 이루어진 사회의 기본단위를 가족으로 정의"한다. 한편, 미국의 Census Bureau(2010)에서는 가족을 "출생, 혼인, 입양에 의해 맺어지며, 한 집에 동거하는 두 명 이상의 사람들"로 정의한다. 반면 가구(household)는 보다 포괄적으로 개념 지어, "일정 거주지에 함께 동거하는 모든 사람들"로 본다. 미국 Census Bureau가 가구와 가족을 구분하고는 있지만, 여전히 물리적 거주를 함께 하는 것을 가족 형성의 주요 요소로 간주하는 것을 알 수 있다.

다양성에 대한 존중이 현대사회의 주요 가치로 등장하면서 결혼과 가족도 이에 영향을 받고 있다. 전통적 결혼의 당위성이나 규범적 가족에 대한 의문이 제기되고 있는 것이다. 성인이 되면 이성과 결혼을 하고 자녀를 출산한다는 전통적 결혼제도는 이제 개인적으로 선택할 수 있는 삶의 방식 중 하나가 되었다. 즉, 결혼을 하지 않고 평생 독신으로 사는 사람들이 증가하고, 법률적 결혼을 기피하며 동거만으로 가족을 꾸리기도 하며, 결혼을 하더라도 자녀를 낳지 않는 가족도 증가하는 등 혈연, 혼인, 입양 외의 방식으로 가족이 형성되기도 한다. 예를 들면, 무자녀가족, 입양가족, 사실혼 동거가족, 재혼을 통한 재결합 가족, 동성애가족, 공동체가족 등을 주목해야 한다. 이들은 "혼인한 남녀와 그들의 혈연자녀"로 구성되지 않았지만, 가족의 본질적인 기능을 수행하는 새로운 구조의 가족들이다. 따라서 "가족(the family)"이라는 획일적 정의가 아닌 다양한 삶의 형태를 포괄하는 "가족들(families)"로 정의하는 것이 필요하다.

02 결혼과 가족의 기능

결혼과 가족 제도는 개인 및 사회를 대상으로 특정한 역할을 수행한다. 결혼의 유형이나 가족의 구조는 기능과 차별되는 개념이다. 예를 들어, 결혼의 유형에 따라 일부일처제와 일부다처제가 있을 수 있다. 일부일처제에는 여성 배우자가 1명이지만 일부다처제에서는 복수의 여성 배우자가 존재함으로 가족의 구조적 측면에서 차이가 있다. 하지만 두 가족 모두 자녀를 출산하고 양육하는 기능을 수행하며, 경제공동체로서 함께 재화를 나누고 소비하는 역할을 한다. 또 다른 예로서, 가족의 구조에 따라 양부모가족과 한부모가족으로 나눌 수 있다. 동거하는 부모의 수는 다르지만 두 가족 모두 유사한 가족 기능을 수행하게 된다.

이러한 결혼과 가족의 기본적 기능으로서 사회적 지위 부여의 기능, 경제적 기능, 성적 욕구 충족 및 통제의 기능, 자녀 출산·양육·사회화의 기능, 돌봄의 기능, 애정적 기능, 휴식 및 오락의 기능을 들 수 있다. 각 기능은 문화적 맥락이나 사회적 가치에 따라 그 중요성이 다르며, 시대에 따라 약화되거나 강화되어 왔다.

1) 사회적 지위 부여의 기능

결혼은 혼인 당사자에게 사회적 지위를 새롭게 부여하는 기능을 한다. 지위 부여의 기능은 결혼이 개인의 선택이라기보다 가족 간의 결합으로 여겨지는 사회에서 특히 중요한 의미를 갖는다. 이러한 사회에서는 개인 간의 애정을 바탕으로 하는 연애혼보다 집안끼리의 계약에 따른 중매혼이 중요하다.

일반적으로 사람들은 자신과 비슷한 인종, 연령, 신체적 특성, 교육수준, 종교, 도덕적 가치관, 가족 배경 등을 지닌 배우자를 찾는 동질혼(homogamy)의 경향성이 있다. 이는 결혼으로 인해 현재 자신이 지닌 사회적 지위의 하락을 방지하기 위한 것으로 볼 수 있다. 물론 자신보다 높은 사회적 지위를 지닌 배우자를 찾는 상향혼(hypergamy)도 있는데, 이는 남성보다 여성에게 더 많이 나타나는 경향이 있다. 반면 남성은 하향혼(hypogamy)의 특성을 보이는데, 이는 자신보다 사회적 지위가 낮은 여성을 배우자로 삼아 가족 내 권력을 더 많이 확보하려는 경향으로 이해된다.

결혼을 통해 형성된 가족 내 배우자 및 자녀는 특정한 사회경제적 계층에 소속되게 된다. 또한 구성원들은 가족 내에서도 출생 순위나 성별에 따라 다른 지위를 획득하게 된다. 예를 들어, 장남과 막내딸이 갖는 가족 내 지위는 다르며, 이는 가족 내 상호작용에 영향을 미친다. 가족이 속한 사회경제적 계층 및 가족 내 지위는 개인의 심리적 특성, 사회적 관계, 학업 및 직업적 성취 등에도 영향을 미칠 수 있다.

2) 경제적 기능

결혼은 두 배우자가 하나의 경제공동체로서 공유재산을 모으고, 소비와 지출을 함께 하기로 합의하는 법적 절차이다. 흔히 결혼을 낭만적인 애정에 기반을 둔 것으로만 생각하는 경향이 있으나 결혼은 배우자 간의 엄격한 경제적 권리와 의무를 규정한다. 우리나라 민법에서도 혼인한 배우자 간에 부양의 의무가 있음을 규정하며, 부양의무 불이행은 악의의 유기로서 이혼의 원인이 될 수 있다. 또한 이혼 시 배우자는 재산분할청구권을 행사할 수 있는데, 이는 혼인 기간 동안 축적한 재산은 부부 공동의 것이라는 의미를 지닌다.

한편, 가족의 경제적 기능은 생산 기능과 소비 기능으로 구분할 수 있다. 과거 농경사회에서 가족은 스스로 생산한 농산물을 소비하는 자급자족이 가능했으므로 생산 및 소비의 주체로 여겨졌다. 그러나 산업화 이후 현대사회는 노동을 하는 생산 현장을 공적 영역으로 구분하고 가족을 사적 영역으로 분리시켰다. 이후 가족은 더 이상 생산 현장이 아니며, 대신 사회에 노동력을 제공하고 그 대가로 임금을 받아 필요한 공산품을 구매하는 소비 주체가 되었다. 현대 산업사회의 가족은 한정된 수입으로 전체 가족원의 욕구를 충족시킬 수 있는 공평하고 합리적인 재정 관리를 해야만 한다.

3) 성적 욕구 충족 및 통제의 기능

모든 사회는 구성원들의 성적 욕구를 충족시키는 한편, 성적 무질서를 통제하기 위한 제도를 가지고 있다. 역사적으로 결혼은 가장 효과적인 성적 욕구 충족 및 통제 수단으로 현재까지 이어져 왔다. 결혼을 통해 두 배우자는 상호 간의 성행위를 합법적으로 인정받게 되며, 동시에 상대방에 대한 배타적 성적 권리를 획득한다. 배타적 성적 권리란 결혼을 통해 보장받는 배우자의 성적 행위에 대한 독점적 권리를 의미한다.

결혼의 배타적 성적 권리는 가족 내에서 부부의 성적 욕구를 충족하는 것은 인정하지만 부부 관계 이외에서 성적 욕구를 해소하는 것은 불건전한 것으로 간주함을 의미한다. 이는 결혼과 가족이란 제도를 통해 성적 무질서를 억제하려는 사회적 합의를 반영하는 것이다. 즉, 가족은 부부로 인정된 성인 남녀의 성적 욕구를 충족시키는 기능을 하지만, 동시에 매춘이나 혼외정사를 부정적인 것으로 배격하여 사회의 성적 무질서를 통제한다.

우리나라는 2015년에 간통죄가 폐지되었다. 헌법재판소는 2015년에 "간통죄는 과잉금지원칙에 위배하여 국민의 성적 자기결정권 및 사생활의 비밀과 자유를 침해하는 것으로서 헌법에 위반된다."라며 위헌 결정을 내렸다. 하지만, 결정문에서 "부부간 정조의무 및 여성 배우자의 보호는 간통한 배우자를 상대로 한 재판상 이혼 청구, 손해배상청구 등 민사상의 제도에 의해 보다 효과적으로 달성될 수 있다."라며 결혼제도에서 부부 사이의 성적 욕구 충족 및 통제 기능을 명시하였다.

4) 자녀 출산·양육·사회화의 기능

결혼의 가장 중요한 기능 중 하나가 혼인한 성인 남녀 사이에 출생한 자녀에게 합법적인 권리와 지위를 부여하는 것이다. 이는 혼외자녀에게 가해지는 사회적 차별을 고려해 보면, 첨예하게 드러난다.

결혼을 통해 형성된 가족은 사회를 유지하기 위해 필요한 새로운 구성원을 출산하여 보충한다. 자녀 출산은 대부분의 문화권에서 바람직한 미덕으로 간주되며, 부모 되기는 결혼한 성인의 사회적 의무로 여겨지는 경향이 있다. 특히 저출산이 심각한 우리나라에서는 출산을 장려하기 위해 출산장려금 지급, 출산전후 휴가, 산모·신생아 도우미 서비스, 아이돌봄 서비스, 각종 세제혜택 등의 가족지원제도를 운영하고 있다.

가족 내에서 부모는 아동이 성인이 되기까지 필요한 의식주를 제공하며, 양육과 교육의 의무를 지닌다. 비록 자녀 교육의 기능이 대부분 학교로 이관되었지만, 자녀를 사회화하는 기능은 아직까지 가족에게 남아있다. 부모는 자녀가 사회에 적응하기 위해 필요한 주요 가치, 관습, 규범 등을 가르친다. 가족은 자녀의 인격 형성에 막대한 영향을 주며, 성숙한 사회인이 되기 위한 기본 자질을 길러 내는 주요한 기능을 수행한다.

5) 돌봄의 기능

결혼을 통해 형성된 가족은 구성원을 보호하고 돌보는 기능을 수행해야 한다. 돌봄은 재정적 지원, 신체적 수발, 정서적 지원 등을 모두 포함하는 개념이다. 부부 사이 및 부모와 미성년 자녀 사이의 부양의무는 생활유지를 위한 가족공동체의 본질이라고 할 수 있다. 한편, 우리나라 민법에서는 직계 혈족 및 배우자 사이의 부양 의무뿐만 아니라 생계를 같이 하는 그 밖의 친족 사이에도 부양의무를 명시하고 있다.

가족이 수행하는 돌봄 기능의 일차 대상은 아동과 노인이다. 그 밖에도 질병이나 사고로 일상적 기능을 수행하지 못하는 구성원이 발생하면 가족이 이들을 돌보게 된다. 어린이집, 노인복지시설, 의료기관 등의 발달로 가족 내 돌봄 기능이 과거에 비해 약화되었지만, 아직까지 가족구성원을 돌보는 일차적 책임은 그 가족에게 있다.

6) 애정적 기능

전근대 사회에서는 결혼이 봉건적 신분 제도를 유지하기 위한 수단이었기 때문에 중매를 통한 가족 간의 결합으로 여겨졌다. 이후 법 앞의 만인 평등과 개인의 자유가 실현되면서 성인은 '서로 사랑하기 때문에' 결혼을 할 수 있게 되었다. 현대사회에서는 애정이 결혼의 유일한 원인은 아닐지라도 주요한 원인임에는 틀림없다.

서로 사랑하는 남녀의 혼인을 기반으로 시작된 가족은 지속적으로 애정적 기능을 수행해야 한다. 부부는 상호 간의 애정을 유지하면서 자녀를 온정적으로 양육하기 위해 노력한다. 가족은 구성원들에게 사랑, 이해, 격려, 신뢰, 친밀감 등을 제공하며, 서로를 수용하고 지지하는 기능을 수행한다. 현대의 가족은 제도적 가족에서 우애적 가족으로 변화하였고, 이에 따라 가족의 애정적 기능이 더욱 중요시되고 있다. 경쟁이 심화된 현대사회에서 가족이 제공하는 애정적 기능은 개인의 심리적 안정을 위해 강조되는 것이다.

한편, 가족의 애정적 기능이 지나치게 강조되거나 미화될수록 예기치 않은 현상도 발생할 수 있다. 예를 들어, 배우자 간에 갈등이 심화되면 부부는 애정적 욕구가 충족되지 않는 가족을 더 이상 유지할 필요가 없다고 신속히 판단할 가능성이 있다. 가족의 애정적 기능에 대한 높은 기대는 증가하는 이혼에 대한 하나의 원인으로 여겨질 수 있을 것이다.

7) 휴식 및 오락의 기능

결혼에 이르기까지 두 사람은 교제(데이팅)를 통해 서로를 알아가며 애정을 쌓는다. 데이팅은 다양한 오락적 행위(예: 함께 영화 보기, 함께 놀이공원 가기 등)를 공유하면서 상대방과 함께 있는 것에 기쁨을 느끼는 과정이다. 앞으로도 상대방과 있는 것이 편안하고 즐거울 것이라고 어느 정도의 확신이 생기면 결혼이 가능해진다.

공적 영역과 사적 영역의 구분이 명확한 현대사회에서 가족은 구성원이 긴장과 스트레스를 풀고, 휴식을 취하고, 새로운 에너지를 재충전하는 장소로 여겨진다. 가족구성원들은 함께 여가와 오락을 즐기면서 가족 내 응집력을 강화하고, 가족의 다른 기능들을 더 잘 수행할 수 있게 된다. 여가를 함께 보내면서 부부 관계 및 부모-자녀 관계의 친밀감을 높이고, 자연스럽게 자녀를 사회화시키는 것이 가능하다.

03 결혼과 가족에 대한 이론적 접근

이론이란 특정한 현상을 설명하기 위하여 실증적 자료들을 수집하고 분석하여 설득력 있는 명제들을 도출한 후, 도출된 명제들 간의 논리적 관계를 체계화한 것이다. 결혼과 가족에 대한 이론들도 역사적, 문화적, 사회적으로 결혼과 가족이라는 제도가 갖는 의미가 무엇이고, 어떤 기능과 역할을 하며, 실제로 사람들이 결혼 과정과 가족 상호작용에서 어떤 경험을 하는지를 논리적으로 설명한다. 결혼과 가족에 대한 대표적인 이론들로서 본 장에서는 구조기능주의 이론, 갈등 이론, 상징적 상호작용 이론, 사회적 교환 이론, 가족발달 이론, 가족체계 이론을 살펴볼 것이다.

1) 구조기능주의 이론

구조기능주의 이론은 사회를 하나의 유기체로 가정한다. 예를 들어, 인체는 영양분의 섭취를 담당하는 소화기관, 불필요한 잔여물을 외부로 배출하는 배설기관, 산소를 공급하는 호흡기관, 자손 번식을 위한 생식기관 등의 부분으로 이루어진다. 각 기관은 고유의 역할을 수행하는 동시에 서로 연결되어 있다. 어느 한 기관에 문제가 생기면 주변 기관들도 영향을 받으며 인체는 질환이나 장애를 겪게 된다.

구조기능주의 이론은 사회라는 유기체가 살아가기 위해 각 내적 구조들이 고유한 기능을 가지고 있다고 설명한다. 구체적으로, 사회에는 경제 제도, 종교 규범, 교육 기관, 행정 조직, 결혼 제도, 가족체계 등이 상호 의존적 관계 속에서 맡은바 기능을 수행하고 있다. 각 부분은 사회를 유지하고 발전시킨다는 대의명분을 가지며, 무질서나 혼란을 방지하기 위해 규제나 처벌을 가하기도 한다.

결혼제도와 가족체계는 사회를 구성하는 한 부분, 즉 하나의 하위 단위로서 사회에 이바지하는 특정한 기능을 수행한다. 결혼제도는 사회구성원들의 성적욕구를 합법적으로 충족시키는 동시에 성적 무질서를 통제하고, 노동력을 지속적으로 공급하기 위한 자녀 출산 및 양육을 장려하는 효과적인 수단이다. 또한 가족체계는 각각의 구성원에게 기본적 지위를 할당하고, 적응을 위한 사회화를 담당하며, 심리적 지지 및 휴식을 제공하고, 동시에 개별 가족원을 통제하는 기능을 수행한다. [그림 1-1]은 사회를 구성하는 기본적 단위로서 가족을 묘사한 것이다.

구조기능주의 이론에서는 다양한 가족 형태 중에서도 핵가족을 기본 단위로 본다. 대표적 학자인 Parsons(1954; 김태현·전길양·이영자·임선영, 2004, 재인용)는 산업화의 요구에 가장 적합한 가족 형태는 핵가족 제도라고 주장하였다. 핵가족 내에서 아버지가 도구적 역할을 수행하고, 어머니는 표현적 역할을 수행하는 것이 기능적이라고 보았다. Goode(1959; 김태현 외, 2004, 재인용)는 산업화가 진행될수록 부부가족(conjugal type)의 형태가 증가하며, 이 가족 형태의 주요 특징은 일상생활에서 광범위한 친인척을 배제하는 것이라고 보았다.

이처럼 구조기능주의 이론은 결혼 및 가족이 사회와 가족구성원 개인에 대해 어떤 기능을 하며, 사회와 어떻게 연계되어 있는지를 설명하는 데 기여해 왔다. 특히 사회가 가장 잘 기능하고 유지되기 위해 결혼과 가족의 구조와 기능이 어떻게 변화했고 변화되어야 하는지에 초점을 두었다. 그러나 성별에 따른 노동 분업이나 사회 질서의 유지를 지나치게 강조하는 점 등은 보수적이고 성차별적이라는 비판도 받아왔다. 또한 사회적 변화와 갈등을 간과했다는 한계를 지닌다.

[그림 1-1] 구조기능주의 이론: 사회 유지에 이바지하는 기본적 구성단위로서 가족

2) 갈등 이론

갈등이란 구성원들 간에 서로 다른 동기가 대립되고 부정적 정서가 유발되는 적대적 상호작용을 의미한다. 갈등이 발생하는 단위는 연인 간의 다툼, 가족원 간의 싸움, 개인 간의 분쟁부터 국가 간의 전쟁까지 다양하다. Marx 및 Simmel로부터 시작된 갈등 이론은 사회적 갈등을 과소평가한 구조기능주의에 반대하며 논점을 전개했다.

갈등 이론가들은 인간을 자기중심적이며, 타인의 욕구보다는 자신의 욕구를 우선시하는 존재로 전제한다. 또한 사회는 구성원 모두가 만족할만한 충분한 자원을 보유하지 못한다고 가정한다. 이로 인해 각 개인은 희소한 자원을 더 많이 획득하기 위하여 지속적으로 경쟁해야만 한다. 제한된 사회 자원을 구성원끼리 나누는 과정에서 갈등이란 당연하고 자연스러운 것이다. 서로 다른 목적, 가치, 관심을 지닌 자기중심적 개인들이 불충분한 자원을 더 많이 확보하기 위해 상호작용을 하는 과정에서 갈등은 불가피한 것이다.

갈등 이론에서는 갈등이 부정적이라기보다는 사회적 진보를 위해 필요한 것으로 본다. 갈등 발생의 원인은 불평등이며, 불평등을 타파하기 위한 투쟁은 기존 제도의 변화를 유발하고, 이러한 변화를 통해 사회는 재조직된다. 이러한 측면에서 갈등은 부조리한 사회적 질서를 개선하기 위한 필수적 요소가 된다. 갈등 이론의 주요 개념은 경쟁, 자원, 갈등, 합의, 협상 등이다.

결혼 및 가족 연구에 적용된 갈등 이론은 성과 연령에 따라 권력에 구조적 차이가 있음을 지적한다. 자본 축적의 기본이 되는 사적 재산제도가 남성에게 유리한 부계제도를 출현시켰기 때문이다. 경제적 생산의 주요 책임자이고 공급자인 남성은 가족 내에서 권력을 독점하여 우월적 지위를 차지하며, 부와 권력을 차지할 능력이 없는 여성과 아동은 종속적이 될 수 있다.

성과 연령에 따른 권력의 차이는 결혼과정이나 가족 내에서도 불평등과 갈등을 유발할 수 있다. 예를 들어, 결혼 예식에 존재하는 폐백은 신부가 시부모 및 시댁 친인척에게 인사를 드리는 것이다. 폐백은 여성이 친정을 떠나 시댁으로 들어가는 의미지만 더 많은 권력을 지닌 남성에게는 요구되지 않는 행위이다. 새 신부는 시댁에서 성별 및 세대를 기준으로 가장 낮은 지위를 부여받게 된다

결혼 이후 가족체계 안에서 권위나 자원이 지속적으로 불평등하게 분배되면, 이에 따른 갈등도 축적된다(그림 1-2). 한정된 자원을 분배하는 과정에서 가족구성원 개개인의 만족도를 최대한으로 이끌어 낼 수 있는 대응방식이 무엇이며, 어떤 갈등관리 방식이 사용되느냐에 따라 가족의 유지와 해체가 좌우될 수 있다. 갈등 이론가들은 결혼 및 가족제도의 불평등을 궁극적으로 제거하기 위해서는 자본주의에 투쟁하는 것이 필요하다고 주장하였다.

갈등 이론의 한계점은 사회적 질서보다는 갈등에만 과도한 초점을 둔다는 것이다. 특히 가족 내 권력 배분이나 역할 규정이 갈등을 유발하기보다는 오히려 기능적으로 작용하며, 가족원 간의 갈등을 통제하는 긍정적 영향도 지닌다는 점을 간과하였다. 실제로, 가족은 애정, 친밀감, 유대감, 희생, 응집성 등의 긍정적 정서를 기반으로 하는 집단인 만큼 갈등 이론만으로 가족을 설명하기에는 무리가 있다.

[그림 1-2] 갈등 이론: 가족 내 불평등과 재조직

3) 상징적 상호작용 이론

상징적 상호작용 이론은 가족구성원 간의 일상적 상호작용에 초점을 두고 결혼제도 및 가족과정을 이해하려는 미시적 접근이다. 상징적 상호작용 이론의 전제는 인간의 행동이 서로 간의 사회적 상호작용에 의해 결정된다는 것이다. 이에 따라 몇 가지 기본적 가정을 지닌다.

첫째, 인간은 상징을 창조하고 조작할 수 있는 존재이다. 즉, 인간은 추상적이고 정교한 언어적·비언어적 상징체계를 통하여 의사소통할 수 있는 능력이 있다. 이러한 능력은 자신이 타인으로부터 어떠한 기대를 받고 있으며, 어떠한 사회적 역할을 수행해야 하는지 인식하게 한다.

둘째, 상징은 타인과의 사회적 상호작용을 통해 그 의미가 창출된다. 즉, 인간은 자신이 속한 사회의 구성원들과 상호작용을 통해 특정 행위, 사건, 사물 등에 대한 의미를 학습하며, 사회적 맥락이 달라지면 이러한 의미는 변화될 수 있다. 예를 들어, 미국에서는 남성이 여성에게 반지를 선물하며 청혼을 하는 것이 결혼을 위한 애정표현의 행위로 여겨진다. 하지만 한국에서는 일반적으로 양가의 결혼 합의 후 남성이 여성에게 예물을 보내는 것을 적절한 절차적 의례로 간주한다.

셋째, 인간은 상황에 대해 주관적 해석을 하며, 해석에 따라 행동이 달라진다. 상징적 상호작용 이론은 개인이 특정한 상황에 처하여 이를 어떻게 인지하고 해석하는가에 관심을 갖는다. 또한 개인이 선택적으로 반응하는 주관적 입장에서 사회현상을 파악하고자 한다.

넷째, 인간의 자아개념은 선천적인 것이 아니라 사회적 상호작용을 통하여 형성된다. 아동은 가족 안에서 부모 및 형제와 상호작용하면서 자아개념을 형성하고, 타인이 어떻게 자신을 평가하는지 지속적으로 반성하면서 자아개념을 수정해 간다.

Mead와 Blumer로부터 시작된 상징적 상호작용 이론은 이러한 기본적 가정 하에 자아개념, 정체성, 역할 취득, 의사소통, 그리고 가족 관계의 중요성을 강조하였다. 특히 개인의 사회화가 어떻게 일어나는지, 사회화 과정이 개인의 삶에 어떻게 영향을 미치는지에 관심을 두었다.

한편, 상징적 상호작용 이론은 가족의 내적인 과정에 중점을 두기 때문에 결혼제도나 가족체계에 영향을 미치는 거시적 측면을 간과한 한계를 지닌다. 정치, 경제, 사회 구조와 같은 보다 큰 맥락이 결혼제도에 어떻게 영향을 미치며, 가족은 외부 자극에 어떻게 적응하고 대처하는지에 대한 설명력이 부족하다. 또한 상징적 상호작용 이론은 결혼과정이나 가족 내에 존재하는 권력 관계 및 갈등을 충분히 설명하지 못한다는 비판을 받는다. 가족구성원 사이에 갈등이 초래될 때 의사소통만으로는 해결되지 않는 경우가 많고, 더 큰 권력을 지닌 가족원에 의해 의사결정이 이루어지는 경우가 빈번하기 때문이다.

4) 사회적 교환 이론

사회적 교환 이론은 사회를 거시적 차원에서 분석하는 구조기능주의에 대한 대안 이론으로서 제기되었으며, 미시적 차원에서 개인, 가족, 사회 현상을 분석하였다. 사회적 교환 이론의 출발점은 인간은 누구나 자신의 이익을 추구하고 손해를 줄이는 방향으로 행동한다는 가정이다. 이러한 가정 위에 모든 사람은 자신의 비용을 최소화하고 보상을 극대화하는 인간관계를 추구한다고 볼 수 있다. 여기서 보상과 비용은 금전이나 현물 같은 물질적인 것뿐만 아니라 시간, 노력, 애정, 심리적 만족감이나 불쾌감 등을 포함하는 포괄적 개념이다.

사회적 교환 이론은 미국 학자들을 중심으로 발전되었으며, 1970년대 이후 결혼 및 가족 연구를 위한 주요 이론으로 부상하였다. 사회적 교환 이론은 특히 배우자 선택과정, 부부간 권력, 의사소통, 결혼의 안정성, 성역할, 성행동, 가정폭력 등의 현상을 설명하는 데 유용하다. 구체적으로, 배우자를 선택할 때 각 당사자는 자신이 소유한 자원과 상대방이 보상할 수 있는 자원을 엄격히 평가한다. 일련의 배우자 후보들에 대한 평가를 거쳐 결국 자신의 이익을 극대화하는 상대를 선택하여 결혼에 이르게 된다. “미녀와 야수”의 결합이나 “트로피 와이프(trophy wife)” 등은 사회적 교환 이론이 설명하는 배우자 선택과정의 전형적인 사례이다. 신체적 매력은 없지만 재력이 풍부한 남성과 경제적 능력은 없으나 아름다운 여성 간의 결혼을 생각해 볼 수 있다. 이 남성은 자신의 재력을 비용으로 지불하지만 상대방 여성의 신체적 매력을 보상이라고 여길 수 있고, 반대로 여성은 남성의 재력을 보상으로 간주하기 때문에 남성의 불만족스러운 외모를 참는 것이 자신이 지불할 비용이라고 생각할 수 있다.

사회적 교환 이론은 부부 관계에 나타나는 권력의 차이도 각자가 지닌 자원이 사회문화적 맥락 속에서 다르게 평가되기 때문에 발생한다고 설명한다. 예를 들어, 임금노동을 하는 남편과 가사노동을 하는 아내의 경우를 생각해 볼 수 있다. 임금노동의 가치가 가사노동보다 높게 평가되는 자본주의 사회에서 남편의 자원이 아내보다 더 많은 것으로 여겨진다. 부부 관계를 유지하기 위해서는 공평한 교환관계가 이루어져야 하기 때문에 자원이 상대적으로 많은 남편은 아내보다 더 많은 권력을 요구하게 되고, 아내는 남편에게 권력을 양도하는 비용을 지불하지만 남편의 임금을 공유할 수 있는 보상을 받게 된다.

사회적 교환 이론은 이혼에 대해서도 설득력 있는 분석을 하였다. 이혼은 배우자 일방 또는 양방이 현재 유지하고 있는 부부 관계가 불공평하다고 인식하고, 이를 종결하려는 시도로 볼 수 있다. 자신이 부부 관계에 투자하는 경제적, 심리적, 신체적 비용이 상대방에 의해 적절히 보상되지 않는다고 느끼면 사회적 교환 이론적으로 볼 때 이 관계를 유지하는 것은 비합리적이다. 물론 이혼 자체가 많은 비용을 치러야 하는 사건이기도 하다. 그렇기 때문에 당사자는 불공평한 현재 부부 관계를 유지하는 것과 이혼이라는 새로운 대안 사이의 비용과 보상을 평가하여 궁극적인 행동에 나서게 된다.

사회적 교환 이론의 문제점은 인간이 언제나 합리적이고 타산적으로만 행동하지 않는다는 점을 간과한 것이다. 사람들은 때때로 어떤 보상도 기대하지 않는 이타적 행위를 하기도 하고, 충동적으로 비합리적인 의사결정을 하기도 한다. 특히 가족은 애정, 존중, 효, 친밀감, 의무감 등 단순히 보상과 비용으로 설명할 수 없는 정서적 특성으로 결합되어 있다. 이러한 심리적 특성들에 부여되는 가치가 지극히 개인적이기 때문에 평가과정을 객관적으로 분석하기 어렵다는 것도 사회적 교환 이론의 한계로 지적된다. 예로서, 외부자가 보기에는 배우자 어느 한쪽이 너무 많은 비용을 지불한다고 여겨지는 부부가 있을 수 있다. 객관적으로는 불공평한 교환으로 간주되어 해체될 위험이 높아 보이지만 당사자들은 주관적으로 자신들의 부부 관계를 행복하다고 평가하고 일생을 함께 하는 경우도 많다.

5) 가족발달 이론

가족발달 이론은 가족을 상호작용하는 개인들의 집합체로 본다는 점에서 상징적 상호작용 이론과 유사성이 있다. 하지만 시간적 경과에 따른 가족의 변화에 초점을 둔다는 특징이 있다. 가족발달 이론은 출생부터 사망에 이르는 개인의 생애처럼 가족도 형성부터 해체까지의 전 과정이 있다고 가정한다. 구체적으로, 전 생애 동안 개인은 출생, 영유아기, 아동기, 청소년기, 성인기, 중장년기, 노년기의 단계를 거친다(그림 1-3). 이처럼 가족도 결혼을 통한 가족의 형성부터 구성원의 사망으로 인한 가족의 해체에 이르는 각각의 특징적인 단계를 겪으며 변화한다.

[그림 1-3] 가족발달 이론: 구성원의 생애주기에 따른 가족의 변화

가족발달 이론은 가족을 순간순간 변화하는 동태적 집단으로 파악하며, 가족체계의 종단적 경로인 가족생활주기를 중요시한다. 성인 남녀의 결혼으로 성립된 가

족은 이후 자녀 출산, 양육, 자녀들의 독립, 배우자의 사망 등 일련의 사건들을 겪게 된다. 이 과정에서 가족의 구조, 기능, 역할, 과업 등이 변화한다. 이처럼 시간이 경과함에 따라 변화하는 가족생활의 연속적 과정을 가족생활주기라고 한다. 가족발달 이론은 가족생활주기의 각 단계마다 가족이 이루어야 될 과업이 무엇이고, 과업을 달성하는 과정에서 구성원들의 기대와 욕구가 어떻게 조정되며, 각 단계마다 어떠한 가족 상호작용이 이루어질지 예측할 수 있는 준거를 제시하였다.

가족생활주기는 가족의 유형과 특성에 따라 다양하지만 일반적으로 결혼을 통해 가족이 형성되는 시기부터 두 배우자가 모두 사망하는 시점까지 특징적 단계로 나눌 수 있다. 가장 고전적인 가족생활주기는 미국의 핵가족을 조사한 Duvall의 8단계설이지만, 현대 한국 가족에게 적용되기에는 부적절한 것으로 여겨진다. 이에 다양한 국내 학자들(공세권, 1987; 김승권, 2000; 김혜경 외, 2008; 유영주·김순옥·김경신, 2008)의 이론을 종합하여, 〈표 1-1〉에 한국의 가족생활주기의 단계별 특징 및 발달과업을 제시하였다.

개인의 생애발달에서 각 시기에 이루어야 될 발달과업이 있듯이 가족발달 이론에서도 원만한 가족생활을 위하여 가족이 성취해야 할 단계별 발달과업은 중요하다. 가족생활주기에 따른 과업을 가족이 단계적으로 수행해야만 가족원들이 안정감과 충족감을 느낄 수 있다. 각 단계별 발달과업은 반드시 이루어져야 하는 결정적 시기(critical period)가 있으며, 결정적 시기에 과업이 수행되지 않으면 가족은 역기능을 나타낼 수 있다.

가족발달 이론은 현대사회의 다양한 가족들이 등장하면서 도전을 받아 왔다. 기존의 가족생활주기는 남녀의 결혼을 출발로 자녀를 출산하고 양육하며 이혼 없이 지속되는 가족만을 설명하기 때문이다. 예를 들어, 최근 증가하는 무자녀가족은 자녀양육기나 자녀독립기로 이행되지 않기 때문에 기존의 가족생활주기로는 설명이 어렵다. 또한 이혼 후 재혼을 하는 가족이 증가하는 것도 주목해야 한다. 이들을 설명하기 위해서는 이혼 후 한부모가족기를 거쳐 재혼 후 재구성된 가족에 대한 보다 정교하고 확장된 가족생활주기가 필요하다.

〈표 1-1〉 가족생활주기 단계별 특징과 발달과업

가족생활주기 단계		특징과 발달과업
가족형성기	신혼부부가족	새로운 부부 관계에 적응
		배우자의 원가족(시댁/처가)과 관계 형성
		가족의 장기계획 수립(임신, 출산, 양육, 주거, 직장, 가계관리 등)
자녀양육기	영유아기 자녀가 있는 가족	부모 역할에 적응
		부부간의 역할분담(가사노동 및 양육)
		조부모와의 협력관계 구축
		자녀 중심의 가족생활계획 재검토
	아동기 자녀가 있는 가족	자녀교육을 위한 가족생활 조정(가계관리, 교육, 여가, 주거 등)
	청소년기 자녀가 있는 가족	청소년 자녀의 심리적 독립에 대한 부모 역할 재조정
		청소년 자녀의 진학과 교육비 준비
자녀독립기	성인 자녀가 있는 가족	자녀의 취업 및 결혼 지원
		자녀부부와의 관계 형성
		중년기 부부 관계 재조정
		노후생활을 위한 준비
가족해체기	노부부가족	조부모 역할 수행
		사회적 관계망 재구축
		건강문제 관리
		배우자의 사망

출처: 문혁준·김진이·양성은·이은주·천희영·황옥경(2010).

6) 가족체계 이론

가족체계 이론은 독일의 생물학자 Bertalanffy가 1960년대에 발표한 일반체계 이론(general systems theory)에서 기원하였다. 일반체계 이론에서 정립한 체계에 대한 개념은 가족이 지닌 유기체적 특성과 역동(dynamics)을 설명하는 데 효과적이었다. 이후 가족체계 이론은 가족을 설명하는 가장 영향력 있는 이론으로 부상하여 현재에 이르고 있다.

체계(system)란 여러 개의 부분들이 모여 구성된 복잡한 전체를 의미한다. 가족체계 이론은 가족 내에 부부 하위체계(marital subsystem), 부모 하위체계(parental subsystem), 형제자매 하위체계(sibling subsystem)를 가정한다. 각 가족구성원은 하위체계에 소속되어 있고, 이러한 하위체계를 통해 가족은 그 기능을 수행한다. 하나의 체계를 외부와 구분 짓는 것을 경계(boundaries)라고 하는데, 가족이 효과적으로 기능하기 위해서는 경계가 분명하고 어느 정도 투과성이 있어야 한다. 역기능적 가족은 폐쇄적인 경계를 가지고 고립되는 경향이 높다. 예를 들어, 만성적 가정폭력을 겪는 가족은 주위에 도움을 줄 수 있는 친구, 친인척, 이웃 등이 없으며 단절되어 있는 경우가 많다. 한편, 기능적인 가족은 명확한 경계를 가지고 있는데, 외부와의 활발한 교류를 하는 동시에 가족 체계를 유지하기 위한 내부의 위계질서 및 규칙을 지닌다.

가족체계 이론은 다음의 기본 개념을 가지고 있다. 첫째, 체계는 전체성을 지닌다. 이는 "전체는 부분의 합보다 크다(The whole is greater than the sum of its parts)"는 명제를 바탕으로 한다. 체계는 각각의 부분들이 모여 이루어지나 각 부분들이 서로 상호 교류를 하면서 새로운 관계성을 형성한다. 그러므로 단순한 부분의 합이 아닌 새로운 추가적 특성을 이해해야만 체계를 분석할 수 있다. 예를 들어, 부모와 딸로 이루어진 3인 가족은 하나의 가족체계라고 할 수 있다. 이 가족을 알기 위해서는 아버지, 어머니, 딸이 지닌 개인적 특성을 각각 분석하는 것이 필요하다. 그러나 구성원 각자에 대한 분석만으로는 가족 전체를 이해했다고 볼 수 없다. 이들의 부부 관계, 부녀 관계, 모녀 관계, 그리고 3명의 가족이 다 같이 모여 상호작용하는 것을 관찰한 후에야 비로소 가족체계를 이해할 수 있다. 이러한 관계성이 체계의 추가적 특성이 되는 것이다.

둘째, 체계는 상호성을 지닌다. 체계를 이루는 각 부분들은 서로 맞물려 돌아가는 톱니바퀴들과 같다. 상호성이란 체계 내의 한 부분에서 발생한 변화가 체계 내 다른 부분에 영향을 미쳐 또 다른 변화를 초래한다는 것이다. 예를 들어, 남편의 갑작스러운 실직은 부부 사이의 권력 관계에 변화를 가져올 수 있다. 아내는 생계부양자 역할을 상실한 남편으로부터 가장의 권위를 회수하려 할 수 있고, 이는 부부 관계의 갈등을 유발할 것이다. 부부 갈등은 이들의 부모 역할 수행을 저하시켜 부모 - 자녀 관계에 부정적인 영향을 미칠 수 있으며, 자녀가 문제행동을 유발할 가능성도 높인다. 자녀의 문제행동은 다시 부모 - 자녀 관계에 새로운 갈등을 유발하고, 부모 - 자녀 관계가 악화되면 부부 관계도 더욱 악화될 수 있다. 물론 체계의 상호성은 부정적인 현상뿐만 아니라 긍정적인 현상도 체계 내에 파급시키는 특성을 갖는다.

셋째, 체계는 항상성을 지닌다. 이는 체계가 근본적으로 평형 상태를 유지하려는 특성이 있음을 의미한다. 가족체계는 외부 환경으로부터 오는 자극에 대처하고, 가족구성원 간의 상호작용으로 유발되는 변화에 적응하면서 안정을 유지하기 위해 최선을 다한다. 체계의 안정지향적 특성은 때로 가족원의 행동을 제한하기도 한다. 부부간의 갈등이 심화되어 이혼을 고려하는 가족의 역동을 예로 살펴볼 수 있다. 부부 관계의 위기를 목격한 자녀들은 이혼을 통해 가족의 항상성이 깨지는 것을 막기 위해 노력하게 된다. 가족상담에서 흔히 목격되는 것은 부부간의 갈등이 심화되면, 아동이 의식적 또는 무의식적으로 문제행동을 유발하는 것이다. 아동의 문제행동은 부모의 관심을 끌게 되어 부부 갈등을 잠정적으로 소강시키고, 이혼을 보류하여 가족체계를 유지하는 효과를 낳게 된다. 이는 체계의 항상성을 유지하기 위해 가족구성원이 역기능적으로 대처하는 전형적인 상황이다.

가족체계 이론은 가족구성원 간의 역동적인 상호작용이나 가족과정(family process)을 설명하는 데 이바지했다. 또한 가족상담이나 가족생활교육에 적용할 수 있는 실용적 특성을 지닌다. 그러나 지나치게 추상적이고 총체성을 강조하다보니 연구를 위한 방법론적 접근이 어렵다. 또한 가족체계 이론은 가족 내의 성이나 연령에 따른 권력의 차이를 간과하는 경향이 있다. 즉, 체계의 상호성을 강조한 나머지 가족구성원 각각의 영향력이 서로 다르다는 점을 배제하여, 약자의 입장에서 가족 현상을 설명하는 데 한계가 있다.

C•H•A•P•T•E•R 02

결혼과 가족의 다양화

■ 본 장에서는 한국의 결혼과 가족이 실제로 어떤 모습을 하고 있는지 최근 통계자료를 분석하며 현황을 고찰할 것이다. 결혼과 가족의 구조적, 기능적, 가치관 측면의 변화를 살펴보는 것은 본 현상의 본질에 대한 이해를 높일 수 있을 것이다. 끝으로, 현대사회에 적응하기 위해 새롭게 등장한 다양한 가족으로서 독신가구, 무자녀가족, 입양가족, 다문화가족, 한부모가족, 재혼가족 등에 대해 살펴볼 것이다.

01 결혼과 가족의 변화

우리나라는 1960년대부터 급격한 산업화를 겪으면서 정치, 경제, 사회, 문화, 교육 등 모든 분야의 총체적 개편을 진행하였다. 이러한 거시체계의 변화는 전근대적 결혼제도의 가치를 재평가하게 하며, 미시체계인 가족의 구조와 기능에도 영향을 미쳤다. 산업화 과정을 거치면서 결혼과 가족에게 나타난 변화로 구조적 변화, 기능적 변화, 가치관 변화를 살펴보면 다음과 같다.

1) 결혼과 가족의 구조적 변화

결혼과 관련되어 나타나는 구조적 측면의 변화는 생애독신율(50세까지 한 번도 결혼한 경험이 없는 사람의 비율)의 증가, 초혼의 만혼화, 재혼의 증가로 요약해 볼 수 있다. 통계청(2019c)에서 발표한 혼인·이혼통계에 따르면, 2018년 혼인건수는 25만 7천 6백 건으로 전년 대비 2.6%(6천 8백 건) 감소하였다. 혼인건수는 2012년 이후 7년 연속 감소 추세를 보이고 있다(표 2-1). 혼인유형별로 보면, 2018년에 발생한 전체 혼인 중 '남자 초혼+여자 초혼'이 77.6%, '남자 재혼+여자 초혼'이 4.0%, '남자 초혼+여자 재혼'이 6.2%, '남자 재혼+여자 재혼'이 11.9%를 차지하는 것으로 나타났다.

초혼의 평균 연령은 2018년에 남자 33.2세, 여자 30.4세로 남녀 모두 전년 대비 0.2세 상승한 것으로 나타났다. 2008년에 비해 남자는 3.9세, 여자는 4.3세 상승한 것을 감안하면 만혼의 경향이 두드러지고 있음을 알 수 있다. 만혼의 원인은 대학 진학률이 높아지면서 발생하는 교육기간의 연장, 취업을 통해 경제적으로 자립하여 새로운 가족을 꾸릴 준비를 하는 기간의 장기화, 결혼의 당위성에 대한 회의 등이 복합적으로 작용하여 나타난다. 특히 결혼은 거시체계의 경제적 요소에 따라 민감하게 영향을 받는다. 결혼적령기의 성인은 안정적 취업 기반이 흔들리면 전형적으로 결혼을 연기하게 된다.

〈표 2-1〉 혼인건수 및 조혼인율

	2008	2009	2010	2011	2012	2013	2014	2015	2016	2017	2018
혼인건수(천 건)	327.7	309.8	326.1	329.1	327.1	322.8	305.5	302.8	281.6	264.5	257.6
증감(천 건)	−15.8	−18.0	16.3	3.0	−2.0	−4.3	−17.3	−2.7	−21.2	−17.2	−6.8
증감률(%)	−4.6	−5.5	5.3	0.9	−0.6	−1.3	−5.4	−0.9	−7.0	−6.1	−2.6
조혼인율*	6.6	6.2	6.5	6.6	6.5	6.4	6.0	5.9	5.5	5.2	5.0

* 인구 1천 명당 건

출처: 통계청(2019c).

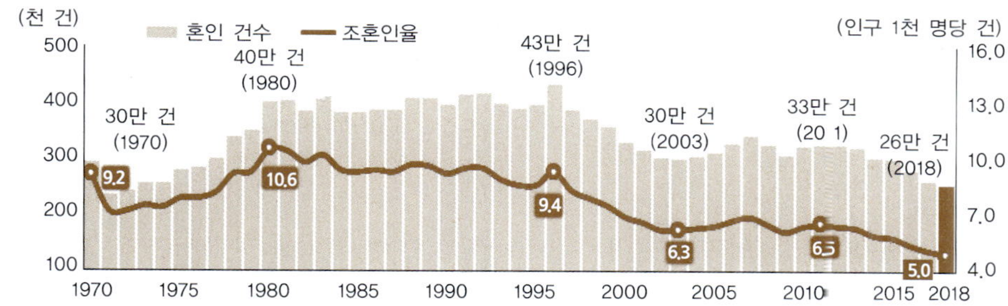

출처: 통계청(2019c).

[그림 2-1] 혼인건수 및 조혼인율

결혼 양상의 변화와 함께 가족의 구조적 측면에도 변화가 일어났다. 대표적인 가족의 변화로는 가족구성원 수의 감소를 들 수 있다. 즉, 한 가구 내에서 함께 동거하는 가족구성원의 수가 현저히 감소한 것이다. 통계청(2018c)이 발표한 '2017 인구·주택 총조사'에서도 가구당 평균 가족원 수가 2000년에 3.12명에서 2010년 2.69명으로 줄어들다가 2017년에는 2.47명으로 떨어졌다. 통계청은 같은 보고서에서 우리나라 주된 가구 유형이 2005년 이전에는 4인 가구였으나, 2010년에는 2인 가구, 2015년 이후로는 1인 가구로 변경되었다고 보고했다(표 2-2).

〈표 2-2〉 연도 및 가구원수별 가구 규모 (단위: 천 가구, %)

가구원수	2000년	2005년	2010년	2015년	2016년	2017년
일반가구	14,312 (100.0)	15,887 (100.0)	17,339 (100.0)	19,111 (100.0)	19,368 (100.0)	19,674 (100.0)
1인	2,224 (15.5)	3,171 (20.0)	4,142 (23.9)	5,203 (27.2)	5,398 (27.9)	5,619 (28.6)
2인	2,731 (19.1)	3,521 (22.2)	4,205 (24.3)	4,994 (26.1)	5,067 (26.2)	5,260 (26.7)
3인	2,987 (20.9)	3,325 (20.9)	3,696 (21.3)	4,101 (21.5)	4,[illegible]52 (2[illegible].4)	4,179 (21.2)
4인	4,447 (31.1)	4,289 (27.0)	3,898 (22.5)	3,589 (18.8)	3,551 (18.3)	3,474 (17.7)
5인 이상	1,922 (13.4)	1,582 (10.0)	1,398 (8.1)	1,224 (6.4)	1,200 (6.2)	1,142 (5.8)

출처: 통계청(2018c).

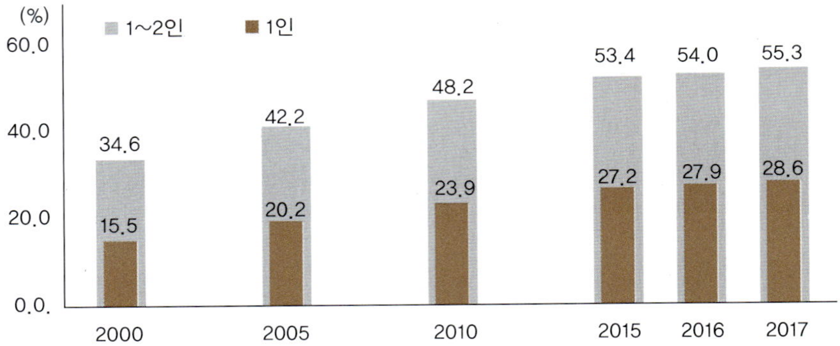

출처: 통계청(2018c).

[그림 2-2] 연도 및 가구원수별 가구 규모

가족구성원 수의 감소의 원인은 크게 두 가지가 있다. 첫 번째는 핵가족화이다. 핵가족이란 부부와 이들의 미혼자녀로 구성된 가족을 말한다. 산업화 이후 한국 가족에게 나타난 두드러진 특징이 부모를 모시는 직계가족의 비율은 줄고 핵가족이 일반적인 형태가 되었다는 점이다. 통계청(2018d)에서 전국 25,843 표본 가구 내 상주하는 만 13세 이상 가구원 약 3만 9천 명을 대상으로 발표한 '2018 사회조사'에서 부모가 자녀와 동거하는 경우(27.1%)가 부모만 따로 살고 있는 경우(69.5%)보다 훨씬 낮게 나타났다(표 2-3). 또한 통계청(2018c)이 발표한 '2017년 인구·주택 총조사'에 따르면, 2017년 총가구 수는 1967만 4천 가구로 2000년(1431만 2천 가구)에 비해 증가했고, 1인 가구는 28.6%에 달했다. 또한 1인 가구 중 70세 이상이 18.0%로 가장 높게 나타났다. 이는 젊은 세대가 노부모와의 동거를 기피할 뿐만 아니라 노부모도 자녀에게 의존하기보다 독립가구를 형성하는 것을 선호하는 경향이 맞물리면서 발생했다.

〈표 2-3〉 부모 생존여부 및 동거자(가구주) (단위: %)

	계	부모[1] 생존	부모의 동거자						
			소계	자녀	장남 (맏며느리)	장남 외 아들 (며느리)	딸 (사위)	부모만 따로 살고 있음	기타[2]
2016년	100.0	55.6	100.0	29.2	12.1	10.0	7.1	68.2	2.7
2018년	100.0	58.2	100.0	27.1	12.0	8.1	7.0	69.5	3.3
13~29세	100.0	97.6	100.0	24.4	8.4	5.9	10.0	74.4	1.2
30~39세	100.0	95.8	100.0	20.2	6.8	6.5	6.9	79.4	0.4
40~49세	100.0	87.1	100.0	25.2	12.0	7.3	6.0	72.8	2.0
50~59세	100.0	56.7	100.0	33.8	17.1	10.4	6.3	61.2	5.0
60세 이상	100.0	13.7	100.0	40.3	18.3	13.0	8.9	43.4	16.3

주: 1) 부모 중 한 사람이라도 생존해 있는 경우임.
2) '기타 친척' 포함.
출처: 통계청(2018d).

가족구성원 수의 감소를 유발한 두 번째 이유는 소자녀화 때문이다. 최근 우리나라의 출산율은 전 세계에서 가장 낮은 수준이다. 통계청(2020)의 '2019년 11월 인구동향'에 따르면, 2019년 11월에 출생아 수는 23,819명으로 전년동월 대비 1,482명(5.9%) 감소하였다. 우리나라 저출산율의 원인은 다양하지만, 정부 주도의 가족계획 정책이 시발점이라고 평가할 수 있다. 산업화 사회에서는 소규모 가족이 대규모 가족에 비해 적응하기 유리하다는 가족학 이론이 있다. 산업화를 촉진시키기 위한 정부의 노력은 저출산에 대한 적극적인 홍보였으며, 이러한 인구 억제책은 성공을 거두어 이상적 자녀 수에 대한 규범을 바꾸고, 실제 합계출산율을 급격히 감소시켜 가족규모를 단기간에 축소시켰다. 하지만 이제는 인구의 감소를 우려하는 수준이 되었고, 청년층의 감소로 노동력 부족과 노인부양 부담의 증가가 심각한 쟁점으로 떠올랐다.

우리나라의 낮은 출산율은 빠른 고령화와 직결된다. 통계청(2019d)이 발표한 '2019년 고령자통계'에 따르면, 2019년 총인구에서 65세 이상 고령자가 차지하는 비중은 14.9%로 사상 최고치를 기록했다(그림 2-3). 전체 인구 가운데 65세 이상 노인의 비율이 7% 이상 14% 미만일 경우 '고령화 사회'로 분류된다. 한국은 2018년부터 '고령사회' (14% 이상)에 진입하였고 현재도 빠른 속도로 고령화가 진행되고 있다.

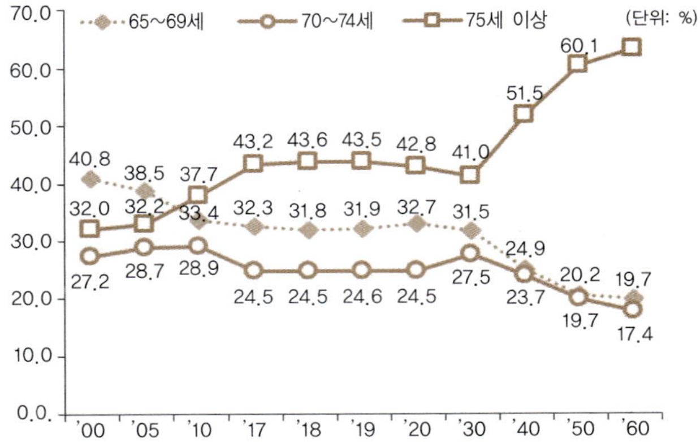

출처: 통계청(2019d).

[그림 2-3] 고령자의 연령대별 구성비

이에 따라 '초고령 사회'(20% 이상) 진입은 더욱 앞당겨질 것으로 보인다. 특히 고령자 통계(2019)에서는 75세 이상 후기 고령 인구 비율이 2019년 이후 증가할 것으로 예측하고 있다. 또한 2019년 15~64세 100명당 65세 이상 인구(노년부양비)가 20.4명에 이르며 2065년에는 저출산·고령화의 영향으로 65세 이상 인구가 15~64세 인구를 넘어설 것으로 예측하고 있다.

2) 결혼과 가족의 기능적 변화

결혼과 가족의 구조적 측면에서 생애독신율의 증가, 초혼의 만혼화, 재혼의 증가, 핵가족화, 소자녀화 등의 현상은 결혼과 가족의 기능적 측면에서 변화를 가져왔다. 우리나라의 결혼과 가족이 수행하는 기능은 전통적 유교사상과 서구적 요소의 충돌로 인해 독특성을 지닌다. 또한 급격한 사회구조의 변화를 개별 가족이 따라잡지 못해 생겨나는 괴리도 쟁점으로 부각된다.

가족의 전통적 기능이었던 생산기능은 산업화로 인해 사적 영역인 가족과 공적 영역인 일터가 물리적으로 분리되면서 변화되었다. 가족의 자체 생산기능은 약화되는 대신 사회에 노동력을 제공하게 되었으며, 그 대신 소비기능은 두드러지게 강화되었다. 가족이 소비주체가 되면서 소득 정도에 따라 가족생활 만족도가 직접적 영향을 받게 되었다. 한편, 직장 및 노동의 중요성이 강조되면서 가족원 간의 유대관계를 맺기 위한 시간이 감소하는 경향이 있다. 경제적 활동에 우선순위를 두면서 직장 때문에 가족원들이 동거하지 못하는 분거가족이 증가하는 것도 일반적이다. 사회적 경쟁이 치열해질수록 가족의 애정적 기능과 휴식 및 오락의 기능이 중요시되는 것에 반해 가족 친화적 노동환경이 조성되지 못한 점은 문제로 지적된다.

결혼과 가족은 여전히 합법적인 성적 욕구 충족과 통제에 대한 기능을 수행하고 있다. 하지만 현대사회에서 결혼이 개인의 선택으로 간주되면서, 가족의 성적 욕구 충족 및 통제 기능은 약화되고 있다. 통계청(2019c)이 조사한 2018년 혼인통계에 따르면, 2018년 혼인건수는 25만 7천 6백 건으로 전년 대비 2.6%(6천 8백 건) 감소하였다. 피임방법의 개발, 성생활의 자유, 향락 산업 및 성 관련 서비스업의 발달 등은 결혼 이외의 방법으로 성적 욕구를 충족시키는 대안이 증가했음을 의미한다. 하지만 일단 결혼한 부부는 자신들의 성생활에 대해 높은 기대치를 갖게 되는데, 이혼의 원인으로 성적 불만족이 등장하는 것도 이러한 경향을 반영하는 것이다. 현대 가족에 있어 부부간 성생활에 얼마나 만족하는가가 결혼생활의 만족도를 좌우하는 주요 요인으로 점차 부각되고 있다.

한편, 가족의 고유한 기능이었던 자녀의 출산·양육·사회화는 현대 부부에게 큰 부담으로 여겨진다. 우리 사회의 낮은 출산율이 이를 입증하고 있다. 특히 한국의 과열된 사교육 참여는 부모의 양육부담을 증가시킨다. 또한 핵가족화 현상으로 인해 부모세대는 조부모세대로부터 다양한 지원을 받기 어렵다. 맞벌이의 증가로 어머니가 영유아의 주 양육자 역할을 수행하기 어렵게 되면서, 자녀의 양육 및 사회화는 전문적인 보육기관으로 이전하는 추세이다.

결혼 후 부부 관계의 의사결정도 권력구조가 변화하면서 보다 평등하게 바뀌어가고 있다. 과거의 가부장적 가족제도에서 남성에게 주어졌던 의사결정권이 최근에는 부부 공동결정 유형으로 변화되고 있다. 특히 여성의 교육수준이 높아지고 경제활동 참여율이 증가하면서 여성의 가족 내 발언권은 강화되고 있다. 그러나 아직까지 가족 내 역할분담에 있어 실제 수행의 변화 속도는 기대만큼 빠르지 않다.

3) 결혼과 가족의 가치관 변화

결혼과 가족의 구조와 기능의 변화는 가치관의 변화와 맞물려 있다. 전통적 유교 사회는 개인의 독립성과 자율성보다는 가문이 우선시되는 가족중심주의(familism)를 핵심 가치로 두었다. 이에 혼인은 사랑하는 두 성인의 결합이라기보다는 두 가문 간의 계약으로 여겨졌다. 가부장적 규범으로 인해 혼인 시 여성에 대한 차별과 가족 내 불평등한 부부 관계는 자연스러운 것이었다. 여성은 결혼을 통해 자신의 원가족인 친정을 떠나 남성의 가족인 시댁에 전적으로 종속되었다. 여성에게는 출가외인(出嫁外人), 삼종지도(三從之道), 여필종부(女必從夫)의 가르침이 엄격하게 강조되었다. 가장은 남성이 되는 것이 원칙이었고, 가장에게는 조상에 대한 제사권, 가산의 관리, 가족의 부양, 자녀의 교육·혼인·징계 등에 관한 광범한 권한과 의무가 부여되었다. 부부 관계에서는 부부유별(夫婦有別)과 남존여비(男尊女卑)가 주요 원리였다. 한편, 가족 내 부모-자녀 관계에서는 효(孝)가 중심이었기 때문에 부모의 권위와 자녀의 순종을 강조하였다.

산업화 이후 가문이나 신분보다는 개인의 능력을 중요시하게 되고, 특히 성평등이 주요 가치로 부상하면서 결혼에 임하는 당사자 및 이들 가족들의 태도도 변화하고 있다. 당사자 간의 애정을 기반으로 하는 연애혼이 일반화되면서 어느 한쪽 집안의 주도권은 약화되고 있다. 특히 결혼 및 신접살림에 필요한 비용, 예물, 예단 등의 경제적 요소들을 당사자 및 양쪽 집안의 협의로 분담하는 비율이 높아지고 있다.

한편, 민주주의로 인해 자유와 평등의 가치가 확산되면서 가족 내 규범도 구성원 개개인의 권리를 중요시하는 쪽으로 변화되었다. 동시에 가족구성원 간에 상대방의 영역을 존중하고, 자신의 역할에 책임을 져야 한다. 개인주의 가치관이 가족 관계에 스며들면서 가족구성원 간의 희생도 전통적 가족 관계와 비교해 감소하였고, 가족안정성은 약화되고 있다. 가족이 위기에 직면하게 되면 공동의 노력으로 해결하기보다는 개인주의에 입각하여 행동할 가능성이 증가하였기 때문이다. 부부 관계에서 이혼이 증가하는 것이나 부모-자녀 관계에서 부양에 대한 갈등이 증가하는 것이 대표적인 현상이다.

부부 관계에 대한 가치관의 변화에서 주목할 것은 결혼의 필요성 및 결혼안정성에 대한 태도이다(표 2-4). 통계청(2018d)이 발표한 '2018년 사회조사'에 따르면, 13세 이상 인구 중 결혼에 대해 '해야 한다'는 생각을 가진 비율은 48.1%로 2010년 이후 지속적으로 감소하고 있다. 특히 미혼 남성의 52.8%가 결혼에 찬성하나 미혼 여성은 43.5%로 나타나 남녀 간의 견해 차이를 보이고 있다. 한편, 이혼에 대한 견해는 2018년에 '할 수도 있고, 하지 않을 수도 있다'는 답변이 46.3%로 나타나 이혼에 대한 허용적인 태도는 점차 증가하는 것을 알 수 있다. 현대의 부부 관계는 상호 간의 애정을 바탕으로 하는 계약 관계로 여겨진다. 이는 애정이 없어서 결혼만족도가 떨어지면 더 이상 결혼 관계를 유지할 필요가 없음을 의미한다. 과거에는 결혼안정성이 중요한 가치였으나, 현재는 결혼만족도가 더욱 강조되고 있다. 이혼이 쉬운 것은 아니지만 불행한 결혼생활을 유지하는 것보다는 낫다는 태도가 확산되는 것은 이러한 가치관의 변화를 시사한다고 하겠다.

〈표 2-4〉 결혼·이혼·재혼에 대한 견해 (단위: %)

	계[1]	결혼			이혼			재혼		
		해야[2] 한다	해도 좋고 하지 않아도 좋다	하지[3] 말아야 한다	해서는[4] 안 된다	할 수도 있고 하지 않을 수도 있다	이유가 있으면 하는 것이 좋다	해야[2] 한다	해도 좋고 하지 않아도 좋다	하지[3] 말아야 한다
2016년	100.0	51.9	42.9	3.1	39.5	43.1	14.0	14.2	62.3	16.3
2018년	100.0	48.1	46.6	3.0	33.2	46.3	16.7	12.4	64.6	14.9
남자	100.0	52.8	42.3	2.2	37.9	43.3	14.5	15.7	64.1	11.4
여자	100.0	43.5	50.8	3.8	28.7	49.3	18.8	9.2	65.1	18.3
미혼남자	100.0	36.3	54.8	3.6	23.5	48.4	19.2	11.7	67.0	7.3
미혼여자	100.0	22.4	67.2	7.2	11.6	54.5	28.4	6.0	76.0	7.7
13~19세	100.0	28.4	58.5	4.9	18.5	50.3	19.2	7.6	66.5	8.2
20~29세	100.0	33.5	58.4	5.3	18.8	51.4	24.5	8.5	73.8	7.6
30~39세	100.0	36.2	58.7	3.6	24.6	54.2	18.0	9.0	72.9	10.7
40~49세	100.0	41.9	53.9	2.9	27.9	53.9	16.1	11.3	67.4	15.5
50~59세	100.0	55.7	40.7	2.0	35.4	47.1	15.3	13.2	62.7	17.8
60세 이상	100.0	71.2	25.6	1.6	55.8	29.9	11.6	19.1	51.8	21.7

주: 1) 각 항목별로 '잘 모르겠다' 있음 2) '반드시 해야 한다'와 '하는 것이 좋다'를 합한 수치임
3) '하지 않는 것이 좋다'와 '하지 말아야 한다'를 합한 수치임
4) '어떤 이유라도 이혼해서는 안 된다'와 '이유가 있더라도 가급적 이혼해서는 안 된다'를 합한 수치임 2018년 5월 16일~5월 31일 동안 조사하여 집계한 결과임

출처: 통계청(2018d).

부모 - 자녀 관계의 가치관에 대한 변화에서 두드러지는 것은 효 규범의 희석과 부모의 권위가 급격히 약화된 점이다. 물론 긍정적 측면으로 세대 간의 친밀성이 강화된 점을 들 수 있다. 하지만 개인주의의 강화와 함께 성인 자녀가 노부모를 부양하는 책임 수행이 약화되었고, 사회적으로 노인 부양의 문제가 야기되고 있다. 구체적으로, 통계청(2018d)에서 전국 25,843 표본가구를 대상으로 발표한 '2018 사회조사'를 주목할 필요가 있다. [그림 2-4]에 따르면, 13세 이상 인구 중 부모의 노후 생계는 "가족과 정부와 사회가 돌보아야 한다"는 견해를 피력한 경우가 48.3%로 가장 높고, "가족(자녀, 며느리, 사위)이 돌보아야 한다"는 견해가 26.7%이며, "부모 스스로 해결해야 한다"는 견해도 19.4%로 나타났다. 부모 부양의 책임을 사회로 돌린 것이나 부모 스스로가 노후를 책임져야 한다는 견해가 19.4%나 나온 것은 변화하는 부모 부양에 대한 의식을 반영하는 것이라고 하겠다.

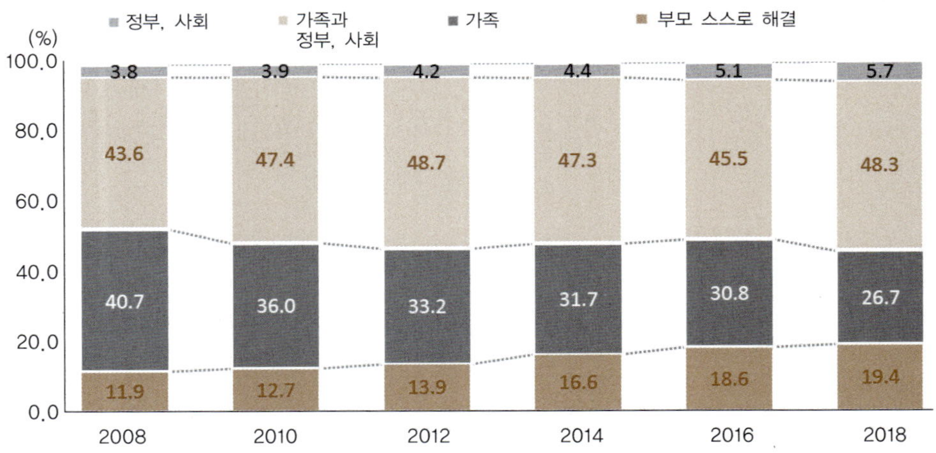

출처: 통계청(2018d).

[그림 2-4] 부모 부양에 대한 견해

한편, 부모의 실제 생활비 마련이 어떻게 이루어지는지 살펴보면, 부모 스스로 생활비를 해결하는 비율이 55.5%에 이르며 모든 자녀가 제공하는 경우는 27.2%로 나타났다(그림 2-5).

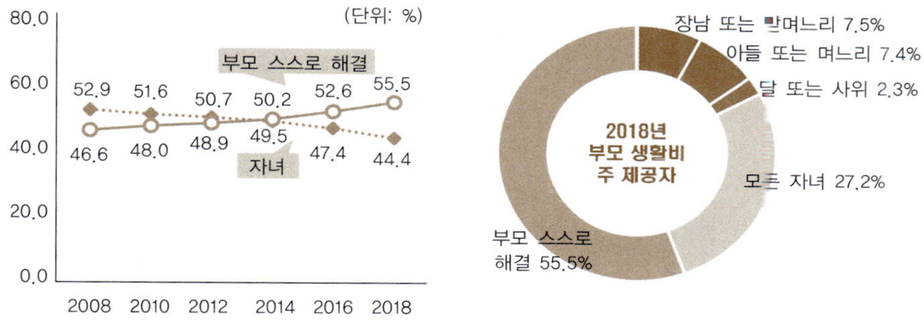

출처: 통계청(2018d).

[그림 2-5] 부모 생활비 주 제공자

문제는 노인을 부양할 사회복지제도는 아직 불충분한 것에 비해 성인 자녀 세대의 부양의식은 달라졌다는 점이다. 가족이 수행해야 하는 기본 기능이 노인과 환자를 돌보는 것이라는 점은 부정하기 어려운 사실이다. 하지만 노인의 수명은 연장되는 것에 반해 성인 자녀는 이들을 부양할 자원이 부족하고 부양 의식도 변화하였기 때문에 가족 내 세대 갈등은 심화될 수 있다.

02 다양한 가족

결혼과 가족의 구조적, 기능적, 가치관 측면의 변화는 결과적으로 가족의 다양화를 야기했다. 다양한 가족은 양부모와 이들의 미혼 자녀로 구성된 소위 규범 가족과는 차이를 보인다. 본 장에서는 독신가구, 무자녀가족, 입양가족, 다문화가족, 한부모가족, 재혼가족 등에 대해 탐색할 것이다.

1) 독신가구

독신가구는 성인 단독으로 독립적 거주를 하는 1인 가구를 말한다. 가족은 "상호작용하는 최소한의 2인"을 일반적 구성 요소로 갖기 때문에, 단독 거주자에 대해서는 가족이라기보다는 가구라는 용어가 사용되고 있다. 독신가구를 가족의 유형으로 보기는 어려움이 있지만, 최근 우리나라에서 급증하는 독신가구는 결혼과 가족에 대한 변화를 첨예하게 보여 주고 있다.

통계청(2018c)이 발표한 '2017년 인구·주택 총조사'에 따르면, 전국의 1인 가구 비율은 28.6%(561만 9천 가구)로서 전년 대비 27.9%에서 0.7%p 증가하였다. 1인 가구 중에서 70세 이상 18.0%, 30대가 17.2%, 20대 17.1% 순으로 높게 나타났다(표 2-5). 주목할 것은 1인 가구의 인구 구성 측면에서 45세 이상 남성 1인 가구의 지속적 증가가 나타난다는 점이다(통계청, 2018c). 이러한 증가는 40~50대 미혼 1인 남성 가구 및 50대 이혼 1인 남성 가구주가 급증한 것이 원인이다. 즉, 만혼으로 40~50대까지 독신으로 남아 있는 남성이 많아지고 이들이 계속 미혼으로 남는 확률이 증가한 것이 하나의 주요한 원인이다. 또 다른 이유는 이혼한 남성들이 재혼하지 않고 독신 상태를 유지하면서 50대의 1인 남성가구를 형성하게 된 것이다.

〈표 2-5〉 성 및 연령별 1인 가구 (단위: 천 가구, %)

연 령	2016년R				2017년R			
	일반 가구	1인 가구			일반 가구	1인 가구		
			남자	여자			남자	여자
합 계	19,368 (100.0)	5,398 (100.0)	2,676 (100.0)	2,722 (100.0)	19,674 (100.0)	5,619 (100.0)	2,792 (100.0)	2,827 (100.0)
20세 미만	68 (0.3)	63 (1.2)	30 (1.1)	32 (1.2)	65 (0.3)	61 (1.1)	29 (1.0)	32 (1.1)
20~29세	1,311 (6.8)	929 (17.2)	504 (18.8)	426 (15.6)	1,354 (6.9)	962 (17.1)	517 (18.5)	444 (15.7)
30~39세	3,222 (16.6)	949 (17.6)	607 (22.7)	341 (12.5)	3,194 (16.2)	968 (17.2)	621 (22.2)	347 (12.3)
40~49세	4,472 (23.1)	843 (15.6)	532 (19.9)	311 (11.4)	4,429 (22.5)	863 (15.4)	545 (19.5)	318 (11.2)
50~59세	4,672 (24.1)	912 (16.9)	499 (18.6)	413 (15.2)	4,710 (23.9)	948 (16.9)	523 (18.7)	425 (15.0)
60~69세	3,021 (15.6)	744 (13.8)	298 (11.2)	445 (16.4)	3,180 (16.2)	805 (14.3)	332 (11.9)	473 (16.7)
70세 이상	2,602 (13.4)	958 (17.8)	205 (7.7)	753 (27.7)	2,742 (13.9)	1,011 (18.0)	224 (8.0)	788 (27.9)

출처: 통계청(2018c).

이처럼 독신가구가 늘어나는 것은 대학 진학률이 증가하면서 교육기간이 길어지고, 이로 인해 경제적 독립을 위한 취업 시점이 늦어지면서 만혼이 나타나는 데 주요한 원인이 있다. 특히 취업을 통해 결혼을 위한 경제적 기반을 마련하는 것이 어려워진 사회적 상황은 20~30대의 혼인율을 감소시켜 미혼 독신가구를 증가시키고 있다. 물론 결혼적령기 성인들이 결혼의 가치 및 실익에 대해 비판적이 된 점도 미혼을 장기화하고 독신가구의 증가를 유발하고 있다. 한편, 중년기 단독가구의 증가는 이혼의 증가와 맞물리는 주목할 만한 현상이다. 배우자와 사별한 후 자녀와 동거하지 않는 노인 단독가구의 증가는 핵가족 가치관의 확산과 함께 향후 지속적으로 증가할 가능성이 있다.

2) 무자녀가족

무자녀가족은 자녀를 출산하지 않은 채 부부만으로 구성된 가족을 말한다. 현재는 부부만 있지만 앞으로 자녀 출산을 계획하는 신혼부부와는 다르며, 출산은 없지만 입양을 통해 자녀를 양육하는 입양가족과는 구별되는 유형이다. 무자녀가족은 자발성 여부에 따라 두 가지 유형으로 나뉠 수 있다. 먼저, 비자발적 무자녀가족은 부부가 생물학적 자녀를 원했지만 불임과 같은 불가피한 이유로 부부만의 가족이 된 경우이다. 반면 자발적 무자녀가족은 부부의 선택에 의해 자녀를 출산하거나 입양하지 않기로 결정한 부부만의 가족이다. 현대 가족의 변화에서 주목할 것은 자발적 무자녀가족의 출현이다(그림 2-6).

[그림 2-6] 자발적 무자녀가족에 대한 희화적 표현

아직까지 우리나라에서는 무자녀가족에 대한 통계를 별도로 집계하지 않고 있다. 자발성 여부에 따라 무자녀가족의 유형을 나누는 것은 더욱 요원하다. 하지만 자녀를 출산하고 양육하는 것에 대한 태도를 살펴봄으로써 무자녀가족의 원인과 추이를 예측해 볼 수는 있을 것이다. 최근 한국보건사회연구원(2019)이 전국 15~49세 사이의 기혼여성 11,009명을 대상으로 자녀에 대한 태도를 조사한 바 있다. 응답자 중 자녀가 "꼭 있어야 한다"는 대답은 49.9%를 차지한 반면, 자녀가 "없어도 무관하다"는 대답은 16.9%를 차지하였다. 자녀의 당위성에 찬성하는 응답자가 절반에 불과한 결과에 주목할 필요가 있다.

대부분의 국가에서 결혼을 한 부부가 자녀를 낳는 것을 당연시하는 사회적 규범이 존재한다. 출산이란 부부에게 주어진 본능적 임무로 인식되어 왔고, 특히 우리 사회에서 모성은 여성 정체성의 본질로 아직까지도 미화되고 있다. 이러한 상황에서 무자녀 부부는 비정상적이고, 이기적이며, 미성숙하다고 여기는 차별적 인식이 팽배하다(김정미·양성은, 2013). 또한 노동인구의 안정적 수급을 위해 출산장려정책을 시행하는 정부 입장에서도 무자녀가족에 대한 사회적 편견과 제도적 차별을 묵시해 온 경향이 있다.

부부와 자녀로 구성된 가족을 규범적으로 여기는 것은 해당 국가의 지속성을 위해 필요할 수 있다. 그러나 우리 사회에서도 젊은 세대를 중심으로 자발적 무자녀 가족이 증가할 가능성이 높다. 이들은 자녀 출산, 양육, 교육으로 인해 야기되는 높은 경제적 비용, 경력 개발의 손실, 스트레스의 심화를 인식하고 있다. 또한 결혼만족도에 대한 높은 기대를 충족시키기 위해서는 부부 중심의 가족 관계가 필요하다는 것도 알고 있다. 혈연 중심의 세대 결속에 대한 회의, 가족주의와 구별되는 개인주의의 확산, 그리고 다양한 삶의 방식을 존중하는 허용적 태도의 증가 등도 이들의 출산에 대한 의사결정에 영향을 줄 것이다. 서구의 무자녀가족들은 childless couple이라는 용어 대신 childfree family를 사용함으로써 본인들의 자발성을 표현하고, 무자녀의 긍정적 측면을 부각하며, 부부만의 가족이라는 정당성을 확보하기 위해 노력하고 있다. 이들의 주장은 자녀 출산에 대한 거부가 아니라 다자녀를 원하는 부부는 마음껏 자녀를 양육하고 무자녀를 원하는 부부는 차별 없이 자신들의 선택을 존중받는 사회의 구현이다.

3) 입양가족

입양이란 양친과 양자가 법률적으로 친부모와 친자식의 관계를 맺는 신분 행위를 말한다. 입양은 국가가 아동의 보호 및 성장에 대한 기본적인 책임이 있다는 전제에서 출발한다. 즉, 국가와 지방자치단체는 아동이 그가 태어난 가정에서 건강하게 자랄 수 있도록 지원하고 태어난 가정에서 자라기 곤란한 아동에게는 건강하게 자랄 수 있는 다른 가정을 제공하기 위하여 필요한 조치와 지원을 해야 한다.

현재 우리나라에는 양자가 되는 아동의 권익과 복지를 증진하기 위한 목적으로 입양특례법을 시행하고 있으며, 본 법을 통해 요보호 아동의 입양에 관한 요건 및 절차 등에 대한 특례와 지원에 필요한 사항을 정하고 있다. 양자가 될 자격은 부양의무자를 확인할 수 없어 보장시설에 보호 의뢰한 아동, 친권상실을 선고받은 자의 자식으로서 보장시설에 보호 의뢰된 아동, 부모 또는 후견인이 입양에 동의하여 입양기관에 보호 의뢰한 아동 등으로 정해져 있다. 특히 해당 아동의 친생부모 또는 직계존속이나 후견인이 있는 경우 이들이 동의해야만 입양이 가능하며, 해당 아동이 13세 이상인 경우에는 부모의 동의 외에 양자가 될 본인의 동의가 있어야 한다. 양친이 될 자격은 양자를 부양할 충분한 재산이 있는 자, 양자에게 종교의 자유를 인정하고 양육과 교육을 할 수 있는 자, 아동학대·가정폭력·성폭력·마약 등의 범죄나 알코올 등 약물중독의 경력이 없는 자, 외국인인 경우 본국법에 따라 양친이 될 수 있는 자격이 있는 자 등으로 정해져 있다.

통계청(2018d)에서 발표한 '2018년 사회조사'를 보면, 입양에 대해 긍정적 태도를 보인 답변이 약 28%에 이른다(표 2-6). 혈연주의에 입각한 가족주의가 다소 희석되면서 우리 사회에서도 입양에 대한 인식이 긍정적으로 변화하고 있다. 무자녀 부부가 불임 때문에 입양을 한다는 인식이 아직 강하지만, 유자녀 가족의 공개입양이 사회적으로 존경받는 행위로 평가되기 시작했다.

〈표 2-6〉 입양에 대한 견해(19세 이상) (단위: %)

	계	자녀 유무에 상관없이 여건이 허락되면 입양을 하고 싶다	자녀를 원하지만 출산이 어려운 경우는 적극 고려해 보겠다	입양하고 싶은 생각이 없다	잘 모르겠다
2016년	100.0	12.3	18.9	39.3	29.5
2018년	100.0	10.5	17.5	39.9	32.1

출처: 통계청(2013).

이는 연도별 국내외 입양 현황에서도 드러나는데, 2008년 이후부터는 국내 입양이 증가하면서 국외 입양을 앞지르는 양상을 보이고 있다(표 2-7). 보건복지부(2019)가 발표한 2018년 국내 입양 현황을 구체적으로 살펴보면, 입양아동 유형별로는 미혼모(부)의 자녀가 10,048명, 위탁보호아동이 633명, 시설보호아동이 462명의 순으로 나타났다. 입양 신청된 아동들은 71%가 여아이며, 3개월에서 1세 미만의 영아가 65.1%로 가장 많았다. 친자녀가 없는 가정에서 입양하는 비율이 61%로 나타났고, 입양가구의 소득수준은 월 686만 원(전년도 도시근로자 가구당 월평균 소득 120%) 이상인 가구가 절반 수준을 차지했다.

〈표 2-7〉 연도별 국내외 입양 현황 (단위: 명, %)

구분	계	2008 이전	2009	2010	2011	2012	2013	2014	2015	2016	2017	2018
계	248,024	233,191	2,439	2,475	2,464	1,880	922	1,172	1,057	880	863	681
국내	80,477 (32.5%)	71,633 (30.2%)	1,314 (53.9%)	1,462 (59.1%)	1,548 (62.8%)	1,125 (59.8%)	686 (74.4%)	637 (54.4%)	683 (64.6%)	546 (62.0%)	465 (53.9%)	378 (55.5%)
국외	167,547 (67.5%)	161,558 (69.8%)	1,125 (46.1%)	1,013 (40.9%)	916 (37.2%)	755 (40.2%)	236 (25.6%)	535 (45.6%)	374 (35.4%)	334 (38.0%)	398 (46.1%)	303 (44.5%)

출처: 보건복지부(2019).

한편, 우리나라는 2013년에 "헤이그국제아동입양협약"에 서명을 한 바 있다. 헤이그국제아동입양협약은 아동 자신이 태어난 나라의 가정에서 자라날 권리를 보장하는 국제아동인권 기준이다(보건복지부, 2013). 본 협약에는 국제 입양되는 아동의 안전과 권리를 보호하기 위해 국제입양의 절차와 요건을 규정하고 있다. 본

협약은 1995년에 발효된 이후 전 세계적으로 90개국이 가입한 상태이다. 우리나라는 2012년에 입양특례법 및 민법을 개정하여 입양의 "가정법원 허가제"와 "입양숙려제"를 도입하였고, 양부모에 대한 자격 강화 및 파양요건 엄격화 등을 통해 입양제도를 근본적으로 변화시켰다. 이를 통해 헤이그국제아동입양협약에 가입하기 위한 법적, 제도적 기반을 조성하고 협약 서명을 추진한 것이다.

4) 다문화가족

다문화가족에 대한 논의는 우리 사회에 국제결혼이 증가하면서 본격적으로 시작되었으며, 이후 2008년 3월에 다문화가족지원법이 제정되기에 이르렀다. 현행 다문화가족지원법에 따르면, 다문화가족이란 결혼이민자와 대한민국 국민으로 이루어진 가족을 말한다. 여기서 결혼이민자란 대한민국 국민과 혼인한 적이 있거나 혼인 관계에 있는 재한외국인으로 규정된다. 국가와 지방자치단체는 다문화가족구성원이 안정적인 가족생활을 영위할 수 있도록 필요한 제도, 여건, 시책을 수립하고 시행할 책무가 있다.

우리나라에 결혼이민자가 유입된 것은 세계평화통일가정연합을 통해 일본 여성과 한국 남성과의 국제결혼이 시작된 1980년대로 볼 수 있다. 이후 1990년대 초에 농촌과 도시 간의 급격한 경제적 격차가 발생하면서 농촌 기피 현상이 나타났는데, 배우자를 찾기 어려워진 농촌 노총각들에게 대안으로 제시된 것이 국제결혼이었다. 특히 1992년에 한국과 중국이 국교를 수립하게 되면서 조선족들의 취업이주와 한국 농촌 총각의 결혼 문제가 맞물려 이들의 결합이 급격히 증가하였다. 1990년대 중반 이후에는 필리핀, 태국, 몽골 등으로 결혼이민자들의 국적이 확대되었고, 점차 베트남, 러시아, 중국 한족 등으로 다변화되고 있다.

구체적으로, 다문화결혼과 다문화가족에 대한 현황을 통해 이들에 대한 이해가 필요하다. 통계청(2019a)의 '2018년 다문화 인구동태 통계'에 따르면, 다문화결혼은 2018년에 23,773건으로 전체 결혼의 9.2%를 차지하였다. 이 중 한국 남성과 외국 여성의 혼인은 14,255건이며 한국 여성과 외국 남성의 혼인은 4,207건, 귀화자와의 혼인은 3,247건으로 나타났다. 결국 2018년에 발생한 다문화결혼 중 65.7%가 한국 남성과 외국 여성의 혼인이라는 것을 알 수 있다. 한국 남성과 혼인한 외국 여성의 국적은 베트남(30.0%), 중국(21.6%), 태국(6.6%) 순이었는데, 상위 2개국인 베트남과 중국이 차지하는 비중이 51.6%에 이르는 것을 알 수 있다. 한국 여성과 혼인한 외국 남성의 국적은 중국(9.4%), 미국(6.2%), 베트남(2.5%)의 순서였는데, 이는 한국 남성의 국제결혼과 다른 양상임을 시사한다.

여성가족부(2019a)가 보고한 '2018년 전국 다문화가족실태조사 연구'에 따르면, 다문화가족은 경기도(28.7%), 서울(20.4%), 인천(6.5%) 등 수도권에 주로 거주한다. 전체 다문화가족 중 외국인 배우자의 출신 국적은 중국(한국계) 28.1%, 베트남 20.0%, 중국 18.4%, 필리핀 11.1%의 순으로 나타났다. 다문화가족의 어려움으로 자녀양육에 대한 문제가 있는데, 이는 다문화가족 자녀의 취학률로도 나타난다(표 2-8). 다문화가족 자녀의 취학률은 전체 학생과 비교했을 때, 고등교육기관으로 올라갈수록 차이가 벌어진다.

〈표 2-8〉 다문화가구 자녀의 학교급별 취학률 (단위: %)

구 분	다문화가구 자녀 취학률	국민 전체 취학률
초등학교	98.1	97.4
중학교	92.8	97.9
고등학교	87.9	92.4
고등교육기관	49.6	67.6

출처: 여성가족부(2019a).

한편, 다문화가족 내 가사 분담 및 의사결정을 살펴보면, 가정의 의사결정에서는 부부가 같이 의논해서 정한다는 응답이 가장 많았으나, 자녀 교육이나 결혼이민자·귀화자 부모님 지원 등 가족관계와 관련된 결정은 결혼이민자·귀화자가, 경제적 소비와 관련된 의사결정은 배우자가 좀 더 주도하는 것으로 나타났다. 식사준비, 청소, 세탁 등 일상적인 가사 일의 부부간 분담은 성별에 따라 크게 달라지며, 대부분 여성들이 주로 집안일을 부담하는 것으로 나타났다.

국제결혼이 국내 비주류 남성들의 배우자를 구하기 위한 대안이 된 이후, 다문화가족은 한국이 단일민족으로 구성되었다는 신화를 무너뜨리면서 새로운 가족 유형으로 확산되고 있다. 점차 다양한 결혼이민자들의 유입이 증가하면서 이들의 권리 보장에 대한 문제, 성장한 다문화가족 자녀의 사회 진입에 대한 지원, 다문화가족에 대한 차별 금지 및 인식 개선 등이 계속 논의되고 있다.

5) 한부모가족

한부모가족지원법에 따르면, 한부모가족은 모자(母子)가족 또는 부자(父子)가족을 말한다(법제처, 2013). 한부모가족의 세대주는 18세 미만의 자녀(취학 중인 경우 22세 미만)를 양육하는 모(母) 또는 부(父)가 된다. 국가와 지방자치단체는 한부모가족의 복지를 증진하고, 권익을 보호할 책임이 있기 때문에 한부모가족은 국민기초생활보장법에 따른 지원 등 다른 사회복지지원과 중복되지 않은 범위에서 한부모가족지원법에 따른 보호를 받게 된다.

한부모가족은 다양한 이유로 형성되지만, 이혼이 주요 원인이라는 점을 간과할 수 없다. 부부의 삶에서 결혼안정성보다 결혼만족도가 중요해지고, 이혼에 대한 허용적 태도가 확산되면서 이혼을 통한 한부모가족도 증가하는 것이다. 통계청(2018c)에서 발표한 한부모가족의 현황을 살펴보면, 대략적으로 우리나라에 한부모가족이 153만 3천 가구라는 것을 알 수 있다. 유형별로 살펴보면, 여성 한부모가족이 남성 한부모가족에 비해 여전히 높은 비율을 차지하고 있다(표 2-9). 특히 이혼을 할 경우, 법원이 어머니에게 미성년 자녀의 양육권을 부여하는 경향이 높으므로 여성 한부모가족이 남성 한부모가족보다 높은 비율을 유지할 가능성이 크다. 한부모가족 자녀의 연령을 보면, 19세 이상이 더 높은 비율을 차지하고 있다. 이는 이혼을 하는 시점 및 미성년 자녀를 양육하는 시기를 고려했을 때 일반적인 경향으로 볼 수 있다.

〈표 2-9〉 세대구성별 한부모가구 (단위: 천 가구, %)

세대구성	막내자녀 연령 구분	2016년	2017년	증감	증감률
계	소계	1,540	1,533	−7	−0.4
	18세 이하	446	425	−21	−4.7
	19세 이상	1,094	1,108	14	1.3
부+미혼자녀	소계	282	281	0	−0.2
	18세 이하	94	89	−5	−4.9
	19세 이상	188	192	4	2.2
모+미혼자녀	소계	951	952	1	0.1
	18세 이하	230	219	−11	−4.7
	19세 이상	721	733	12	1.7
부+미혼자녀 +기타 가구원	소계	114	111	−3	−2.5
	18세 이하	60	57	−3	−5.2
	19세 이상	54	54	0	0.5
모+미혼자녀 +기타 가구원	소계	193	189	−5	−2.4
	18세 이하	62	60	−2	−3.5
	19세 이상	131	129	−2	−1.8

출처: 통계청(2018c).

한부모가족과 관련된 법의 연혁을 살펴보면, 이들에 대한 사회적 관점의 변화를 추정할 수 있다. 먼저, 한부모와 관련된 법의 시작은 1989년에 제정된 모자복지법으로 볼 수 있다. 이 시기에는 여성을 경제적 약자로 가정하여, 한부모의 세대주가 여성인 경우를 지원하는 데 초점을 두었다. 이후 2002년에 모자복지법이 모부자복지법으로 변경되면서 남성 한부모가족에 대한 지원까지 확대되기에 이른다. 하지만 모자가정 또는 부자가정이란 용어 대신 양부모가족의 상대적 명칭으로 한부모가족을 사용하는 것에 대한 합의가 이루어지면서 2007년에 한부모가족지원법이 등장하였다. 특히 한부모가족지원법은 국가와 지방자치단체가 한부모가족에 대한 사회적 편견과 차별을 예방하고, 사회구성원이 한부모가족을 이해하고 존중할 수 있도록 교육 및 홍보 등의 필요한 조치를 할 수 있도록 규정하고 있다. 이는 한부모가족에 대한 경제적 지원뿐만 아니라 이들에 대한 사회적 인식을 긍정적으로 바꾸는 것의 중요성을 시사한다고 하겠다.

6) 재혼가족

가족이라는 집단을 유지하기 위해 개인의 희생을 요구하던 전통적 가족주의는 점차 희석되고 있다. 이에 따라 부부 관계에서도 배우자 각각이 평가하는 결혼만족도가 가족을 유지하는 주요한 기준이 되었다. 결혼만족도가 낮음에도 자녀를 위해 참는다거나 사회적 낙인 때문에 이혼을 회피하는 경향은 낮아지고 있다. 또한 이혼 후 한부모가족기를 거처 재혼하고 새로운 가족을 형성하는 것에 대한 인식도 점차 긍정적으로 변화하고 있다.

재혼가족은 배우자의 혼인 여부에 따라 3가지 유형으로 나뉠 수 있다. 즉, 재혼 남성＋초혼 여성, 초혼 남성＋재혼 여성, 재혼 남성＋재혼 여성으로 구체화된다. 통계청(2019c)이 발표한 '2018년 혼인·이혼통계'에 따르면, 2018년에 발생한 전체 결혼 중 초혼 남성＋초혼 여성의 비율은 77.6%에 머문다. 이는 대략적으로 10건의 결혼 중 약 2건이 배우자 어느 한쪽 및 양쪽의 재혼이라는 것을 의미한다.

최근 10년간의 재혼 유형에서 가장 높은 비율을 차지하는 것은 재혼 남성＋재혼 여성의 결혼이고, 이어서 초혼 남성＋재혼 여성이 뒤를 따르며, 가장 낮은 비율을 보이는 것이 재혼 남성＋초혼 여성의 결혼이다. 흥미로운 것은 2011년 대비 남자재혼과 여자초혼은 3.1% 감소하는 것에 비해 남자초혼과 여자재혼은 0.9%가 증가한 점이다. 성평등에 대한 가치관의 확산과 함께 여성의 재혼도 지속적으로 증가할 가능성이 크다.

초혼 및 재혼이 발생하는 연령을 살펴봐도 우리 사회의 변화하는 결혼 양상을 파악할 수 있다. 통계청(2019c)에 따르면, 초혼의 만혼화가 뚜렷해지면서 재혼의 평균 연령도 남녀 모두에게 증가하는 것으로 나타났다(표 2-10). 2018년을 기준으로 할 때, 평균 재혼연령은 남자가 48.9세이며, 여자는 44.6세로 나타났다(그림 2-7). 10년 전과 비교하였을 때는 남자는 3.9세, 여자는 4.3세가 상승되었음을 알 수 있다. 평균 수명이 증가하고 노후의 부부 관계가 갖는 중요성이 부각되면서 중년기의 재혼은 앞으로 증가할 가능성이 크다.

〈표 2-10〉 평균 재혼연령 (단위: 세)

	2008	2009	2010	2011	2012	2013	2014	2015	2016	2017	2018
남자	45.0	45.7	46.1	46.3	46.6	46.8	47.1	47.6	48.2	48.7	48.9
여자	40.3	41.1	41.6	41.9	42.3	42.5	43.0	43.5	44.0	44.4	44.6

출처: 통계청(2019c).

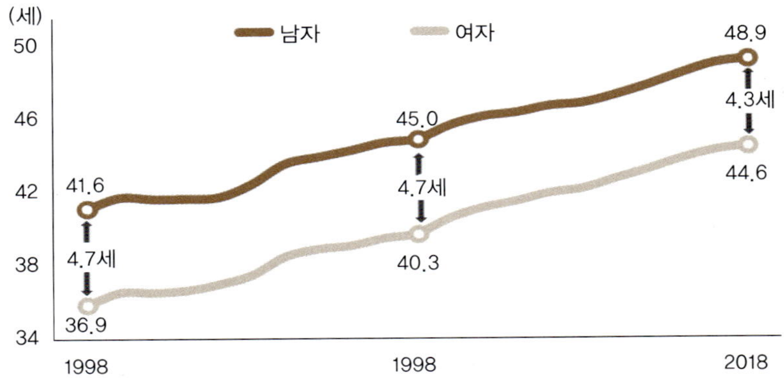

출처: 통계청(2019c).

[그림 2-7] 평균 재혼연령

재혼가족은 초혼가족과는 다른 복합적인 역동을 갖는다. 초혼의 이혼율보다 재혼의 이혼율이 높은 현실은 재혼가족이 직면하는 어려움을 반영한다고 할 수 있다. 재혼가족의 구조적 측면을 살펴보면, 대부분 전혼 자녀가 있는 한부모가족의 형태에서 새로운 배우자가 진입하거나 또는 한부모가족과 한부모가족의 결합으로 이루어진다. 이때 부각되는 것이 양부모 - 자녀 관계를 어떻게 설정하는가에 대한 문제이다. 자녀 입장에서는 동거하는 친부모, 비동거 친부모, 재혼으로 생긴 양부모와의 관계에서 충성심 갈등을 경험할 수 있다. 또한 계부모 입장에서는 계자녀에 대한 책임 및 권리가 혼란스러워서 부모 역할 수행에 어려움을 겪을 수도 있다. 한편, 아동발달 측면에서 형제자매 간의 경쟁(sibling rivalry)은 일반적인 현상이지만 계형제자매 관계에서는 이것이 보다 치열해질 가능성도 있다. 재혼가족이 증가하면서 이들의 기능적 가족 관계를 지원하는 다양한 복지프로그램이 더욱 필요하다고 하겠다.

Part 02

성과 사랑

인간은 가족공동체로부터 태어나 남성으로 혹은 여성으로 자아를 형성하고 살면서 성인이 된 후 이성을 만나 결혼하고 다시 가족이라는 울타리를 형성하는 삶을 산다. 또 이 울타리 안에서 새로운 생명을 잉태하고 출산함으로써 또 다른 인간 생명체를 사회구성원으로 만드는 창조적이고 순환적인 여정을 산다고 할 수 있다.

인생이라는 이 여정의 근간에는 인간 본성에 근거한 성(性)이 자리 잡고 있다. 성은 한 개인의 본성이기도 하지만 남성과 여성을 구분하는 근거가 되기도 하고, 그에 따르는 사회적·윤리적 규범과 역할이 형성되기도 하는 복합적인 것이다. 나아가 이 성에 근거해 남성과 여성은 각기 이성에 대한 사랑의 감정을 느끼게 되고 교제를 통해 서로를 이해하게 된다.

과연 이 같은 성은 도대체 무엇일까? 남성과 여성의 차이는 무엇이며 올바른 성역할과 성윤리는 어떤 것일까? 제2부에서는 이에 대한 궁금증을 해결하면서 이를 바탕으로 사랑과 이성교제는 어떻게 해야 하는 것인지도 알아볼 것이다.

Marriage & Family

C•H•A•P•T•E•R 03

성에 대한 이해

▪ 인간 삶은 성과 떼어놓고 생각할 수 없다. 성에 의해 남성과 여성이 구분되고 그 성에 의해 인간 삶이 시작되기 때문이다. 성은 인간 본성에 기인하지만 본성에만 따를 수 없고 사회적·윤리적 규범과 규약에 의해 형성되기도 한다. 따라서 성에 대한 올바른 이해와 인식, 그에 따른 올바른 가치관과 행동 규범이 필요하다. 본 장에서는 성에 대한 개념을 정리하고 여성과 남성의 성 차이에 대해 알아봄으로써 성에 대한 올바른 이해를 돕고자 한다.

01 성의 개념

1) 성(sex, gender, sexuality)

Freud(1856~1939)는 인간발달단계를 5단계로 나누었다. 영아기를 구강기, 항문기, 유아기를 남근기, 초등학교 시기인 아동기를 잠복기, 그리고 청소년기를 생식기라 칭하였다. 인간이 본래 타고난 성적 에너지인 리비도(libido)가 구강으로 이동을 하면 구강기, 항문으로 이동하면 항문기, 성기로 가면 남근기 및 생식기, 그리고 잠재되어 잠복한다 해서 잠복기라 명명하였다. 리비도가 이동한 신체부분의 욕구가 어느 정도 만족되어야, 인간의 발달은 심리성적으로 만족하면서 성장발달할 수 있음을 강조하였으며, 그렇지 못하면 고착(fixation) 현상을 보일 수 있어 성인이 되어서도 직·간접적인 영향을 미칠 수 있음을 강조하였다.

정신분석학자였던 Freud가 인간을 심리성적인 존재로 강조하였듯이, 성(性)은 출생부터 죽음을 맞이할 때까지 삶의 질에 있어서 중요한 행동방식으로 이해될 수 있다. 즉, 성(sex)은 선천적이고 생물학적으로 남자, 여자의 성별을 나누는 신체적 구분을 뜻하는 협의의 의미를 말한다. 또한 성(gender)은 남녀 성별뿐만 아니라, 후천적이고 사회문화적인 성역할을 뜻함과 동시에 트랜스젠더, 게이, 레즈비언과 같은 동성애자들을 포함시키는 광의의 의미를 뜻한다. 이와 같이 성(性)은 마음 심(心)자와 몸 생(生)자의 합성어로 마음과 몸을 뜻하며, 남녀의 생물학적이고 사회문화적인 차이뿐만이 아닌 성적인 행동까지 포함하는 개념인 것이다(정현숙·최연실·유계숙, 1998). 그러므로 성(性; sex, gender, sexuality)은 인간 삶의 중요한 요소로 작용할 수 있으므로 올바른 이해와 교육이 필요하다.

성(sex)의 결정은 유전인자의 구성과 성호르몬 분배의 영향에 따라 구별된다. 여성은 에스트로겐(estrogen)과 프로게스테론(progesterone), 남성은 안드로겐(androgen)과 테스토스테론(testosterone)이라는 호르몬 작용에 의해 신체적으로 여성화 및 남성화로 구별된다. 현대사회에서 청소년들은 질적인 영양 상태로 인하여 신체적 성장이 빨라졌으며, 다양한 대중매체의 원인으로 인하여 성문화를 빨리 접할 수 있게 되었다. 이에 따라 올바른 성교육의 필요성이 그 어느 때보다 부각되고 있다.

성(gender)은 사회적인 환경과 훈련에 의해 남녀의 기질이 형성된다는 것을 강조한 용어로서, 사회적 성 정체성이 사회적 속성에 의해서도 형성된다는 것을 강조하기 위한 것이다. 1995년 중국 베이징에서 열린 제4차 세계여성대회에서 이 용어의 사용이 바람직하다고 합의한 이후 일반적으로 널리 사용되기 시작했다. 성(gender)에는 여성다움, 남성다움이라는 규정 안에 사회·문화적 영향이 있음을 분명히 하고자 하는 뜻이 들어 있다. 아울러 이렇게 만들어진 성(gender)의 개념에는 불평등하고 차별적인 현실을 극복해야 한다는 문제의식이 포함되어 있다(브리태니커사전).

한편, 성(sexuality)은 남녀 사이의 성욕(sexuality)으로서 애정과 친밀감으로 관계를 강화하며 행복감을 증폭시킬 수 있고, 긴장과 불안감을 해소시킬 수 있는 다양한 역할을 할 수 있다. 또한 성(sexuality)은 성적 특질, 성에 대한 관심으로서 '전성(全性)'으로 표현되기도 한다. 즉, 성적인 쾌락이나 성행동뿐만 아니라 성에 대한 가치관, 태도 등 정신적인 측면을 포함하는 것이기도 하다(김용기·서선희·옥경희·정혜정, 2009).

이상과 같이 성(性)은 인간이 태어나서 죽음을 맞이할 때까지 신체적·생물학적인 성(sex)과 문화적·사회학적인 성(gender), 그리고 통합적인 개념으로 사용되는 성(sexuality) 모두를 포함하는 개념으로서, 한 개인으로 행복을 추구하면서 살아가기 위해서는 성에 대한 올바른 인식과 태도 및 행동양식을 갖추는 것이 중요하고 선행되어야 할 것이다.

결혼과 가족

성에 대한 올바른 인식 체크리스트

번호	문 항	그렇다	아니다
1	남성은 오르가슴을 여러 번 경험하지만, 여성은 경험하지 못한다.		
2	여성과 남성은 오르가슴 후 얼마 동안에는 성적 자극에 더 이상 반응할 수 없다.		
3	성적 무기력의 원인은 심리적인 경우가 많다.		
4	정상적인 성관계는 유일하게 음경의 질 삽입을 통해서이다.		
5	여성은 자궁이 제거되어도 성욕이 사라지지 않는다.		
6	술은 성적 자극 수준을 떨어뜨린다.		
7	성관계 시 남성의 음경 크기가 여성의 성적 만족에 직접적으로 영향을 미친다.		
8	여성과 남성의 구강성교는 가끔 동성애적인 성향을 보인다.		
9	중년 이후에 여성과 남성은 자위행위를 거의 하지 않는다.		
10	인간의 성은 대개 문화적 맥락에서 학습된다.		
11	남성은 한때 자위행위를 하는 시절이 있지만, 여성은 자위행위를 하지 않는다.		
12	결혼을 해서도 자위행위를 하면, 결혼에 잘 적응하지 못하는 것이다.		

[정답] 1.×, 2.×, 3.○, 4.×, 5.○, 6.○, 7.×, 8.×, 9.×, 10.○, 11.×, 12.×

출처: 정현숙 외(1998). 재인용.

2) 생식기관 및 성 반응

성을 보다 더 잘 이해하기 위해서는 남성과 여성의 다른 생식기관 구조에 대한 이해가 선행되어야 할 것이다. 다음에서 남성과 여성의 신체적인 생식기관에 대하여 살펴보고자 한다(정현숙 외, 1998).

(1) 남성의 생식기관

남성의 생식기관인 음낭, 음경, 고환, 정관과 부속성선인 전립선, 정낭의 특징을 자세히 살펴보고자 한다. 고환에서 생성된 정자와 부속성선의 분비액이 혼합된 정액이 배출되는 관들을 남성생식관이라고 한다.

❶ 음낭

고환이 들어 있는 음낭은 음경의 끝부분 아래에 위치한 피부 주머니를 말한다. 음낭은 많은 피지선과 숱이 적은 털로 어두운 살색의 피부색을 띠고 있다. 음낭은 고환을 보호하고 고환의 온도를 정상 체온보다 섭씨 1~8도 정도 낮게 유지하는 역할을 하며, 이런 이유로 체벽에서 돌출되어 있다(브리태니커 사전). 피부 아래는 다토스(dartos)라는 불수의근이 있어 마음대로 움직일 수 없다. 다토스는 추위와 운동에 수축반응을 보이고, 이 수축반응에 따라 음낭은 작아지고 음낭 피부에 주름이 지게 된다.

❷ 음경

소변을 배출하는 통로이면서, 여성의 질 속에 정액을 넣는 기능을 하는 음경은 보통 9.5cm이며, 성적으로 흥분되면 혈액이 충만해져 음경발기를 일으키는 두 개의 발기해면체와 요도가 통과하고 보호하는 한 개의 요도해면체가 좌우에 있다. 이 요도해면체는 음경 끝에서 확장되어 귀두를 이루며, 요도는 귀두 끝을 열어 정액과 소변을 몸 밖으로 배출시킨다. 발기가 되면 요도가 압축되어 소변은 배출되지 않고 정액만 통과할 수 있다.

귀두를 싸고 있는 부분을 포피라 하는데, 귀두와 안쪽에 연결되어 있는 포피 아랫부분을 소대라 한다. 이 소대는 가장 예민하고 민감한 피부로 이루어져 자극이

가해지면 빠르게 흥분된다. 포피는 포경수술로 제거할 수도 있으며, 성교 중에 뒤로 젖혀져서 포경수술을 했을 때와 같이 귀두를 노출시킨다.

음경은 보통 7~8cm 늘어날 수 있으며, 성적으로 자극을 받으면 딱딱해지면서 발기가 된다. 이는 음경으로 피가 많이 몰리기 때문이며, 음경해면체와 요도해면체의 혈공이 피로 가득 차게 되면서 동맥이 부어올라 혈공을 압박하여 피가 정맥으로 흘러 들어가는 것을 막고, 이로써 사정한 이후까지 발기 상태가 지속된다.

성관계 시 음경이 크다고만 해서 여성을 만족시키는 것은 아니며, 음경 크기로 여성을 만족시킬 수 있다는 것은 속설에 지나지 않는다(Masters, Johnson, & Kolodny, 1988).

❸ 고환

고환은 타원형 모양으로 작은 달걀만한 크기(3.7 × 2.5 × 2cm)이며 무게는 약 10g 정도이다. 고환은 정자를 생산하고 테스토스테론과 안드로겐을 분비하여 남성으로서의 외모를 갖추게 하고, 남성 생식기의 중추를 이루는 가장 중요한 성선이라 할 수 있다.

고환에서 만들어진 남성호르몬은 바로 혈관을 통하여 혈액 속으로 들어가므로 정관수술을 하였을 경우, 정자는 배출되지 않아도 남성의 기능에는 지장이 없다. 뇌의 작용으로 정자가 요도를 통해서 몸 밖으로 나오는 데는 0.8초밖에 걸리지 않는다. 고환 속의 정자는 다른 신체부분의 온도보다 2~3도 낮아야 정상적으로 성장할 수 있다.

❹ 정관

길이가 30~40cm이고 국수 정도의 굵기인 정관은 길이의 반이 하복부 속을 주행하고, 마지막 부분은 팽대하여 생산된 정자가 이곳에 저장되어 있다가 사정과 함께 몸 밖으로 배출된다. 정관수술은 간단하게 진행될 수 있지만, 정관복원술은 정관의 내공이 1mm 이내 정도이기 때문에 쉬운 수술은 아니다.

❺ 정낭

정관이 끝나는 부위에 위치하고 있으며, 방추형 모양을 하고 있는 정낭은 정액을 만드는 곳이다. 사정액의 약 2/3가 정낭에서 나오는 분비액인데, 그 분비액 중 과당은 사정된 정자가 활동성 있도록 활동에너지를 부여한다.

❻ 전립선

정액의 2/3가 정낭에서 만들어진다면, 나머지 1/3은 전립선에서 만들어진다. 전립선 분비액은 여성 질의 산성을 중화시키는 역할을 하며, 사정된 정자가 여성의 질 속에서 잘 생존할 수 있도록 정자의 활동성을 촉진시키는 역할을 한다.

(2) 여성의 생식기관

여성의 생식기관은 외생식기와 내생식기로 구분된다. 외부에 위치한 대음순, 소음순, 그리고 음핵을 외생식기라 하고, 이는 질과 요도 입구를 보호하는 역할을 하며 만지면 민감하게 반응하는 곳이기도 하다. 또한 내생식기는 몸 안의 질, 자궁, 난관, 그리고 난소를 포함한다(정현숙 외, 1998).

❶ 대음순

대표적으로 외음부에 해당되는 대음순은 치골 하단에서 회음부까지 좌우로 길게 융기된 지방조직과 섬유조직으로 이루어져 있으며 오른쪽 대음순보다는 왼쪽 대음순이 조금 크다. 대음순은 사춘기에 뚜렷하게 발육되며 남성의 음낭에 해당하는 기관이기도 하다. 대음순에는 모낭과 피지선, 그리고 아포크린선(apocrine gland)이 있다. 아포크린선은 분비세포의 일부를 포함하는 분비물을 배출시키는 선으로서, 남성에게 성적 및 화학적 유인제와 자극제로서 특이한 냄새가 나는 땀을 분비한다.

❷ 소음순

소음순은 음핵에서 회음부까지 좌우에 긴 주름으로 어두운 살색을 띠며 대음순 안쪽에 위치하고 있다. 질과 땀샘에서 나오는 분비물과 조화를 이루어 소변과 박테리아, 생리 때의 피가 침입하지 않도록 덮개 역할을 하며, 피부에 윤활제 역할을 하는 분비물을 생산하는 피지선이 많다. 성적으로 흥분되었을 때는 약하게 발기되고, 색이 더욱 짙어지며, 평상시보다 두세 배까지 두꺼워지기도 한다.

❸ 음핵

클리토리스(clitoris), 그리스어로 '열쇠'라고도 하는 음핵은 남성의 음경에 해당되며 성적 흥분 때 발기한다. 외음부에서 성적 흥분도를 가장 민감하게 상승시키고, 성적 자극을 수용하고 전달한다. 음핵의 맨 윗부분은 많은 감각 말단신경이 분포되어 있는 민감한 막으로 덮여 있으며, 성교 시 크기가 두 배로 커지면서 발기한다.

❹ 질

길이가 거의 10cm에 달하는 질은 자궁경부로 이어진다. 자궁경부의 돌출부를 기준으로 질 내부는 앞, 뒤, 옆면, 원개로 구분된다. 자궁경부는 질 앞의 벽 윗부분이 뚫려 있으며, 뒷벽보다는 앞의 벽이 짧다. 뒤쪽의 원개가 앞쪽보다 깊고 긴데, 이런 구조가 성교 중에 정액이 자궁경부로 들어갈 수 있도록 도와주는 것이다. 성관계가 이루어지는 동안 앞, 뒤 원개는 음경 충격으로 자궁경부에 상처가 나는 것을 방지해 주는 역할을 한다. 또한 성관계 시 흥분이 고조되면 음경의 크기에 맞게 질은 자연스럽게 길이와 둘레가 늘어날 수 있게 된다.

질 속의 정상적인 산도를 유지하게 해 주는 락토스산은 질의 건강을 유지하고 박테리아의 성장을 막게 해 주는 역할을 한다. 잘못된 질 세척제나 비누 등을 사용하여 무리한 질 세척으로 생리적 균형을 깨뜨리면 가려움, 염증, 손상 알레르기 반응 등을 일으킬 수 있으므로 적합한 질 세척을 해야 한다.

질은 많은 정맥이 흐르고 세로의 근육층으로 되어 있다. 이 근육층에 의해 질 내부 공간을 열거나 닫는 역할을 하는 것이다. 질의 맨 윗부분 안과 골반 바로 뒤에는 발기조직이 있어, 자극이 주어지면 다른 종류의 오르가슴을 일으킬 수 있다.

❺ 자궁

앞쪽에는 방광, 뒤쪽에는 직장이 위치하고 있는 자궁은 월경시기에는 난소호르몬 자극에 의해서 크기가 증가하여 자궁경부보다 커진다.

자궁의 내막은 보통 월경시기 직후에 가장 얇고 점차적으로 두께가 증가하여 다음 월경 시작 전까지 증가한다.

❻ 난관(나팔관)

난소로부터 난자를 자궁으로 운반해 주는 역할을 하는 난관은 자궁에서 좌우로 뻗어있는 두 개의 관으로 모양이 나팔의 관처럼 생겨서 나팔관이라고도 한다. 남성의 정관에 해당되는 난관은 그 길이가 약 12cm 정도이다.

❼ 난소

수정에 필요한 난자를 생산하는 난소는 난관의 끝부분에 좌우 하나씩 위치하고 있다. 남성의 고환과 같은 역할을 하는 곳이기도 하다. 스테로이드를 합성하여 난소에서 배출된 난자가 수정이 되고 착상에 성공하여 임신이 지속될 수 있도록 주위조직의 환경을 적합하게 조절해 주는 기능을 가지고 있다.

(3) 여성과 남성의 성 반응단계

남녀 성행위 중에 일어나는 반응단계를 흥분단계, 고조단계, 절정단계, 회복단계로 나누는데 이 같은 4단계의 특징은 다음과 같다(정현숙 외, 1998).

❶ 흥분단계(excitement)

남성은 시각적인 상황으로 충분히 성적 흥분을 일으킬 수 있다. 예를 들면, 성적인 장면과 매력적인 나체의 여성, 성적 물건 등으로 물리적인 접촉 없이도 성적으로 자극을 받을 수 있다. 이런 자극을 받으면 뇌의 지시를 받아 척수를 통해 성기로 가서 음경으로부터 피의 유출을 차단하면서 발기가 일어나게 된다. 발기가 되면 음경의 크기는 평소보다 두 배 이상이 되며, 작은 음경이 큰 음경보다 비례적으로 조금 더 증가한다고 보고하고 있다.

여성은 질에서 부드러운 분비액이 나오면서 축축이 젖으면서 성적 흥분이 일어난다. 이런 분비액은 질벽의 충혈상태가 일종의 '땀 반응'에서 나오는 것으로 혈관의 질 조직을 통해 물기를 발산하는 것이다. 심장이 빨라지고 입술과 눈동자의 변화도 있게 되면서 부드럽던 가슴이 커지고 유두가 굳어지면서 성적 흥분단계에 오른다. 여성의 성감도를 가장 고조화할 수 있는 음핵은 성관계 시 음경 움직임만으로 자극 받기가 어렵다. 그러나 성관계 시 여성의 몸을 아래쪽으로 끌어당기면서 유방과 질을 자극하면 음핵의 포피가 벗겨지게 된다. 이때 음경의 움직임이 음핵의 자극을 고조시킬 수 있다.

❷ 고조단계(plateau)

성관계 시 고조단계(plateau)는 흥분단계(excitement)에서 시작했던 진행이 계속됨을 보이는 것이다. 남성과 여성이 고조단계를 지키고 싶어 하지 않으면 이 상태는 유지되기가 어렵다. 여성은 고조단계가 되면 오르가슴대(orgasm platform)의 변화로 질 외부를 감싸는 조직이 팽창된다. 이 단계는 질 지름을 50% 정도 더 작게 축소시켜 음경을 잡을 수 있도록 해 준다. 자궁의 크기도 커지고, 음핵은 발기한다. 남성은 고조단계가 되면 음경 끝 부위의 크기가 조금 더 커지고 더욱더 붉은 자주색으로 짙어지기도 한다. 남성과 여성이 고조단계에 이르면 혈압과 호흡, 그리고 맥박수가 상승하게 된다.

❸ 절정단계(orgasm)

성관계 시 절정단계에 이르면 맥박과 호흡, 혈압은 가장 높게 상승하고, 팔과 다리, 목 등의 근육이 약간의 경련을 일으키며 수축하게 된다. 여성의 절정단계는 오르가슴대(orgasm platform)에서 일어나는 리듬 있는 수축으로 자궁에서도 수축이 일어나면서 신체를 통한 다른 근육들도 리듬 있는 수축을 하게 된다. 질 바깥쪽에서부터 오르가슴을 느끼는 동안 규칙적인 수축이 일어난다. 이런 수축은 극도의 쾌감을 주며, 환상적인 흥분은 수축이 줄어들면서 사라진다. 여성마다 오르가슴 수축 정도와 간격은 개인 차이가 있다. 여성의 절정단계, 즉 오르가슴 동안 자궁근육은 수축하고 질 내부의 윈개는 정액을 받아들이기 위해 팽창한다.

남성의 절정단계도 리듬 있는 수축의 단계가 있다. 오르가슴 전에 정자 세포들은 정자 소낭에 모여지고 액 같이 모여진 정자 세포액이 처음 몇 번의 수축과 함께 요도로 밀려나오며, 그 후에 수축을 통하여 음경 밖으로 배출된다. 사정 전에 음경의 요도 입구에서는 쿠퍼선이라는 분비물이 만들어진다. 절정단계에 이르면 고환의 크기는 커지면서 올라가고, 음경이 사정하지 않고는 본래의 크기로 돌아가기가 쉽지 않다. 음경에서 정액이 나오면서 사정하게 되는데, 성적 자극에 의해 오르가슴 없이도 남성은 사정할 수 있다. 그러나 절정단계는 사정하지 않고는 쉽게 일어날 수 없으며, 남성은 여러 번 오르가슴을 경험하더라도 사정은 단 한 번만 한다.

❹ 회복단계(resolution)

신체의 맥박, 혈압 그리고 호흡이 자극 전의 정상적인 상태로 돌아가기 시작하는 단계를 회복단계라 한다. 팽창된 생식기가 정상으로 되돌아가는 데는 시간이 조금 걸리며, 절정단계가 일어나지 않았다면 이런 과정이 오래 걸릴 수도 있다. 특히 여성의 음핵은 오르가슴에 도달하지 않았다면 성관계 이후 부풀은 음핵상태는 회복에 여러 시간이 걸릴 수도 있다. 성관계가 끝나고 나면, 사정이 끝난 음경은 여성의 질 속에서 있는 경우보다는 밖으로 뺀 경우가 더 빠르게 원래의 크기로 돌아온다. 그러나 여성과 계속해서 신체적으로 밀착되어 있으면 제2단계가 지연될 수 있다. 소변을 보는 것도 음경이 줄어드는 속도를 빠르게 진행시킬 수 있다. 남성은 성관계 후, 음경이 원래의 크기로 돌아오고 남성의 근육이 이완되면서 졸음을 쉽게 느낀다고 한다. 남성은 한 번 사정하면 다시 발기하기까지 오랜 시간이 걸리며, 나이에 따라 시간은 길어질 수 있다. 그러나 여성은 이런 긴 간격이 없으며, 즉시 자극하여도 또 다시 오르가슴에 도달할 수 있다.

이상과 같이 남성과 여성의 성 반응은 네 단계를 통해 진행되며, 남성은 오르가슴 이후에 다시 오르가슴을 갖기까지 시간이 걸리지만, 여성은 쉬지 않고 여러 번 오르가슴을 느낄 수 있다. 여성은 오르가슴을 처음 갖게 될 때 남성보다 시간이 더 걸리며, 성관계 시 여성의 음핵은 말초신경이 밀집되어 있는 아주 민감한 부위지만, 질의 벽에는 말초신경이 적어 접촉에 둔감하다. 직접적인 음핵의 자극은 너무 강하지만, 때로는 통증을 유발할 수 있으며, 간접적인 음핵의 자극은 여성의 오르가슴을 일으키는 주요 요인이 될 수 있다.

여성이 오르가슴에 가장 잘 도달할 수 있는 방법은 자위이다. 두 번째로는 파트너가 입이나 손으로 자극해 주는 것이다. 남성이 여성의 음핵을 입이나 손으로 자극을 해 주면 여성이 오르가슴을 느끼는 시간이 남성과 비슷해질 수 있다. 특히 여성의 성적 만족이 성교보다는 음핵의 자극에 있다는 사실이 중요하다.

이런 면에서 볼 때 남성과 여성의 성 행동에는 차이가 있다. 남성은 오르가슴에 도달할 수 있는 방법을 성관계로 보지만, 여성에게는 그렇지 않을 수 있다. 여성과 남성의 성욕(sexuality)의 차이는 다음과 같다.

첫째, 여성과 남성의 성욕은 연령에서 차이가 있다. 여성은 30대 중반부터 50대까지 성욕의 전성기를 보일 수 있으나, 남성은 10대 후반부터 20대를 절정으로 해서 30대 후반부터 쇠퇴해 갈 수 있다. 여기서 여성과 남성의 성적 전성기는 연령에서 차이가 생긴다.

둘째, 여성과 남성은 성적인 흥분을 일으키는 대상에서 차이가 있다. 여성은 정서적 분위기에 서서히 반응을 보일 수 있으나, 남성은 시각 등의 감각적으로 성적인 반응이 쉽게 나타날 수 있다.

셋째, 여성과 남성은 오르가슴을 느낄 수 있는 것에 차이가 있다. 여성은 한 번의 성관계에서 전혀 오르가슴을 느끼지 못할 수도 있으며, 여러 번의 오르가슴(multiple orgasm)을 느낄 수도 있다. 반면에 남성은 첫 번째 성관계의 오르가슴을 가장 강하게 느낄 수 있으며, 한 번의 성관계에서 사정을 함으로써 한 번의 오르가슴을 느낀다. 즉, 한 번 사정을 하면 다시 사정할 때까지 기간과 연령에 비례해 길어질 수 있다.

넷째, 여성과 남성의 성욕은 주기에서 차이가 있다. 여성은 월경 직전이나 직후, 또는 가임기인 배란기에 성욕이 증가할 수 있다. 그러나 남성은 이런 주기에 상관이 없다.

3) 성 윤리와 성 행동

현대사회에서의 성 윤리는 인간 삶의 질적인 측면과 연관되어 다루어져야 할 것이다. 성은 인간의 생물학적인 욕구 표현인 동시에 인격과 사회적 윤리 및 도덕성까지 겸비해야 하는 중요한 것이다. 성적 무질서는 심각한 사회적 혼란을 야기하는 것은 물론 한 개인의 삶마저 무너뜨릴 수 있으므로 성에 대한 올바른 인식과 행동이 전제되어야 한다. 또한 이를 위해 어려서부터 올바른 성교육이 반드시 이루어져야 할 것이다.

성을 연구하는 대부분의 학자들은 사회적, 경제적, 신체적, 그리고 심리적으로 성관계 후의 결과를 스스로 다룰 수 없을 때는 성관계의 준비가 되어 있지 않은 것이라고 정하고 있다. 성관계를 시작하기 전에는 분명히 바람직한 성 행동에 대한 자신만의 성적인 가치기준이 결정되어 있어야 한다. 이런 결정과 가치기준이 성립되어 있을 때, 어떠한 결과에도 스스로 책임을 질 수 있을 뿐만 아니라 자신의 삶에 부정적인 영향을 미치지 않도록 노력할 수 있게 되는 것이다. 이와 같이 자신의 올바른 성적 기준과 윤리의식은 성관계에 대한 최선의 결정을 내릴 수 있도록 해 준다. 최선의 결정은 나쁜 결과가 아닌 좋은 결과를 낳을 수 있도록 하는 것이며, 자신의 삶에 긍정적으로 영향을 미칠 수 있도록 자아를 성숙시킬 수 있는 길이 되는 것이다. 올바른 성적 기준은 선택의 중요성을 깨닫게 해 준다. 다음에서는 성에 관한 선택의 중요성을 살펴보고자 한다.

현대사회는 너무나 빠른 속도로 변화하고 있다. 이런 사회변화는 젊은 세대들이 어떻게 행동할 것인가에 어려움을 주고 있다. 애정관계의 문화도 빠른 속도로 변화하고 있다. 젊은 세대들은 이런 변화 속에서 빠르게 적응하기 위하여 성에 대한 결정을 내려야 할 때 신중하게 고려하기보다는 성급하게 결정하는 경향을 지니게 될 수도 있다. 따라서 성에 대한 선택을 결정할 때 우리는 자신이 얼마나 스스로를 잘 인지하고 있는지, 또 타인을 받아들일 준비가 충분히 되어 있는지, 성숙한 가치관을 정립하고 그에 따른 행동을 취할 수 있는지 판단하고 숙고할 필요가 있다. 아울러 다른 인격과의 교제를 통해 서로를 존중하고 배려하는 경험을 함으로써 성이 인간 삶에 긍정적 영향을 미칠 수 있는 아름다운 것임을 느낄 수 있어야 한다.

그러므로 아래에서는 올바른 성적 기준과 선택의 결정을 내릴 수 있도록 도와줄 수 있는 근거를 제시하고자 한다(박범혁·김경미·김혜숙·조주영·황종귀, 2009).

첫째, 자신의 자아존중감을 더욱더 강화시키도록 한다.
둘째, 원만한 대인관계에 성실하도록 노력한다.
셋째, 타인에 대한 신뢰감과 존중감을 쌓아가도록 노력한다.
넷째, 삶의 열정을 가지고 삶의 목표를 향해서 노력한다.

다섯째, 타인의 행복을 소중히 여기며, 자신도 행복할 수 있도록 삶을 즐기도록 노력한다.

결혼과 가족

당신의 뇌 성별검사(Brain Sex Test)

이 테스트는 당신의 뇌가 여성적인지, 남성적인지를 알아보고자 하는 것이다. 행동에 따라서 뇌 구조가 여성적인 형태로 조직되어 있는지, 아니면 남성적인 형태로 조직되어 있는지 결정된다.

1. 고양이가 작게 우는 소리를 들었다. 소리가 난 쪽을 쳐다보지 않고 당신은 고양이의 위치를 손으로 가리킬 수 있는가?
   ① 신경을 쓰면 가리킬 수 있다.
   ② 바로 가리킬 수 있다.
   ③ 잘 가리키지 못할 것 같다.

2. 당신은 처음 들은 노래를 얼마나 잘 기억할 수 있는가?
   ① 쉽게 기억하고 일부분을 따라 부를 수도 있다.
   ② 노래가 간단하고 리듬이 분명하면 기억할 수 있다.
   ③ 잘 기억하지 못한다.

3. 몇 번 만나지 않은 사람이 전화를 걸어왔다. 당신은 그 사람이 자신의 신원을 밝히기 전에 누구의 목소리인지 금방 알아차릴 수 있는가?
   ① 쉽게 알아차릴 수 있다.
   ② 대체로 알아차릴 수 있다.
   ③ 잘 알아차리지 못한다.

4. 당신은 결혼한 친구들과 함께 있다. 그런데 그 가운데 2명이 비밀리에 부적절한 관계를 갖고 있다. 이런 경우 당신은 그것을 쉽게 알아차리는가?
   ① 거의 대부분 알아차린다.
   ② 대체로 알아차리는 편이다.
   ③ 거의 알아차리지 못하는 편이다.

5. 당신은 큰 모임에 나가서 알지 못하던 사람 5명을 소개받았다. 만일 다음날 그들의 이름을 들으면 당신은 그 얼굴들을 쉽게 떠올릴 수 있는가?
   ① 대부분 떠올릴 수 있다.
   ② 몇 명 떠올릴 수 있다.
   ③ 거의 떠올리지 못한다.

6. 초등학교 때 당신은 받아쓰기와 글짓기를 잘하는 편이었는가?
   ① 둘 다 잘하는 편이었다.
   ② 둘 중 하나는 잘하는 편이었다.
   ③ 둘 다 잘하지 못했다.

7. 당신은 차를 후진해서 주차하려고 한다. 그런데 공간이 별로 없어 보인다. 이럴 경우 어떻게 하는 편인가?
   ① 다른 곳을 찾아본다.
   ② 조심스럽게 후진을 한다.
   ③ 쉽게 차를 후진한다.

8. 당신은 처음 와 보는 낯선 곳에서 3일 동안을 지냈다. 그런데 어떤 사람이 와서 북쪽이 어디인지 묻는다. 이런 경우 당신은 어떻게 하는 편인가?
   ① 잘 대답하지 못한다.
   ② 조금 생각해 보고 정확히 대답한다.
   ③ 바로 정확히 대답을 한다.

9. 당신은 당신과 동성인 사람 6명과 함께 치과에서 진료를 기다리고 있다. 이런 경우 당신은 그들과 얼마나 가까이 앉을 수 있겠는가?
   ① 15cm 이하의 거리를 두고 앉을 수 있다.
   ② 15~60cm 정도의 거리를 두고 앉을 수 있다.
   ③ 60cm 이상의 거리를 두고 앉을 수 있다.

10. 당신은 새로 이사 온 이웃집을 방문해서 그와 대화를 하고 있다. 그런데 수도꼭지에서 물 떨어지는 소리가 뒤에서 작게 들린다. 이런 경우 어떻게 하겠는가?
   ① 그 소리를 무시하려고 할 것이다.
   ② 그 소리를 들었다면 이웃에게 알려 줄 것이다.
   ③ 전혀 신경 쓰지 않는다.

남성의 경우: ① 10점 ② 5점 ③ −5점
여성의 경우: ① 15점 ② 5점 ③ −5점
모든 문항의 점수를 합산하고, 답하지 않은 문항은 5점을 준다.

결과분석: 남성은 대부분 0~60점을 받는다. 여성은 대부분 50~100점을 받는다. 겹치는 점수, 즉 50~60점은 남성과 여성의 사고방식이 양립 가능한 범위를 나타낸다. 0점 이하를 받은 남성과 100점 이상을 받은 여성은 이성과 매우 다른 구조의 뇌를 가지고 있다. 그러나 서로 매력을 느낄 수 있다. 60점 이상을 받은 남성은 여성에 가까운 뇌를 가지고 있고, 50점 이하를 받은 여성은 남성에 가까운 뇌를 가지고 있다. 그러나 이 모든 점수는 평균에 기초한 것이다. 따라서 남성이 60점 이상의 점수를 받았더라도 남성적인 뇌를 가질 수 있으며, 여성이 50점 이하의 점수를 받았더라도 여성적인 뇌를 가질 수 있다. 이처럼 간단한 검사에서 잘 드러나지 않는 남녀의 차이가 있을 수 있다.

출처: Moir & Jessel(2009). 재인용.

02 여성과 남성의 성 차이

1) 여성과 남성의 성역할

여성과 남성이 자신이 속한 문화권 내에서 자신의 정서와 행동으로 표현하는 일련의 특성을 의미하는 것을 성역할(gender role)이라 한다. 또한 여성과 남성의 역할 구분에 대해서 사람들이 일반적으로 받아들이는 신념을 성역할 고정관념(gender role stereotype)이라 하며, 개인이 속한 사회문화권 내에서 자신의 성에 적절하다고 여겨지는 정서적·심리적인 반응 및 성격, 믿음 등의 속성이나 외적으로 나타나는 행동, 태도 등을 습득해 가는 과정을 성유형화(gender typing)라 한다. 마지막으로 여성인지 남성인지에 대한 구별로 인식하는 것을 성정체감(gender identity)이라 말한다(김경혜·김진숙·박진옥·윤은영·이유미·정진화, 2009).

최근에는 여성과 남성의 성역할에 대한 사회문화적 인식이 변화하고 있다. 다시 말해서 남성스러움과 여성스러움이 한 사람 내에서 공존하는 양성성이 존재하면서 그 역할을 한다는 것이다. 예를 들면, 예전에는 여성이 소극적으로 행동하는 것을 여성스럽게 여겼으나, 현대사회에서는 여성이든 남성이든 소극적이기보다는 적극적으로 표현하고 행동하는 것을 사회가 요구하고 있어, 성역할에 대한 고정관념이 변화되고 있는 추세이다. 최근에 사회문화가 요구하는 인간상은 여성성과 남성성 모두를 지닌 양성성을 인간의 성숙된 모습이라고 생각한다.

양성성(androgyny)이란 그리스어로 남성(andro)을 뜻하는 단어와 여성(gyn)의 뜻을 지닌 단어가 합쳐진 용어로, 한 개인이 남성적 특성과 여성적 특성을 함께 골고루 가지고 있는 상태를 말한다. 정신분석학자인 Jung(1875~1961)에 의하면, 모든 인간은 여성성과 남성성의 특성이 한 인간에게 동시에 존재한다고 보았다. 하지만 Jung은 이를 다시 아니마(anima)와 아니무스(animus)로 구분하여 설명한다. 아니마(anima)란 의식선상에서는 남성적 성격을 갖고 있는 사람들의 무의식 속에 남아 있는 여성적 요소를 뜻하며, 아니무스(animus)는 의식선상에서는 여성적 성격을 갖고 있는 사람들의 무의식 속에 남아 있는 남성적 요소를 지칭한다. 이 원형들은 남녀가 가족이나 사회구성원으로 오랜 기간 함께 살면서 각자 이성의 성격을 조금씩 받아들이는 과정에서 형성되었고, 이런 원형들을 통하여 어느 정도 이성을 이해할 수 있게 되고 나아가 이성과 더불어 살아갈 수 있다고 하였다(김용미 외, 2009).

Jung은 인간의 정신적·심리적인 건강을 위하여 아니마(anima)와 아니무스(animus) 둘 다 표현하는 것이 균형을 이룰 수 있다고 하여 그 중요성을 언급하였다. 현대인들은 남성성과 여성성 모두를 표현할 수 있는 양성성을 통해서 자기 자신을 보다 더 자유스럽게 표현할 수 있는 것을 바람직한 인간상이라고 인지한다.

이상과 같이 여성과 남성의 성역할에서 오는 양성성의 개념과 여성과 남성의 성역할에 따른 성역할 고정관념, 성유형화를 비롯한 성정체감 등이 여성과 남성의 성 차이를 형성한다. 이런 성 차이에 대한 이론적 접근은 생물학적 관점과 정신분석학적 관점, 사회학습론적 관점, 그리고 인지발달론적 관점으로 나누어 살펴볼 수 있다.

첫째, 생물학적 관점이란 "여성과 남성의 차이는 호르몬 때문에 유전적인 차이가 있다"라고 주장하는 생물학적 결정론자들에 의한 관점이다. 에스트로겐(estrogen)과 항체호르몬인 프로게스테론(progesterone)은 여성의 주된 호르몬이며, 남성의 주된 호르몬은 안드로겐(androgen)과 테스토스테론(testosterone)으로 이 호르몬의 차이로 성숙기에 접어든 여성과 남성의 이차성징이 발달한다.

둘째, 정신분석학적 관점이다. 이는 정신분석학자인 Freud(1856~1939)에 근거한 것으로, 성역할 발달과 차이는 남성과 여성의 해부학적 신체 차이에 대해 반응을 함으로써 시작된다고 보는 관점이다. 즉, 여성과 남성의 근본 차이는 Freud의 심리성적 발달단계 중 3단계의 남근기에서 서로 다른 경험에 의해 형성되는 것이라 설명하였다. 여아는 아버지를 성적 대상으로 여기는 엘렉트라 콤플렉스와 남근 선망, 남아는 어머니에 대해 성적 욕망을 느끼게 되는 오이디푸스 콤플렉스와 아버지가 자신의 음경을 떼어 갈 수도 있다는 거세 불안을 갖게 되는데 이 같은 차이가 성역할 발달과 차이에 영향을 미친다는 것이다. 이 시기에 아동들은 엘렉트라 콤플렉스와 오이디푸스 콤플렉스를 해소하기 위해 동일한 성을 가진 부모를 동일시하면서 성정체감을 정상적으로 형성하게 된다. 다시 말해서 여아, 남아가 이성 부모에게서 성적인 감정을 느끼면서 동성 부모에게서 경쟁심을 갖기 시작하면서 동일시되려는 과정에서 성정체감이 발달해 나간다는 것이다.

셋째, 사회학습론적 관점으로 여성과 남성의 차이는 보상과 처벌이 행동을 통제하여 그 차이를 가져온다고 보는 관점이다. 어린 시기에 받은 보상과 처벌은 특정 상황에서 특정한 방식으로 행동하도록 영향을 미칠 수 있다고 보는 관점이다. 즉, 어린 시절부터 주위사람들이나 대중매체 등을 통한 주위환경을 통하서 모방과 관찰, 강화에 의해서 사회문화적으로 인정된 역할을 자신의 성에 적절한 생활방식으로 학습하게 됨으로 이에 따라 성 차이를 보인다는 관점이다.

넷째, 인지발달론적 관점으로 여성과 남성의 차이를 인간의 인지발달과 도덕발달에 기초하여 개인의 성차를 보는 관점이다. Piaget(1896~1980)의 인지발달이론에서 아동은 자신이 여자인지 남자인지 먼저 인지한 후 자신의 행동을 변화시키거나 수정하여 성정체감을 일관성 있게 유지한다고 하였다. 또한 심리학자인 Kohlberg(1927~1987)는 여성과 남성의 성역할이 자신이 사회를 바라보는 관점인 쉐마(schema)를 어떻게 형성하느냐에 따라서 자신의 성역할을 발달시킬 수 있다고 하였다. 즉, Kohlberg는 성역할 정체성(gender identity)이 4~5세에 형성되어 일생에 유지된다고 하였으며, 6~7세에 유아 자신의 인식이 발달되면서 성 정체성과 성의 영속성을 깨닫게 된다고 하였다. 7~8세가 되면 성역할 불변성(gender constancy)이 형성되어 여아가 남아의 옷을 입는다고 해서 성이 바뀔 수 없으며, 남아가 여아처럼 머리를 예쁘게 길러도 여아가 될 수 없다는 것을 확실하게 알게 된다고 하였다(허혜경·박인숙, 2010).

이상과 같이 여성과 남성의 성역할에 따른 우리가 가지고 있는 양성성에 대해서 알아보는 것도 뜻깊은 일이라 할 수 있다. 자신이 가지고 있는 성역할 정체감이 어떠한지를 올바르게 인지하여 그에 따라 보완하고 수정해 가는 것이 사회에서 타인과 함께 삶을 가꾸어 가는 것에 도움이 될 것이다.

결혼과 가족

나의 성역할 정체감 유형은?

각 문항을 읽고 자신에게 가장 적합한 점수(1~7점)를 점수 칸에 적어 주십시오.

1	2	3	4	5	6	7
전혀 그렇지 않다	대체로 그렇지 않다	그렇지 않다	보통 이다	약간 그렇다	대체로 그렇다	아주 그렇다

특 성	점수	특 성	점수
1. 근면하다.		21. 권위적이다.	
2. 잔소리가 심하다.		22. 자기감정을 호소한다.	
3. 대화를 많이 한다.		23. 명랑하다.	
4. 운동을 좋아한다.		24. 질투심을 갖는다.	
5. 예절이 바르다.		25. 사회의 중추적 역할을 수행하려 한다.	
6. 타인의 감정에 민감하다.		26. 독립적이다.	
7. 자신감에 차 있다.		27. 순종적이다.	
8. 체면을 중요시한다.		28. 경제적으로 자립할 자신이 있다.	
9. 통솔력이 있다.		29. 체력이 강하다.	
10. 낭만적인 이야기를 좋아한다.		30. 말을 아름답게 표현한다.	
11. 의존적이다.		31. 칠전팔기의 정신을 갖는다.	
12. 쉽게 영향을 받는다.		32. 성취욕구가 있다.	
13. 예쁜 물건을 좋아한다.		33. 애교가 있다.	
14. 주도력을 발휘 한다.		34. 지배적이다.	
15. 포부와 야망이 있다.		35. 말이 많다.	
16. 남에게 도움을 준다.		36. 감사할 줄 안다.	
17. 쉽게 운다.		37. 목표를 향해 적극적이다.	
18. 활동적이다.		38. 웃어른을 섬긴다.	
19. 변덕스럽다.		39. 상대방을 용서한다.	
20. 인간애가 있다.		40. 동정심이 있다.	

* 여성성 문항: 2, 6, 10, 11, 12, 13, 17, 19, 22, 24, 27, 30, 33, 35, 40.
* 남성성 문항: 4, 7, 9, 14, 15, 18, 21, 25, 26, 28, 29, 31, 32, 34, 37.
* 여성성 15문항 점수 합계 ÷ 15 = 여성성 점수 / 남성성 15문항 점수 합계 ÷ 15 = 남성성 점수
  중앙치 값 = 4 기준, 이상·이하 = 성역할 정체감 유형

		여성성 점수	
		중앙치 이상	중앙치 이하
남성성 점수	중앙치 이상	양성성정체감	남성성정체감
	중앙치 이하	여성성정체감	미분화

출처: 김영희(1988); 김용미 외(2009). 재인용.

나의 성역할 정체감 유형의 결과는 다음과 같이 간략히 요약할 수 있다.

여성성(femininity)과 남성성(masculinity) 점수가 중앙치 이상이 되어 양성성(androgyny)이라면, 남성적 특성과 여성적 특성이 통합되어 모두 강하며 바람직한 것으로 간주하고 있다. 이런 양성성을 갖춘 사람들은 자존감과 자신을 조절하고 통제하는 능력이 높고, 생활에서 오는 무력감에 대해 저항력이 높으며, 지적 능력과 창의력 또한 뛰어나다고 하였다. 이와 같이 양성적인 사람은 건강한 정신건강과 자신의 생활에서 얻을 수 있는 만족도가 높게 나타난다는 연구결과가 있다. 그러나 남성성이 높으면서 여성성이 아주 낮게 나오거나 여성성이 높으면서 남성성이 아주 낮게 나오는 경우, 즉 남성성과 여성성 점수의 차이가 높을수록 전통적인 성역할을 소유하는 것으로 해석할 수 있다. 이들은 서로 다른 성에 대해서 친절한 표현을 못하면서 서로 다른 성에 대해서 거부감이 심할 경우가 많다. 즉, 남성성이 높은 사람은 보다 전통사회의 남성상으로, 여성성이 높은 사람은 보다 전통적인 여성상일 경우가 많다. 마지막으로 여성성과 남성성 점수가 모드 중앙치 이하인 미분화일 경우에 이들은 자신을 남성적이라든가 여성적이라고 명확하게 평정하지 못하는 경우가 많다(허혜경·박인숙, 2010).

이와 같은 인간의 성역할 정체감은 우리 사회에서 직접적인 영향을 받으면서 형성되고 있다. 다음은 성역할에 대해서 중요한 영향을 미칠 수 있는 요인들에 대해서 설명하고자 한다.

첫째, 여성과 남성의 차이를 가져오는 성역할 정체감은 먼저 가족의 영향을 직접적으로 받을 수 있다. 즉, 여아는 여자답게 길러지고, 남아는 남자답게 양육된다. 여아는 분홍색 옷으로 남아는 남성다운 파랑색이나 하늘색 옷으로 어린 영아시기부터 구분되어 양육된다. 부모 - 영아의 상호작용을 연구한 결과에 따르면, 부모는 여아와는 언어적인 접촉을 시도하는 경향이 많고, 남아와는 신체적 접촉을 많이 하는 것으로 보고되었다. 이는 사회적인 성공보다는 관계 형성에 더 치중하면서 여아를 양육하고, 남아는 사회적인 성공이 여아보다 더 중요하게 여겨져 양육되는 것이다. 감정표현보다는 감정 통제를 원하게 되어 가족에게서 받는 성역할 정체감은 직접적인 영향을 가장 많이 받는다고 해도 과언이 아니다. 그러나 부모가 여아와 남아를 구별하지 않도록 양육에 신경 쓰고 노력한다면, 그 가정에서 평등한 대우를 받으면서 양육되는 자녀들도 사회에 나가서 보다 더 평등한 사회를 이끌 수 있는 사회의 자원이 될 것이다.

둘째, 대중매체의 영향이다. TV 속에서 비춰지는 여자상과 남자상이 확실히 구분된다. 예능 오락프로그램을 맡아 진행하는 주요 MC는 여성보다는 남성이 월등히 많으며, 드라마나 단편 영화를 살펴보더라도 남성상은 주로 사회 일꾼으로 전문인이나 유명인, 또는 거대한 기업 상속자를 묘사하는 부분이 많지만, 여성상은 그런 남편이나 남자친구를 얻게 되는 가련하고 미적으로 뛰어난 여성이거나, 집안일을 하거나, 물건을 구입하는 소비자로 비춰지는 경향이 아직도 많은 부분을 차지하고 있다. 특히 아동기에는 TV를 통해서 아동의 공격성과 같은 반사회적 행동을 모방하게 되며, 사회적으로 고정화된 여성과 남성의 성역할을 인지하게 될 확률이 높다. TV와 같이 책, 영화, 잡지, 컴퓨터를 통한 매체 등이 성역할에 미치는 영향은 매우 심각하다고 할 수 있다.

셋째, 학교 또한 성역할 정체감에 많은 영향을 미칠 수 있다. 교과서의 내용을 살펴보면, 남성상은 주로 강하고 적극적으로 행동해야 하며 정의로워야 한다. 반면에 여성상은 착하고 얌전해야 하고 행복한 가정을 만들 수 있는 현모양처 상으로 비춰지는 경향성이 높다. 언제나 직장에 나가시는 아버지상과 집안에서 가족들의 생활을 보살피는 어머니상이 구체적이고 자세하게 성역할 정체감을 형성할 수 있도록 한다.

이상과 같이 현대사회에는 가족, 대중매체, 학교가 성역할 고정관념에 직접적인 영향을 미칠 수 있다. 성역할 고정관념에서 좀 더 탈피하고자 하는 스스로의 배움의 노력이 필요하다고 할 수 있다. 다음은 자신의 성역할 태도에 관하여 토론해 볼 수 있는 질문들이다.

- 질문 1: 당신의 동성부모는 당신과 얼마나 다른지에 대해서 설명해 볼 수 있나요?
- 질문 2: 당신이 생각하는 동성의 이상향은 누구인가요?
  그리고 무엇 때문인가요?

○ 질문 3: 당신이 원하는 발달을 위해 어떤 노력이 필요한가요?

2) 여성과 남성의 두뇌 차이

여성과 남성의 차이는 호르몬이 분비되는 두뇌에서부터 그 차이가 시작된다고 해도 과언이 아니다. 여성은 남성보다 감각 중에 청각이나, 후각, 촉각이 더 예민하고 민감하다. 또한 여성은 다른 사람의 움직임을 보고 단서를 읽어내고 잘 파악하며, 우뇌의 정서와 좌뇌의 언어영역이 남성보다 더 잘 연결되어 있어, 남성보다 직관력이나 의사소통 기술이 뛰어나다. 반면에 남성은 여성보다 한 가지 일에 뛰어난 집중력을 보이고 쉽게 분산되지 않는다. 사물의 작동능력과 공간을 지각할 수 있는 호기심이 여성보다 강하다. 문제해결력에 있어서 남성은 여성보다 더 실용적이고, 결과적으로 자신에게 이익이 되는 방식으로 문제를 해결해 나가는 능력이 있다. 이와 같이 여성은 사람과의 관계에서 나타나는 상호작용과 상호 보완, 그리고 타인과의 교류를 중요시 여기는 반면에 남성이 사고하는 인간관계는 권력이나 지배력과의 상관관계가 높다고 할 수 있다.

(1) 여성과 남성의 성욕 및 관계 차이

여성과 남성의 차이는 호르몬이 분비되는 두뇌에서부터 있다. 여성과 남성의 차이를 나타내는 대표적인 호르몬인 테스토스테론은 성과 관련성이 깊다. 다음에서 여성과 남성의 성, 즉 성욕의 차이를 테스토스테론(testosterone)과 관련지어 알아보고자 한다.

테스토스테론은 인간의 공격성과 지배욕을 발생시키는 호르몬이며, 남성의 주된 호르몬으로 알려져 왔다. 하지만 테스토스테론은 남성과 여성 모두의 성 호르몬이다. 여성의 인생에 있어서 월경이 끝나는 완경기가 지나고도 여성이 성욕을 잃지 않는 이유가 이 테스토스테론 호르몬 때문이다. 그렇기 때문에 이 테스토스테론 호르몬이 여성의 불감증을 치료하는 역할을 하기도 한다. 여기서 잠깐 월경과 완경기에 대해서 설명하고 넘어가고자 한다.

여성 월경(月經)의 뜻은 '달의 운행경로'라는 뜻으로 '달거리'라고도 한다. 달이 28일 주기로 지구 주위를 돌면서, 지구의 바닷물 흐름에 영향을 주는 것처럼, 여성 신체에도 혈액과 인체 내 수분의 흐름에 영향을 준다. 즉, 월경이 시작되기 전과 후에 살이 갑자기 찌는 증상과 몸이 잘 붓는 증상, 월경 시 출혈량이 많아지거나 적어지는 현상, 그리고 난소와 자궁 및 신장에 영향을 미치는 증상 등을 말한다. 또한 완경은 마라톤 완주를 마친 것처럼, 여성의 일생 동안 월경을 잘 완수하였기에 완경이라고 부르는 것이다. 폐경(閉經)은 생리학적 의미로 '문이 닫히어 경도가 끊어진다는 뜻'으로 남성중심사회의 시각으로 여성을 육체적 관점으로만 관찰한 용어일 수 있다(이성희·한희선, 2009, 재인용). 최근의 여성들은 '달거리'라는 말보다는 '매직', '멘스', '생리'라는 말을 사용하는 것으로 알려졌다.

이 테스토스테론 호르몬에서 여성과 남성의 차이가 있다. 그 첫째는 남성의 뇌는 태아시기에 자궁 속에서 테스토스테론에 반응하도록 조직되기 때문에 여성보다 그 영향을 많이 받는다. 둘째, 사춘기 이후에 남성은 여성보다 20배나 더 많은 테스토스테론을 분비하게 된다. 그렇기 때문에 여성보다 남성이 이 시기에 공격성과 지배욕, 그리고 성욕을 더 강하게 느끼게 되는 것이다. 여성 또한 월경주기에서 테스토스테론의 양이 가장 많을 때 성욕도 절정에 달할 수 있다. 이 시기가 바로 임신할 가능성이 가장 높을 때이기도 하다. 이와 같이 여성과 남성의 뇌 차이에서 기본적인 호르몬인 테스토스테론은 성과 관련성이 깊다.

성과 관련해서, 즉 성욕 및 성관계에서 여성과 남성의 차이는 다음과 같다(Moir & Jessel, 2009).

첫째, 남성은 일생 동안 다수의 여자들과 성관계를 갖는 것에 관심이 높다. 만약에 사회문화적으로 이런 성관계에 자유스럽다면 실행에 옮길 수 있는 것은 여성보다는 남성이 더 많을 것이다. 반면에 여성은 다수의 남성들과 성관계를 갖는 일에 대한 관심이 남성보다 매우 약하다. 이유는 여성이 사고하는 성관계란 사랑이 필요충분조건으로 갖추어진 후에 가능하고 그래야 성적인 만족감이나 쾌락을 느낄 수 있다. 따라서 남성은 다수의 여성과 성관계를 맺으면서 성의 쾌락과 만족도를 높이려고 힘쓰는 반면에, 여성은 소수의 남성과 성관계를 맺으면서 사랑이나 관계성을 더욱더 높이려고 애쓴다.

둘째, 여성은 사랑과 관계를 원하는 반면에 남성은 성과 육체를 원한다. 남성이 움직이는 장난감과 엔진 같은 기계, 작동할 수 있는 사물을 원한다면, 여성은 사람과의 관계, 접촉, 교감을 원한다. 또한 남성은 감각 중 시각이 중요하다. 남성은 여성보다 불을 켜고 성관계를 갖고 싶어 하며, 시각적으로 행위를 볼 때 더 흥분하게 된다. 포르노를 즐겨 보거나 야한 동영상을 보고 성욕을 채울 수 있는 것도 이 때문이다. 하지만 여성은 불을 끄고 성관계하기를 원한다. 이유는 여성은 시각보다는 촉각이나 청각이 남성보다 더 예민하고 민감하여 보이지 않더라도 남성이 전해 주는 촉감적인 움직임이나 따뜻하게 들려주는 사랑의 메시지에 더 자극을 받기 때문이다.

셋째, 여성은 남성보다 더 인간관계성과 친밀감을 중요시 여기면서도 연인관계를 남성보다 더 자주 끝내는 경향이 있다. 여성은 타인과의 관계성에 대해 남성보다 더 관심이 많기 때문에 성공여부도 남성보다 잘 파악할 수 있다. 이런 이유로 여성은 정서나 마음과 관계되는 일에 있어서 남성보다 더욱더 실용적인 경향이 있으면서도 심적으로 남성보다 강한 면을 발견할 수 있다.

이와 같이 여성과 남성의 성욕 및 성관계에서 차이가 있으나, 이를 통하여 여성과 남성이 이해하고 사랑하는 방법에 있어서 이성에 대한 배려심을 발휘해야 할 것이다.

다음은 바람직하지 못한 남녀관계의 자화상을 소개하고자 한다. 여성들이 여성의 이상형에 가까우면 가까울수록, 남성들이 남성의 이상형에 가까우면 가까울수록 서로에게 독을 더 많이 뿌리게 된다는 사실이다. 여성이 독성 강한 여성이 되고 남성이 독성 강한 남성이 됨에 따라, 남녀의 관계는 가장 건강하지 못한 면을 분극화시킨다. 바람직하지 못한 여성과 남성의 차이를 살펴보면 다음과 같다.

〈표 3-1〉 바람직하지 못한 여성과 남성의 차이

남 성	여 성
ego가 자꾸만 커진다. 남의 말에 귀를 기울이지 않고, 자신의 일에만 몰두하고, 모든 것에 대한 해답을 다 알고 있다. 그러면서 언제나 자신이 옳다고 믿는다. 다른 사람들은 모두 어리석다.	ego를 해체한다. 자신이 누구인지, 자신이 무엇을 원하는지 잘 모르고 자긍심이 낮아진다. 아는 것이 거의 없다는 느낌이 들며, 쉽게 위협을 느끼고 자신이 잘못되었다는 느낌을 받는다. 자신이 어리석고 '무'의 존재라고 믿는다.
개인적인 문제를 논리와 의지력으로 해결할 수 있다고 믿는다. 또 감정의 표현에 비판적이며 잘 참아주지 못한다. 관계나 개인적인 문제에 대한 대화에 저항하고 분개를 표시한다.	문제는 사랑과 동정심과 끝없는 토론으로 해결될 수 있다고 믿는다. 감정에 호소하고, 비합리적인 말을 하며, 장광설을 멈추기 어렵다.
쉽게 마음을 흩뜨리고 지루해한다. 특히 개인적이고, 친밀하고, 목표가 없는 교류에 권태를 잘 느낀다.	개인적인 일이면 거의 모든 것에 끼어들 준비가 되어 있다. 개인적인 토론에 합류하기만 하면 좀처럼 말을 끝내지 못한다.
몸을 건드리면 곤란해한다. 아무런 이유 없이 이뤄지는 육체적 친밀은 남자를 불편하게 만든다.	포옹이나 키스, 마사지나 손을 잡는 행위 같이 육체적이고 관능적인 접촉을 갈구한다.
자신의 신체와 일체감을 느끼지 못하고, 고통의 신호를 무시하고, 피로를 부인하고, 다이어트를 경멸하고, 심지어 몸 상태가 좋지 않을 때에도 무언가를 성취해야 한다.	자신의 몸과 몸에 일어난 변화 혹은 몸이 보내는 아픔의 신호에 지나치게 민감하다. 몸무게에 100g의 변화가 있어도 눈치를 챈다. 자신이 먹는 것이나 느낌을 늘 자각하고 있다. 쉽게 피로해진다.
다른 사람과 공감할 줄 아는 능력이 없으며, 절망의 표현을 허약함이나 어리석음으로 본다. 다른 사람이 느끼고 경험하는 것을 제대로 파악하지 못하며, 자기도 모르게 다른 사람에게 마음의 상처를 입힌다.	언제나 동정심을 느낄 준비가 되어 있으며 다른 사람의 일에 지나치게 많이 개입하는 경우가 종종 있다. 그런 예민한 마음을 악용하려는 사람에게 쉽게 조종당하고, 속고, 따돌림을 당한다.
냉담하고 감정에 흔들리지 않는다.	감정이 흘러넘치고, 감정적 반응을 할 때도 지나치게 격한 모습을 보인다.
나이가 들수록 개인적인 일로부터 자신을 점점 더 고립시킨다.	개인의 경계선이 희미하다. 그렇기 때문에 많은 인간관계에서 다른 사람에게 녹아들면서 자신을 잃어버린다.
관계에 성적 의미를 부여하고, 성관계에 강박적으로 집착하는 경향을 보인다. 여성과 교류하는 중요한 방법이 바로 그것이다.	성관계를 두려워하고 꺼린다. 피할 이유가 있거나, 그 사랑이 친밀하지 않거나 로맨틱하지 않을 경우에는 언제든지 성적으로 뒤로 물러설 준비가 되어 있다.

출처: Goldberg(2007). 재인용.

(2) 여성과 남성의 인지능력 차이

여성과 남성의 두뇌 차이를 나타내는 능력에서 차이는 어떠한지 살펴보고자 한다. 심리학에서 여성과 남성의 능력 차이 중 인지능력에 대해서 연구가 이루어져 오고 있다. 언어능력과 수리적 능력, 시간과 공간적 능력, 분석능력에서 차이를 보였다. 언어능력은 여성이 남성보다 뛰어나며, 수리적 능력은 13세 이후에 남성이 뛰어나다고 한다. 실제로, 영유아기부터 여아는 공감적인 뇌로, 남아는 체계적인 뇌로 발달한다. 예를 들면, 엄마가 영아 앞에서 장난감을 같이 가지고 놀다가 망치 장난감에 손을 다쳐 우는 시늉을 하면 여자 영아는 엄마의 고통을 공감하면서 엄마를 따라 울게 된다. 그러나 같은 상황에서 남자인 영아는 엄마가 왜 우는지를 공감하지 못한다는 실험결과가 이를 잘 설명해 주고 있다. 즉, 여아는 공감적인 뇌 발달이 남아보다 뛰어나며, 남아는 기울어져 있는 물 잔을 묘사하는 능력이나 공간적인 구성능력이 발달한 체계적인 뇌가 여아보다 더 뛰어나다는 것이다. 그러나 성인이 되었을 때 이런 인지능력의 차이는 점점 없어지면서 환경에 의해서 여성과 남성의 차이가 나타난다고 한다.

3) 여성과 남성의 의사소통 방법의 차이

영유아시기부터 언어 및 정서발달이 남성보다 여성이 빠르게 표현되지만, 남성은 주위환경에서 받은 성역할 고정관념에 의해서 표현 자체가 서툴거나 그저 타인이 알아주기를 갈망할 경우가 많다. 이처럼 여성과 남성의 언어표현이 다르듯이, 의사소통 방법에서도 큰 차이가 있다. 다음의 상황들에서 여성과 남성의 의사소통 방법의 차이를 살펴보고자 한다(Moir & Jessel, 2009).

첫째, 남성은 연애를 할 때 여성에게 말로 표현하기보다는 초콜릿이나 보석, 그리고 꽃 등으로 애정표시를 한다. 남성은 언어적인 표현이 서툴기 때문에 언어표현보다는 사물로 표현하는 것이 연애적인 기술이며 전략적이라고 생각한다. 하지만 여성은 그렇게 생각하지 않는다. 여성은 선물도 사랑표현이라고 생각하지만,

선물 속에 담겨진 연애카드나 연애편지에 더 몰두를 한다. 남성이 언어표현에 미약하다는 것을 인지한다면, 기대하는 방향이 서로 달라져야 할 것이다.

둘째, 여성은 남성이 생각하는 긍정적 및 부정적 상황이나 고민 등을 공유하기를 원한다. 하지만 남성은 여성이 자신이 무슨 생각을 하고 있는지 알 수 있을 것이라 생각한다. 그러나 여성은 남성이 표현하지 않으면 알 수 없으며, 이런 남성이 자신에게 얘기를 해 주지 않아 오히려 자신이 남성에게 중요한 존재가 아님을 자각하여 실망하게 된다. 예를 들면, 심리학자 Cancian 박사는 한 남자에게 그의 애인에게 애정을 보이도록 요청을 하는 실험을 하였다. 그 남성은 애인에게 애정을 보이기 위해서 애인의 차를 닦아 주고, 식사에 초대하고, 배를 같이 타거나 축구경기를 같이 보러 가는 것으로 애정을 표현하였다. 그러나 그의 애인은 그저 남성의 비밀을 공유해 주는 것만으로도 애정을 느낄 수 있었다(Moir & Jessel, 2009).

셋째, 여성과 남성의 의사소통 방법은 차이가 크다. 남성들은 언어로 표현하기 전에 생각하고 정리를 하며, 남성 자신이 필요한 정보를 얻기 위해서나 문제해결을 위한 조언을 구하기 위해서 언어표현을 하는 경향성이 높다. 여성들도 정보나 조언을 위해서 언어표현을 하지만, 여성은 자신이 하려고 하는 대화가 무엇인지 생각하고 알아내기 위해서 언어표현을 한다. 그래서 여성은 상대방과 많은 대화시간을 갖게 되면 자신의 생각이 정리되는 경향이 높다.

넷째, 남성은 기분이 좋지 않을 때에는 더욱더 대화하려고 하지 않는다. 그저 자신의 생각 속에 빠져 들어가게 된다. 자신의 남성다운 면과 강하지 못한 면을 드러내고 싶지 않기 때문이다. 이런 이유에서 남성은 말이 많으면 안 된다는 성역할 고정관념에 의한 영향을 받은 경우가 대부분이다. 반면에 여성은 상한 자신의 기분을 풀기 위해서 많은 대화를 시도하려고 한다. 대화를 하면서 자신의 감정을 풀고, 공감을 하는 경향성이 높다.

또한 여성과 남성의 의사소통 방법에서 차이가 큰 것처럼 스트레스 대처방법에서도 차이가 크다. 즉, 남성은 스트레스를 받으면 오히려 언어적인 표현보다는 땀을 흘리는 운동이나 작업에 몰두하는 집중력을 보이거나, 자신의 마음속에 들어가 스트레스를 해소하려고 한다. 겉으로 드러나는 남성의 태도는 냉정하고 상대방이 뭐라고 말을 해도 듣지 못하게 되거나 부주의하고 반응이 없어지고 상대방을 건성으로 대하게 된다. 그런 남성을 대하는 여성은 남성의 태도에 좌절감을 갖거나 상실감을 얻기 쉽다. 반면에 여성은 상대방에게 이야기 하면서 자신의 스트레스를 해소하고 대화를 통해서 위로 받기를 원한다. 여성은 문제해결보다는 스트레스 받은 자신의 감정을 먼저 표현하고자 한다.

이와 같이 여성과 남성의 차이를 인지하지 않으면 쉽게 갈등 상황이 일어날 수 있다. 갈등 상황이 일어날 때 어느 정도 한계를 정해놓는 것이 바람직하다고 할 수 있다. 어떠한 갈등 상황이더라도 여성과 남성의 싸움은 신뢰를 바탕으로 해야 한다. 갈등 상황의 한계는 다음과 같다.

- 물리적 폭력이나 언어적 폭력, 그리고 위협은 절대로 하지 말 것
- 싸움 도중에 그 자리를 피하거나 일방적으로 나가지 말 것
- 싸운 이유만 이야기하고 다른 문제는 들춰내지 말 것
- 자신의 생각을 존중하면서도 상대방의 생각도 존중하고 귀를 기울일 것
- 논쟁이 너무 치열해지면, 서로 합의하에 휴전을 해서 그 문제에 대해 다시 생각을 한 뒤 논쟁을 계속할 것

이상과 같이 여성과 남성의 의사소통 방법의 차이와 스트레스 대처방법 차이, 그리고 갈등 상황이 발생했을 때 서로 지켜야 할 한계를 제시하였다. 여성과 남성의 차이는 차별이 아닌 서로 다름에서 오는 것이지만, 서로 차이가 있기 때문에 함께 할 수 있는 부분이 더 많은 것이다. 서로의 차이를 인정하고 인지하도록 배려와 노력이 무엇보다 중요하다.

C·H·A·P·T·E·R 04

사랑과 이성교제

■ 인간은 사랑하기 위해 태어난 존재라고 한다. 사람과 사람 사이의 사랑에 의하여 태어났으며, 또 자신의 삶을 통해 사랑을 실천하고, 나아가 사랑하는 사람을 만나고 그를 통해 사랑을 완성하는 존재인 것이다. 삶의 모든 순간이 사랑과 관련되어 있다 해도 과언이 아닐 것이다. 이러한 사랑이란 도대체 무엇일까? 또 어떤 사랑이 올바른 것일까? 나아가 이성 간의 사랑과 교제는 어떠해야 하는 것일까? 본 장에서는 여기에 대한 궁금증을 풀어본다.

01 사랑의 이해

1) 사랑의 이해

인간이 질적인 삶을 추구함에 있어서 빠져서는 안 되는 것이 사랑일 것이다. 사랑은 인간에게 행복과 기쁨을 가져다주는 추상적인 개념이나, 그 정의를 내리는 것은 쉽지 않다. 브리태니커 사전에서 사랑을 다음과 같이 정의하고 있다. 첫째, 사랑은 어떤 상대를 애틋하게 그리워하고 열렬히 좋아하는 마음, 또는 그런 관계나 사람, 둘째, 사랑은 다른 사람을 아끼고 위하며 소중히 여기는 마음이다. 이와 같이 사랑을 한 문장으로 또는 한 마디로 정의하기가 어려우며, 이유는 사회문화적인 사랑에도 차이가 있을 수 있고, 사랑에도 역사가 있을 수 있으며, 사랑을 하는 사람들도 각

인각색(各人各色)이기 때문이다.

Fehr(1988)는 172명의 연구대상을 실험에 참가시켜, 12가지 사랑의 중심적인 특성을 다음과 같이 보고하였다. 그 특성은 신뢰, 돌봄, 정직, 우정, 존중, 상대방에 대한 배려, 상대방에 대한 관심, 충실, 헌신, 상대방의 방식 수용, 지지, 상대방과 함께 있기를 원함 등의 12가지이다. 사랑은 사랑과 연관된 무수히 많은 사람의 행동이나 태도, 특히 감정 등으로 알 수 있으며, 상대방에게 긍정적인 태도와 서로 나누는 마음 하나로 함께 할 수 있게 만든다(Kelley, 1983).

이런 사랑을 Rubin(1973)은 다음과 같은 네 가지 감정이라고 정리하였다. 첫째, 사랑은 사랑하는 사람을 돌보는 것을 원하는 것이다. 둘째, 사랑은 나에 대해서 신경을 써 주기를 좋아해 줄 수 있는 사랑하는 사람을 원하는 것이다. 셋째, 사랑은 서로의 깊은 이야기까지 대화할 수 있을 만큼 사랑하는 사람을 신뢰하는 것이다. 넷째, 사랑은 사랑하는 사람의 단점을 수용할 수 있는 것이다(정현숙 외, 1998).

고대 그리스인들은 사랑을 세 가지로 분류하였다. 육체적인 사랑을 에로스(Eros), 정신적이고 이타적인 사랑을 아가페(Agape), 그리고 우정이나 형제 같은 사랑을 필로스(Philos)로 분류하기도 하였다. 또한 Fromm(1975)은 자신의 저서 『사랑의 기술』에서 사랑을 다음과 같이 정의하였다. 첫째, 사랑은 돌봄(caring)으로 사랑하는 사람의 삶과 성장에 대한 관심을 가지는 것을 의미한다. 둘째, 책임감(responsibility)으로 사랑하는 사람에 대해서 자발적으로 반응할 준비가 갖추어져 있다는 것을 의미한다. 셋째, 존중감(respect)으로 사랑하는 사람의 개성을 알고 수용해 준다는 것을 의미한다. 넷째, 지식(knowledge)으로 사랑하는 사람의 입장을 주관적이 아닌 객관적인 시각으로 이해할 수 있는 능력을 의미하는 것이다.

사랑에 빠진 인간 두뇌에 대해서 연구를 진행한 Fisher(2004)는 사랑을 정욕(lust), 애정(attraction), 그리고 애착(attachment)으로 구분하였다. 그녀는 사랑에 빠진 사람 37명의 뇌를 기능성 자기공명영상(Magnetic Resonance Imaging)을 통해 연속적으로 촬영하면서 확인하는 실험을 하였다. 37명의 연구대상 중에 17명은 행복한 사랑을 하고 있는 커플이었으며, 15명은 최근에 실연당한 사람들이었다. 실험결과에 따르면, 열정적인 사랑에 빠진 사람들에게 무의미한 정보와 연인의 사진을 번

갈아 보여 주면서 연인의 사진을 보았을 때, 뇌의 특정 부위가 활성화되면서 반짝이는 모습이 포착되었다. 이는 뇌가 정욕, 애정, 애착 중에서 어떤 상태인가에 따라서 뇌에서 분비되는 신경전달물질이 다르기 때문이라고 설명하였다.

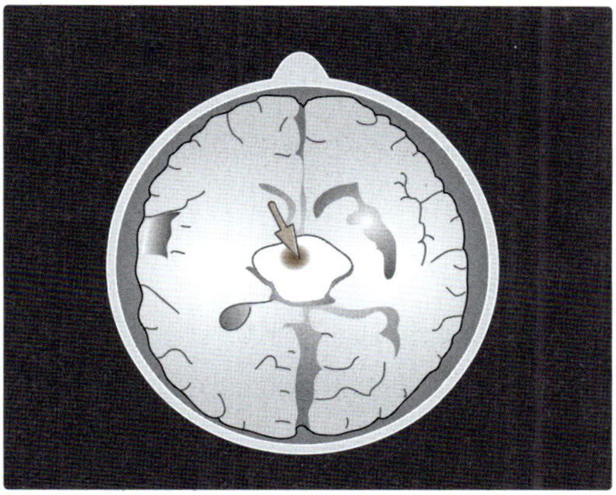

[그림 4-1] 뇌의 보상회로의 중심부분인
VTA(Ventral Tegmental Area, 복측피개구역)에서 확인된 촬영 영상

즉, 낭만적 사랑(애정)에 빠지면 세로토닌(serotonin) 호르몬 수치가 낮아져 상대에게 집착하게 되며, 자아를 잃어버릴 정도로 사랑하는 사람에 대한 생각으로 가득 차게 만들어 버린다. 정욕의 강도는 남녀 모두 테스토스테론의 수치가 늘을수록 높다는 것은 널리 알려진 사실이다. 낭만적 사랑은 도파민(dopamine)과 노르에피네프린(norepinepline)의 높은 수치, 세로토닌의 낮은 수치와 관련성이 깊다. 도파민은 사랑에 빠진 사람들만이 아닌 약물, 도박에 중독된 사람들의 뇌에서도 수치가 높게 나타나며, 사랑에 빠져 있는 사람들 역시 일종의 중독 상태인 셈인 것이다. 노르에피네프린은 수치가 높아지면 과도한 흥분, 불면증, 식욕상실 등의 증상을 보이고 사랑에 빠진 이들이 밤잠을 설치거나 입맛을 잃는 증세가 이런 호르몬 때문이다. 반면 낭만적 사랑에 빠진 사람들의 세로토닌의 수치는 낮게 나타나 강박장애환자들과 비슷한 수준으로 한창 사랑에 빠진 이들이 상대방에게 집착하는 모습을 보이는 이유를 여기서 찾아볼 수 있다. 애착은 옥시토신(oxytocin)과 바소프레신

(vasopressin)과 관련성이 깊다. 바소프레신 호르몬을 쥐에게 투여한 실험을 살펴보면, 수컷 들쥐에게 바소프레신을 주사하면 영역 확보에 힘쓰고, 암컷에 대한 소유욕을 보였으며, 바소프레신을 차단하면 교미 후 곧 암컷을 버리고 다른 암컷을 찾는 모습을 보였다. 이런 바소프레신과 옥시토신은 성관계에서 희열을 느끼는 순간 각각 여성과 남성에게 급격히 증가하여, 성관계 이후 애착의 감정이 더욱더 강화된다는 것이다. 이와 같이 사랑하는 뇌는 정욕, 애정, 애착 상태에 따라 신경전달물질인 호르몬이 다르게 분비되는 것을 알 수 있다.

Fisher는 2004년에 출간한 『Why We Love; 우리는 왜 사랑에 빠지는가』에서 인간의 연애본능에서 사랑으로 구분한 정욕, 애정, 애착 이 셋 모두 오랜 인류 진화의 산물이자, 짝짓기와 생식작용을 지휘하는 뇌의 산물이라고 언급하였다. 인류의 진화과정에서 정욕(lust)은 인간이 상대를 크게 가리지 않고 성적 결합을 추구하도록 자극하는 것이며, 낭만적 사랑으로도 불리는 애정(attraction)은 한 번에 한 사람에게 구애를 집중시킬 수 있는 역할을 하였다. 이 애정에 빠진 인류는 일정기간 지속적으로 특정 상대와 성적으로 충실한 관계를 맺으면서 생식에 성공하게 되고, 짝짓기에 들어가는 시간과 열정을 절약할 수 있었다. 그러면서 자연스럽게 남성은 여성의 몸매와 외모에 관심을 갖게 되었다. 또한 애착(attachment)은 한국의 정(情) 개념으로 생각하면 이해하기 쉬울 것이다. 애착은 서로에게 차분함과 평온함을 느끼게 하며, 함께 출산한 자녀를 양육하며 필요한 기간 동안 상대에 대한 사랑이 유지된다.

우리가 아는 사랑이 한창 열정적으로 불타오르다가 시간이 지나면서 식어 가는 것은 인류 종(species)의 생존에는 필수적인 것이다. 사랑의 열병을 앓아 본 이들은 쉽게 이해할 수 있다. 사랑한다는 것은 인간 신체의 엄청난 에너지를 요구한다. 인간의 성장기간이 길어진 이유를 인류학자들은 인간이 진화하는 과정에서 여느 포유류와 비교할 수 없이 큰 뇌를 갖게 된 데서 찾는다. 예를 들면, 머리가 커진 아이가 엄마의 좁은 산도(産道)로 출산하게 되면 여성들은 목숨을 잃곤 하였다. 상대적으로 뇌가 덜 자라 머리가 작은 아이를 낳는 여성들은 살아남을 가능성이 더 컸다. 점차 인간의 아이는 다른 동물에 비해 유달리 덜 발달된 상태에서 태어나는 대신 성장기가 길어지게 되었으며, 여자의 경우 이 긴 시간 동안 양육을 함께 할 능력 있는 배우자가 절실했다. 인간이 동물의 세계에서 보기 드물게 오랜 배우자 관계를 유지하게 된 이유를 짐작케 한다. 인간의 행동과 심리를 설명하는 진화심리학에 따르면, 배우자를 고르는 기준이 여자는 외모, 남자는 능력이라 하였다. 먼저, 남자의 심리에서 여자의 외모에 초점을 맞추게 된 이유를 보면, 허리와 엉덩이의 적당한 비율처럼 생식에 적합한 몸매와 외모의 여성을 선택한 능력 있는 남자의 조상일수록 생식 성공 가능성이 커져 지금까지 더 많은 후손을 남겼으리라는 설명에 가능성이 있다. 반면에 여성의 심리에서는 사회적 지위와 경제력이 자녀양육에 도움이 되는 남자의 능력을 염두에 두어야 했을 것이라고 보았다. 그러므로 상대에게 첫눈에 반해 사랑에 빠지는 일은 여성보다 남성에게 일어날 가능성이 크며, 여성은 생식에 유리한 외모만이 아니라 양육에 도움 되는 남성의 심리와 능력을 파악하기 위해 짝을 고르는 데 남성보다 시간을 더 들일 수밖에 없다는 것이 진화심리학에서의 설명이다.

사랑의 역사를 간략히 살펴보면, 많은 역사학자 및 사회학자들은 낭만적 사랑이 개인의 개성이 부각되기 시작하면서 등장한 것이라고 설명하였다. 여성의 심리와 남성의 심리에서 사랑이 짝짓기의 전제조건이 된 것은 그리 오래된 일이 아니었다. 예를 들면, 서구 중세 귀족들에게 결혼은 가문과 재산을 유지하기 위한 정략적 제도였으며 결혼과 연애와 성욕은 별개의 문제였다. 남녀 간 연애는 일종의 유희였고, 장기간 열정을 쏟을 만한 일로 여겨지지는 않았다. 심지어 고대 로마에서는 열정적 사랑에 빠진 사람을 치료가 필요한 환자로 취급하였다. 인류가 직립보행을 시작하던 무렵부터 이미 낭만적 사랑은 인간이라는 종(species)이 이어지는 데 중요한 역할을 해 왔다.

이상과 같이 사랑은 과거엔 과학 연구의 주제가 아니었지만, 최근에는 신경전달물질 등 신경과학적 연구와 진화심리학적 연구에서 많이 진행되어 오는 관심 주제가 되었다.

다음에서 사랑을 하는 여성과 남성의 심리를 잠깐 엿보고 지나가도록 하겠다.

결혼과 가족

남성들의 반응	질문 및 대화	여성들의 반응
예쁘냐?	미팅할래?	차는 있어?
예쁘냐?	여동생 있어.	맨날 싸우겠다.
예쁘냐?	나 여자 친구 생겼어.	그래? 잘됐네!
예쁘냐?	어제 나이트에서 부킹을 했는데…….	누군데? 너 혼자 나이트 갔냐?
예쁘냐?	어제 탤런트 누구더라… 암튼 봤다!	실물은 별로지?

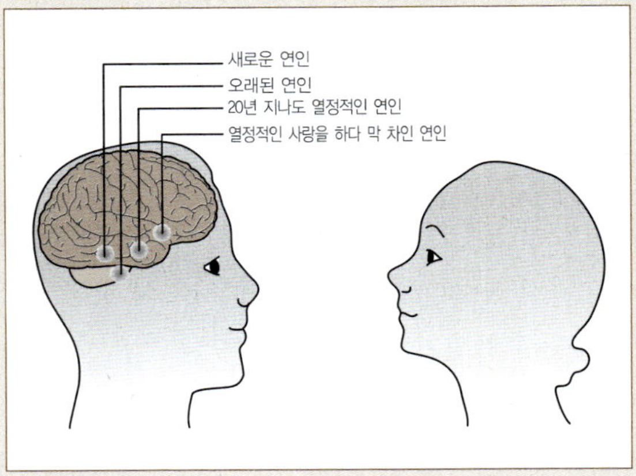

2) 사랑의 삼각 이론

Sternberg(1988)는 가설적인 삼각형을 제시한 사랑의 삼각 이론으로 사랑을 정의하였다. 사랑의 삼각형 세 개의 꼭짓점에 요소를 나타내어 정삼각형 모양처럼 세 요소가 같으면 완전한 사랑이라고 설명하였다. 즉, 세 요소의 크기에 따라 사랑의 크기도 좌우되고, 세 요소의 상대적 비율에 따라서 사랑의 형태가 결정되는 것이다. 사랑의 세 가지 요소에서 첫째, 친밀감(intimacy)은 사랑하는 사람과 가깝고 따뜻한 감정을 체험할 수 있고 연결되어 있다는 느낌으로 사랑의 정서적 요소이다. 둘째, 열정(passion)은 사랑하는 사람과의 관계에서 강한 신체적 매력이나 욕구이며, 그 뜨거움을 내포하고 있다. 사랑하는 사람과의 생리적 차원에서의 욕구나 흥분의 정도가 높은 사랑의 동기적 요소라고도 한다. 셋째, 결심(decision)/헌신(commitment)은 단기적으로 사랑하기로 하는 것은 결심이지만, 오랜 시간 동안 사랑을 지속시키고자 하는 것은 헌신으로 장기적인 의미를 지니며 사랑에 있어서 이성적이고 냉철한 의미를 내포하고, 사랑의 인지적 요소를 갖춘다(정현숙 외, 1998).

이 세 가지 사랑의 요소가 어떻게 조합이 되느냐에 따라 변화하는 사랑의 유형은 다음과 같다.

① 사랑이 아님(친밀감 ×, 열정 ×, 결심/헌신 ×): 사랑도 우정도 아닌 피상적이며 단편적인 관계
② 좋아함(친밀감 ○, 열정 ×, 결심/헌신 ×): 친구들의 관계
③ 도취적 사랑(친밀감 ×, 열정 ○, 결심/헌신 ×): 첫눈에 반한 사랑
④ 공허한 사랑(친밀감 ×, 열정 ×, 결심/헌신 ○): 전통사회의 중매결혼
⑤ 낭만적 사랑(친밀감 ○, 열정 ○, 결심/헌신 ×): 육체적·감정적으로 밀착
⑥ 우애적 사랑(친밀감 ○, 열정 ×, 결심/헌신 ○): 장기적이며 깊은 애정으로 대체될 수 있는 사랑
⑦ 얼빠진 사랑(친밀감 ×, 열정 ○, 결심/헌신 ○): 열정과 결심/헌신의 요소가 결합되며, 친밀감 요소가 결여된 사랑
⑧ 완전한 사랑(친밀감 ○, 열정 ○, 결심/헌신 ○): 친밀감과 열정과 헌신의 요소가 모두 존재하는 성숙한 사랑

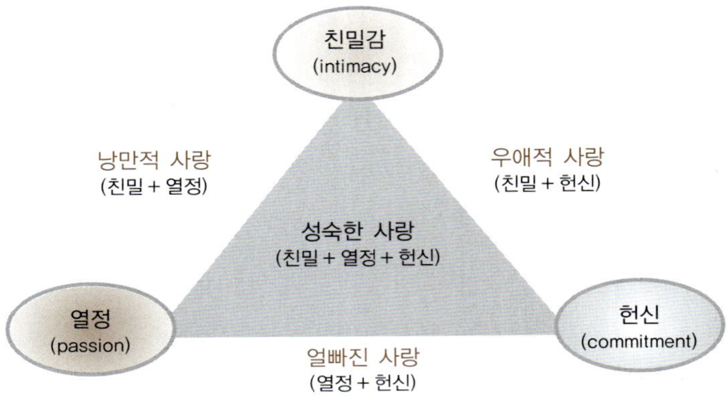

[그림 4-2] Sternberg 사랑의 삼각형 모형

결혼과 가족

사랑의 삼각형 척도

아래 각 문항의 ○○은 연인의 이름이다. 그 사람을 생각하며 각 문항을 읽고 자신의 경우와 일치하는 정도를 아래의 척도 중 알맞은 빈칸에 ✓표시하시오.

	전혀 그렇지 않다	그렇지 않다	보통이다	그렇다	매우 그렇다
1. 나는 ○○를 보기만 해도 흥분이 된다.					
2. 나는 하루에도 몇 번씩 ○○를 생각하고 있는 자신을 발견하곤 한다.					
3. 나와 ○○, 우리 둘의 관계는 매우 낭만적이다.					
4. 나는 ○○이 나에게 매우 매력적인 사람이라고 생각한다.					
5. 나는 ○○을 나의 이상형으로 생각한다.					
6. 세상에서 ○○처럼 나를 행복하게 만드는 사람은 아마 없을 것이다.					
7. 나는 다른 어떤 사람보다도 ○○와 함께 있고 싶다.					
8. ○○와의 관계보다 더 중요한 것은 이 세상에 없다.					
9. 나는 ○○와 신체적으로 접촉하는 것을 특히 좋아한다.					
10. ○○와의 관계에는 뭔가 '마법에 걸린 듯한' 점이 있다.					
11. 나는 ○○에게 흠뻑 빠져 있다.					
12. ○○없는 인생을 나는 상상할 수 없다.					
13. 나는 ○○와 열렬한 관계에 있다.					
14. 낭만적인 영화나 책을 보면 ○○를 생각하게 된다.					

15. 나는 ○○에 대한 환상에 사로잡히곤 한다.					
16. 나는 ○○의 행복을 적극적으로 지지한다.					
17. 나는 ○○와 다정한 관계를 맺고 있다.					
18. ○○가 필요할 때 ○○에게 기댈 수 있다.					
19. ○○는 내가 필요할 때 나한테 기댈 수 있다.					
20. 나 자신과 내가 소유한 것들을 ○○와 기꺼이 나누고자 한다.					
21. 나는 ○○에게서 정서적으로 많은 지지를 받고 있다.					
22. 나는 ○○를 정서적으로 많이 지지하고 있다.					
23. 나는 ○○와 의사소통이 서로 잘된다.					
24. 나의 삶에서 ○○를 매우 소중하게 생각한다.					
25. 나는 ○○를 친밀하게 느낀다.					
26. 나는 ○○와의 관계를 편안하게 느낀다.					
27. 나는 ○○를 진실로 이해한다고 느낀다.					
28. 나는 ○○가 나를 진실로 이해한다고 느낀다.					
29. 나는 ○○를 정말로 믿을 수 있다고 느낀다.					
30. 나 자신의 극히 사적인 부분까지도 ○○에게 털어놓는다.					
31. 내가 ○○에게 마음을 쓰고 있다는 것을 나는 안다.					
32. 나는 ○○와의 관계를 지속시키기 위해 최선을 다하고 있다.					
33. 나는 ○○와의 사랑을 지키기 위해서 다른 사람이 우리 사이에 끼어들지 않도록 할 것이다.					
34. 나는 ○○와 헤어지지 않을 자신이 있다.					
35. 어떠한 것도 ○○에 대한 나의 사랑을 막을 수 없다.					
36. ○○에 대한 나의 사랑은 죽을 때까지 변치 않을 것이다.					
37. 나는 ○○에 대하여 언제나 강한 책임감을 가질 것이다.					
38. ○○에 대한 나의 사랑은 확고하다고 생각한다.					
39. ○○와 헤어진다는 것은 상상도 할 수 없다.					
40. 나는 ○○에 대한 나의 사랑을 확신한다.					
41. 나는 ○○와의 관계가 영원할 것이라고 생각한다.					
42. ○○을 사랑하기로 결심한 것은 잘한 결정이라고 생각한다.					
43. 나는 ○○에 대해 책임감을 느낀다.					
44. 나는 ○○와의 관계를 계속 유지할 생각이다.					
45. 설혹 ○○와 갈등이 생긴다 해도 나는 우리의 관계를 계속 유지할 것이다.					

열정: 1~15문항 합계 ÷ 15 = 열정 점수

친밀감: 16~30문항 합계 ÷ 15 = 친밀감 점수

결심/헌신: 31~45문항 합계 ÷ 15 = 결심/헌신 점수

삼각형 중심의 점을 기준으로 120도 간격으로 세 방향을 각 점수만큼 선을 그려 나간 후 세 선 끝부분과 연결하여 삼각형을 만든다. 삼각형의 모양과 크기로 자신의 사랑을 진단한다.

출처: Sternberg(1988); 김용미 외(2009). 재인용.

3) 색으로 보는 사랑 유형

캐나다의 사회학자 Lee(1993)는 사랑을 색에 비유하여 정의하였다. 첫째, 개인 내면적인(intrapersonal) 차원이다. 개인이 선호하는 색이 다르듯이 선호하는 유형도 사람마다 다를 수 있다는 것이다. 둘째, 대인관계적인(interpersonal) 차원이다. 배합이 잘되거나 어울리는 색이 있듯이, 서로 사랑의 유형을 가진 두 사람이 함께 함에 있어서 서로 어떻게 얼마나 배합을 잘 이루며 서로 어울릴 수 있도록 배울 것이냐가 중요한 것이다. 기본 색에는 삼원색이 있듯이 사랑에도 일차적으로 세 가지 유형이 있다. 또한 기본 삼원색을 혼합하면 다시 세 가지 색이 나오듯이, 일차적 사랑을 혼합하여 다시 세 가지 이차적 사랑의 유형이 나눠지는 것이다. 개인이 어떤 색을 좋아하고 선호하게 되는 것처럼, 사랑도 색처럼 유형이 있으며, 어떤 한 유형이 다른 유형보다 더욱더 훌륭하거나 가치 있으며, 성숙하다고 볼 수 없다는 것이다. 일차적 사랑과 이차적 사랑의 유형을 살펴보면 다음과 같다(김용미 외, 2009).

〈표 4-1〉 Lee 사랑의 유형

일차적 사랑	이차적 사랑	
낭만적 사랑(Eros)	소유적 사랑(Mania)	➡ 낭만적 사랑(Eros) + 유희적 사랑(Ludus)
유희적 사랑(Ludus)	실용적·논리적사랑(Pragma)	➡ 우애적 사랑(Storge) + 유희적 사랑(Ludus)
우애적 사랑(Storge)	이타적 사랑(Agape)	➡ 낭만적 사랑(Eros) + 우애적 사랑(Storge)

(1) 낭만적 사랑(Eros: romantic, passionate love)

고대 그리스 신화에서 나오는 에로스의 화살에 맞아 바로 사랑에 빠진다는 신화에서 비롯되었다. 즉, 첫눈에 반하는 사랑을 말하며, 시각적으로 끌리는 사랑을 말한다. 그래서 Eros를 낭만적 사랑이라고도 하지만, 열정적 사랑, 육체적 사랑이라고도 한다. 이 유형의 사랑을 하는 사람은 자신의 이상형을 만나서 삶을 이루어 나가는 것이 가장 가치 있다고 보고, 자신의 어린 시절에 대해서는 긍정적이며 행복했었다고 생각하며, 일을 즐기고, 사랑을 위해서 어떤 위험도 감수할 수도 있는 태도를 지니고 있는 것이 특징이다.

(2) 유희적 사랑(Ludus: playful love)

Ludus는 라틴어로 '놀이', 또는 '게임'을 뜻한다. 즉, 이 유형의 사랑을 하는 사람은 사랑을 놀이로 생각하고, 사랑은 진지한 것이 아니고 상호 교루적으로 즐거움을 갖기 위해서 행하는 것이라고 여긴다. 그래서 연인을 만나면 쉽게 만나서 쉽게 헤어지며, 연인을 위해서 헌신할 생각은 전혀 없는 유형이다. 그저 연인을 성적인 쾌락으로 즐기기 위한 관계로 생각하며, 여러 명의 파트너를 사귀어도 어떤 죄책감을 느끼지 못한다. 이 유형의 사랑을 하는 사람은 삶에 있어서 사랑은 그렇게 중요한 것이 아니라고 생각한다. 또한 자신의 어린 시절을 그저 평범했다고 생각하나, 성인이 되어서는 쉽게 좌절을 한다.

(3) 우애적 사랑(Storge: friendship, companionate love)

Storge는 희랍어로 '자연적인 애정'을 뜻하는 좋은 친구로서의 사랑을 말하며, "형제자매 간이나 놀이 친구 사이에 시간이 흐르면서 서서히 무르익는 사랑의 감정"이라는 뜻이기도 하다. 이 유형의 사랑을 하는 사람은 우정과 같은 감정을 느끼는 평온한 사랑을 원하며, 친구관계로 시작하여 사랑으로 발전되는 경우가 많다. 많은 시간과 활동을 공유하면서 특별한 우정처럼 지내온 것을 사랑이라고 생각하며, 매력적인 신체유형을 따지지도, 애인이 없다는 것에 힘들어하지도 않는다. 그저 친구를 좋아하며, 삶에 만족하며, 시간이 해결해 줄 것이라고 긍정적으로 사고하는 경향이 많다. 이 유형의 사람은 가족 관계가 끈끈한 유대적인 가정에서 자랐으며, 서로 격려하고 존중받으면서 성장한 사람이 많다. 또한 이 유형의 사람은 사랑 자체가 삶의 목표가 아닌, 가족과 우정이라는 광의의 의미에 속하는 협의의 의미로 사랑을 생각한다.

(4) 소유적 사랑
(Mania: 낭만적 사랑: Eros + 유희적 사랑: Ludus; possessive, dependent love)

Mania는 희랍어로 '미친'이라는 뜻이며, 광적인 사랑, 소유적 사랑, 그리고 중독된 사랑을 말한다. 이 유형의 사람은 자신이 상대에게 소유당하기를 원하며, 자신도 상대를 소유하려고 한다. 낭만적 사랑(Eros)과 유희적 사랑(Ludus)의 기본적인 사랑이 결합된 이 유형은 강렬하고 육체적인 자극이 있는 낭만적 사랑(Eros)의 관계를 원하지만, 자신감은 결여되어 있고 자신이 어떤 유형을 좋아하는지에 대한 소신이 부족하며 자기중심적으로 상대를 가리는 유희적 사랑(Ludus)의 속성이 있다. 이 유형의 사람은 자신의 부족함을 상대에게 찾으려고 하며, 자신과 어울리지 않은 연인을 선택하는 경우가 많다. 또한 사랑을 해야 할 필요를 강하게 느끼면서도 너무 많은 사랑을 갈구하기 때문에 냉정하게 처신하지 못하고, 자기에 대한 확신과 이상형에 대한 확신이 부족하다. 자신이 힘겹고 고통스럽다고 여기며, 자기자신에 대한 애정도 부족하고 사랑을 증명하기 위해 극단적인 일을 자행하기도 한다. 심한 질투심과 상대방에 대한 애정과 관심, 그리고 헌신을 갈구한다. 이 유형의 사람은 어린 시절이 불행했다고 생각하며, 성인이 되어서도 자신은 외롭다고 생각하고 자신의 일에 대해서도 쉽게 만족을 하지 못한다.

(5) 실용적·논리적 사랑
(Pragma: 우애적 사랑: Storge + 유희적 사랑: Ludus; logical, practical love)

Pragma는 희랍어로 '직업'이란 뜻이며, 논리적이고 분별력 있으며, 실용적인 사랑을 말한다. 우애적인 사랑(Storge)과 유희적 사랑(Ludus)이 결합된 사랑으로 그리스어인 'pragmatic'에 어원을 두고 있다. 이 유형의 사람은 연인이 자신의 교육수준, 종교, 성격, 취미 등 자신의 배경과 잘 어울리는가를 먼저 논리적으로 고려한 다음 사랑을 시작한다고 해도 과언이 아니다. 연인이 되기 전에 자신이 알 수 있는 상황에서 연인이 될 상대를 찾고 싶어 하며, 연인을 정확히 파악하기 전까지는 미래에 대한 약속이나 대화하기를 꺼려한다. 그런데 자신의 기준에 맞는 사람을 찾게 되면 낭만적 사랑과 소유적 사랑으로 발전한다. 이 유형의 사람은 자기가 찾고자 하는 상대를 찾지 못할 수 있으나, Storge를 활용하여 논리적이고 분별력 있게 사랑의 상대를 찾는다. 상대를 찾게 되면 부모나 친구에게 자문을 구하기도 한다. 전통적으로 이런 유형의 사랑은 중매결혼에서 성공한 커플들에서 많이 볼 수 있다. 이 유형의 사람은 어린 시절이나 지금의 성인시절에 큰 차이는 없으며, 삶에 있어서 자신이 노력하면 성공을 이룰 수 있다는 확신이 있다.

(6) 이타적 사랑
(Agape: 낭만적 사랑 Eros + 우애적 사랑: Storge; all-giving, selfless love)

Agape는 희랍어 '형제애'라는 뜻으로 조건 없는 사랑, 이타적 사랑을 의미한다. 낭만적 사랑(Eros)과 우애적인 친구 같은 사랑(Storge)과의 결합된 사랑으로 아무 조건 없이 돌보아 주고, 베푸는 사랑이며, 자기희생이 따르는 이타적인 사랑을 말한다. 이 유형의 사랑은 천사 같은 마음으로 타인 중심이며, 자신을 내려놓고, 내어주는 사랑이므로 종교에서 많이 표현하는 사랑이기도 하다. 이 유형의 사람은 사랑을 의무로 생각하고 마음보다는 머리로 또는 의지로 작용하는 경우가 많다. 연인은 자신이 사랑을 베푸는 모든 이들 중에 한 명이라고 생각하는 경우가 있으며, 이렇게 느끼는 연인이 다른 상대를 찾으면, 연인을 위해서 기꺼이 연인관계를 희생하며 단념할 수 있다.

이상과 같이 사랑의 기본색인 낭만적 사랑(Eros), 유희적 사랑(Ludus), 그리고 우애적 사랑(Storge)의 일차적 사랑과 이차적 사랑인 소유적 사랑(Mania), 실용적이고 논리적 사랑(Pragma), 그리고 이타적 사랑(Agape)을 살펴보았다. 연구에 따르면, 유희적 사랑(Ludus)는 여성보다는 남성에게서 많이 나타나더, 실용적이고 논리적 사랑(Pragma)과 친구 같은 사랑(Storge)은 남성보다는 여성에게서 더 많이 보인다고 하였다. 지금까지의 사랑의 유형을 가지고 다음의 테스트에서 나에 대한 사랑의 유형을 알아보도록 한다.

결혼과 가족

사랑의 색 유형 검사

다음 각 문항을 읽고 자신과 가장 가깝다고 판단되는 점수를 빈칸에 쓰시오.

1점: 전혀 그렇지 않다, 2점: 그렇지 않다, 3점: 보통이다, 4점: 그렇다, 5점: 매우 그렇다	점수
1. 연인에 대한 나의 헌신을 조금 불확실하게 생각하는 연인을 간직하려고 한다.	
2. 연인이 나에 대해서 잘 모른다는 것에 나는 상처받지 않는다는 것을 믿는다.	
3. 나는 서로 알고 지내는 사이인 두 사람을 내 두 명의 연인으로 지낸 적이 가끔 있다.	
4. 연애사건(love affairs)들을 꽤 쉽고 빠르게 극복할 수 있다.	
5. 만약에 연인이 내가 다른 사람들과 함께 했던 일들을 알게 된다면 화를 낼 것이다.	
6. 연인이 나에게 너무 의존할 때 나는 조금 물러나고 싶다.	
7. 나는 다른 파트너들과 함께 'game of love' 놀이를 즐긴다.	
8. 우리는 처음 만나는 순간 서로에게 끌렸다.	
9. 우리는 육체적으로 서로 통한다.	
10. 우리의 사랑(love making)은 매우 격렬하고 만족스럽다.	
11. 나는 우리가 서로에게 의미 있다고 생각한다.	
12. 우리는 사귄지 얼마 안 된 빠른 시기에 정서적 및 육체적 관계를 가졌다.	
13. 우리는 진정으로 서로를 이해한다.	
14. 내 연인의 외모는 내 이상형에 꼭 맞는다.	
15. 나는 얼마 동안 사랑에 빠졌었다는 것을 깨닫지 못했다. (정확하게 어디에서 우정과 사랑이 시작인지 말하기 어렵다)	
16. 처음에 한동안 보살펴 주는 것 없는 사랑은 할 수 없다. (순수한 사랑은 한동안 돌봄이 처음에 필요하다)	
17. 나는 사랑했던 거의 모든 사람들과 지금까지 좋은 친구관계로 지내고 있다.	
18. 최고의 사랑은 오랜 우정에서 생겨난다.	
19. 연인과 내가 사랑에 빠졌을 때가 언제인지 정확히 말하기 어렵다. (시간이 지나면서 우리의 우정은 점차적으로 사랑에 빠지게 되었다)	
20. 사랑은 진정 깊은 우정이며, 신비스럽거나 알 수 없는 감정은 아니다.	
21. 내가 가장 만족스러운 사랑의 관계는 우정에서 발전되었다.	
22. 연인과 나 사이에 일이 잘못될 때 속이 안 좋아진다.	
23. 나의 사랑이 깨졌을 때, 나는 심한 우울감을 느꼈고, 심지어 자살까지 생각했다.	
24. 가끔 나는 내가 사랑에 빠졌다는 것이 너무 흥분되어 잠을 잘 수가 없다.	
25. 연인이 나에게 집중하지 않을 때, 나는 몸 전체가 아픈 느낌이다.	
26. 내가 사랑에 빠졌을 때, 나는 어떤 것에도 집중할 수가 없어서 힘들다.	
27. 연인이 누군가와 있다고 확신이 든다면 나는 편안하게 쉴 수가 없다.	

28. 연인이 잠시라도 나를 돌보지 않는다면, 나는 그의 관심을 돌리기 위해 더리석은 짓을 할 때가 있다.	
29. 나는 연인에게 헌신하기 전에 인생에서 어떤 사람이 되어 있어야 하는가에 대해서 깊이 생각한다.	
30. 연인을 고르기 전에 주의 깊게 나의 삶에 대해서 계획하고자 한다.	
31. 비슷한 배경을 가진 사람과 사랑하는 것이 최고이다.	
32. 연인을 선택할 때 중요하게 고려할 점은 연인이 우리 가족을 얼마나 반영할 것인가 이다.	
33. 파트너를 선택할 때 중요한 요소는 그 사람이 좋은 부모가 될 수 있을까 하는 것이다.	
34. 파트너를 선택할 때 한 가지 고려할 점은 얼마나 그 사람이 나의 커리어에 반영될 수 있을까 하는 것이다.	
35. 어떤 사람과 매우 가까운 관계를 맺기 전에, 나와 그 사람 사이에 자녀를 둘 경우 그 사람의 유전형질 배경이 얼마나 적합한지 알아보고자 한다.	
36. 어려운 시간 동안 쭉 연인을 도와줄 수 있는 나의 강점을 사용하려고 한다. (나는 항상 어려운 시간 동안 쭉 연인을 돕고자 한다)	
37. 연인이 괴로워하는 것보다 차라리 내가 고통받는 것이 낫다.	
38. 나보다 연인이 행복하지 않으면 나는 행복할 수 없다.	
39. 나는 항상 연인이 성취하도록 내 소망을 내려놓을 수 있는 희생을 기꺼이 할 수 있다.	
40. 내가 무엇이든지 소유한 것은 연인이 선택한 것이므로 연인이 사용하기 위한 것이다.	
41. 연인이 나에게 화를 냈을 때, 나는 여전히 조건 없이 그 사람을 사랑한다.	
42. 연인을 위해서 나는 모든 것을 참을 수 있다.	

* 사랑의 유형 문항끼리 합한 다음 문항 수로 나눠서 평균치를 산출한다. 평균치가 가장 높은 것이 당신의 사랑 유형이다.
* Eros: 8~14문항 / Ludus: 1~7문항 / Storge: 15~21문항 / Mania: 22~28문항 / Pragma: 29~35문항 / Agape: 36~42문항 / 각 유형 합계 ÷ 7

출처: Hendrick & Hendrick(1986).

4) 사랑의 성공방법

인간의 삶을 Erikson(1902~1994)은 8단계로 나누어 인간 발달 과업을 설명하였다. 6단계에 해당하는 친밀감 vs 고립감 단계에서는 성인이 되는 시기로 진실한 사랑을 하여 가족 품을 벗어나 평생을 함께 할 배우자를 고르는 시기이기도 하다. 친밀감이라는 의미에는 사랑이 내포되어 있으며, 이 시기에 많은 사람과 사랑, 우정, 애정, 그리고 신뢰적인 관계의 경험을 많이 해 보면서 좌절이나 불신, 그리고 이별이라는 고통도 경험하면서 친밀감을 이루어 나가야 한다는 것이다. 친밀감을 많이 만끽하지 못하면 고립감을 경험하게 된다. 또한 Piaget는 인간의 어린 시기에 발달하는 타인에 대한 조망수용능력(the perspective taking ability)에 대해서 언급하였다. 타인에 대한 조망수용능력은 내가 아닌 타인의 입장에서 타인의 시각으로 사물을 볼 수 있고 생각해 주는 능력으로, 이는 타인이 무엇을 바라보고 무엇을 느끼는가에 대해서 내가 인지할 수 있다는 것이다. 즉, 자기중심적인 사고가 아닌 이타적인 사고를 하여 타인에 대한 감정이입이나 공감능력을 보이는 것이다. 이와 같이 자신의 감정에서 한 걸음 물러나서 객관적인 시각으로 바라볼 수 있는 성숙된 사랑을 하는 것이 성공된 사랑방법일 것이다.

성공된 사랑을 하기 위해서는 다음과 같은 마음과 태도가 중요하다. 첫째, 성공된 사랑을 하기 위해서는 서로의 마음을 헤아려 주는 것이 무엇보다 중요하다. 즉, 여성과 남성의 심리, 행동양식, 표현방식 등의 성 차이에서 오는 것을 인지하고 이해해야 하며, 그에 따른 대처방안을 숙지하여야 할 것이다. 둘째, 서로의 사랑하는 양식을 존중하여야 한다. 한쪽으로만 치우쳐지는 것은 양보와 사랑이 아니다. 예를 들면, 남성은 결혼 전 구애에 성공하기 위하여 자신을 여성에게 다 내어줄 것처럼 행동하다가, 결혼 후에는 그런 행동이 달라져 배우자를 실망시키는 경우가 많다. 서로 사랑을 하는 순간부터 서로를 알아가는 과정을 충분히 경험하면서 사랑하는 것이 중요하다. 그런 사랑이 결국에는 결혼까지 갈 수 있는 것이며, 성공된 사랑을 하여 결혼을 한 커플들은 평생을 함께 할 수 있을 것이다. 그러나 대부분의 커플들은 결혼을 해야 성공된 사랑이라고 착각하는 경우가 있다. 결혼을 해야 사랑을 성공한 것이 아니라, 사랑을 성공한 후에 결혼을 선택하는 것이 중요하다고 할 수 있다. 셋째, 갈등을 잘 해결할 줄 알아야 한다. 즉, 누구나 새로운 사람을 알게 될 때는 나와 다른 사람과 함께 하는 시간이 많아지므로 갈등 상황은 오기 마련이다. 이런 갈등 상황에서 어떻게 서로 상처를 주지 않는 선에서 잘 해결할 것인가가 중요하다. 예를 들면, 실제로 어떤 커플의 이야기이다. 집안에서 맺어 준 커플이 만난 지 1년도 되지 않아서 결혼을 하였다. 그런데 이 커플은 집안에서 맺어 줘서인지 결혼 전에는 한 번도 갈등 상황을 경험하지 못했다는 것이다. 그러다가 한 공간에서 함께 생활을 하다 보니 당연히 갈등 상황을 경험하게 된 것이다. 갈등을 해결할 생각보다는 서로를 비난하기 시작했고, 이런 생활이 1년이 된 후 결국엔 이혼을 하고 말았다. 이혼을 한 후에 남성은 갈등을 어떻게 해결해야 할지를 몰랐다고 고민을 털어놓았다. 그 이유는 그 남성의 어린 시절에서 살펴볼 수 있다. 어린 시절에 부모님이 갈등 상황이 오면 아버지가 일방적으로 어머니를 구타하였고 그 구타를 피하기 위해 어머니는 하나밖에 없는 아들 방에 들어와 문을 잠그는 일이 아들이 성장하면서 경험한 갈등 상황 해결법이었다. 어머니가 아들 방으로 들어가면 아들을 끔찍이 사랑한 아버지는 분을 스스로 삼켰고 이내 그 상황이 잠잠해졌던 것이다. 아들은 절대로 남자가 여자를 때려서는 안 된다고만 결심하면서 자랐다. 그래서 남성은 갈등 상황이 오면 잘 해결한다는 방법으로 배우자에게 폭력을 가하지 않고 참기만 하면 배우자인 아내가 자신을 헤아려 줄 것이라고 믿었던 것이다. 그러나 여성은 갈등 상황이 올 때마다 몇 번이나 대화로 해결을 보려고 하였으나, 남편이 일방적으로 그 자리를 피하는 경우가 다반사이었다고 했다. 서로 사랑을 해서 성공된 사랑으로 결혼을 한 줄 알았던 커플은 이렇게 다시 이혼이라는 쓰디쓴 아픔만을 남겨둔 채 서로 헤어지게 된 것이다.

이상과 같이 사랑을 성공시키는 것에는 행복한 상황만이 오지 않는다. 좋지 않은 상황인 갈등 상황이었을 때, 감정을 조금 더 내려놓고 이성적으로 지혜롭게 대처하고 해결하는가도 분명히 성공된 사랑방법에 속하는 것이다

02 이성교제

이성교제는 남성과 여성이 교류를 통하여 서로를 알아가면서 원만한 관계를 맺는 것이다. 현대사회의 이성교제는 통신발달과 대중매체의 영향 등으로 인하여 빠른 변화를 보이고 있다. 즉, 자신의 감정을 전달하는 방법이 너므나도 쉽고 간편하여 쉽게 사랑을 표현할 수 있게 된 반면에, 쉽게 갈등을 경험하기도 한다. 쉽게 만

나서 쉽게 헤어지는 사례들이 예전과는 많이 다른 양상을 보이고 있다. 또한 대중매체의 영향으로 서로의 원하는 이상형의 여성상과 남성상이 뚜렷해지다 보니, 자신을 가꾸거나 포장하려는 외향적인 모습을 추구하려는 경향성이 늘어나는 추세이다. 즉, '보여 주기용 파트너'를 선택하기 원하고 있다는 것이다. 사회적 지위, 수입, 매력, 부모의 만족도 등을 평가한 다음 장래를 보장할 수 있는 파트너를 얻고자 한다. 그러나 이런 상대와 교제를 하게 되면, "그 사람이 성공을 할까?", "관계를 지속한다면 내가 원하는 것을 얻을 수 있을까?"에 대해 끊임없이 과도하게 생각하다 결국 그 사람과 헤어지고 마음 아파할 것이다(Nolen-Hoetsema, 2003, 재인용)

따뜻한 마음으로 언제든지 여자를 감싸는 멋진 외모와 재력이나 학력을 갖춘 남성상과 모성애를 가지고 넓은 마음으로 남성을 이해해 주는 뛰어난 외모를 소유한 여성상이 현대의 이상형이 되어 가고 있는 실정이다. 그러나 참된 이성교제는 사랑이 기본 전제가 되어야 한다. 이를 위해서 다음의 이성교제의 의의와 기능을 살펴보면서 올바른 이성교제를 위한 방법을 강구하고자 한다.

1) 이성교제의 의의

이성교제는 이성에 대해서 알아가는 과정과 자신의 성격이 타인에게는 어떻게 비춰지고 반응하는지 살펴볼 수 있는 좋은 기회가 될 수 있다. 또한 다양한 성격의 소유자와 교제할 수 있는 기회를 가질 수 있으며, 더 나아가 이성교제를 통해서 평생을 함께 할 결혼상대자인 배우자를 선택할 수 있는 능력의 기회가 촉진될 수 있다. 즉, 이성교제는 내가 어떤 상대와 잘 어울리면서 편안함과 기쁨, 안정감, 행복, 그리고 사랑 등의 감정을 느낄 수 있는지를 파악할 수 있도록 경험하는 것에 그 의의를 둘 수 있다. 그러나 이성교제와 구애(courtship)를 혼동하는 경우가 종종 있다.

이성교제는 결혼을 목적으로 두지 않지만, 구애는 결혼을 목적으로 하는 경우이다. 이성교제를 하다가 구애(courtship)단계로 넘어가는 경우도 종종 있다. 이성교제는 그 자체만으로 즐길 수 있으며, 연인도 꼭 한 명으로만 해야 하는 제약을 받지 않는 자유스러움이 내포해 있다. 그러나 구애는 한 명의 상대에게 애정과 더불어 책임감이 수반되어야 하는 결혼이라는 목적이 있는 것이다(정현숙 외, 1998).

이상과 같이 이성교제는 자신과 이성의 성격 및 특성의 차이를 이해하고, 원만한 이성교제를 통하여 이성과 감성의 조화를 이룰 수 있도록 성숙된 사랑을 배워 나가는 좋은 기회이며, 이 기회가 곧 평생의 삶을 함께 할 이상적인 배우자를 선택할 수 있는 길이 될 수 있는 것이다.

2) 이성교제의 기능

이성교제는 다음과 같은 기능을 수행할 수 있다.

첫째, 이성교제는 사회화 기능을 수행한다. 교제를 통해서 서로의 심리와 인성에 대해서 차이점과 유사점을 이해하며, 서로의 역할에 대해서 배워 나갈 수 있다. 즉, 이성과 교제한다는 것은 원만한 대인관계를 익힐 수 있는 좋은 기회가 될 수 있다.

둘째, 이성교제는 사회적 지위(social position)를 성취시킬 수 있는 기능을 수행한다. 즉, 재력 및 높은 학력, 외모가 출중한 이성, 그리고 사회적으로 인정받는 위치에 있는 이성과 교제를 하게 되면, 동급이 되는 것 같은 감정이 생기거나 주위 사람들에게 인정받을 수 있으며 그에 따른 특권을 누릴 수 있기 때문이다.

셋째, 이성교제는 기쁨과 즐거움을 줄 수 있는 오락의 기능을 수행한다. 결혼까지 가야 한다는 목적보다는 이성교제 자체에 목적이 있기 때문이다.

넷째, 이성교제는 배우자를 선택할 수 있는 기능을 수행한다. 여러 이성과 교제하면서 서로 알아가는 과정의 경험들이 쌓이면서 자신도 이해할 수 있는 자아성찰의 경험들도 쌓이게 된다. 자기 자신에 가장 적합한 사람을 선택하는 방법을 이성교제를 통해서 제공받으면서 배우자를 선택할 수 있게 되는 것이다.

3) 이성교제 후 이별을 극복하는 방법

이성교제를 하다가 이별을 경험할 때는 그 상황을 잘 극복하고 정리를 잘 하는 것도 중요한 것이다. 서로 사랑하다가 이별을 선언하고 만남이 끊어진다면 서로 상처받고 고통받기 쉽다. 서로 덜 상처받도록 하고 그 상황을 잘 극복하는 것도 현대사회에 원만한 인간관계를 형성하고 정리하는 것에 중요한 경험이 될 수 있고, 새로운 관계를 형성하는 것에도 중요한 관건이 될 수 있다. 사람은 누구나 만남으로 시작되면, 헤어짐으로 이어질 수 있으며 그것이 우리의 인생일 수 있다. 그러나 대부분의 사람들은 만남에는 많은 시간과 노력, 그리고 온 정성을 다해 투자하면서 관대한 마음으로 타인을 포용하지만, 헤어짐에 있어서는 대단히 자기중심적이 되어 버릴 수 있는 경향성이 높다. 다음은 이성교제 후 정리를 잘 할 수 있는 방법에 대해서 살펴보고자 한다.

첫째, 이별의 고통적인 상황은 짧은 것이라고 인지해야 한다. 연인이 떠나게 되면, 그 연인에 대해서 행복했던 순간을 자꾸 떠올리면서 고통의 상황을 더 악화시키는 경우가 있을 수 있다. 이별을 맞이하게 된다면 자신의 생각을 감성이 아닌 이성이 지배할 수 있도록 해야 한다. 생각이 난다면 이성적으로 다른 생각으로 바로 바꿀 수 있도록 사고력을 길러야 한다. 그런 힘든 상황을 잘 견디다 보면 내성이 쌓이게 될 것이다.

둘째, 연인의 부정적인 면에 집중하고 고통의 시간을 단축시키도록 노력해야 한다. 모든 연인에게 좋은 면만을 경험하지 않았을 것이다. 떠난 연인의 부정적인 면을 자꾸 떠올려 그 연인에 대한 미련을 버리는 것이 자신의 고통 시간을 단축시킬 수 있으며, 정상적인 자신의 생활로 돌아올 수 있게 할 것이다. 이런 방법은 상담자들이 사용하는 방법의 하나이다.

셋째, 떠난 연인과 관련된 물건이나 장소 등의 추억이 될 만한 것을 당분간이라도 주위에서 없애도록 한다. 연인에 대한 기억을 상기시킬 수 있는 주위환경을 정리하는 것도 이별을 빨리 극복할 수 있는 방법이 될 수 있다.

넷째, 상처받은 자신의 영혼을 위해서 여행을 잠시 떠나는 것도 좋은 방법이다. 사람은 여행을 하면 더욱더 연인이 생각날 것이라고 여기지만, 여유롭고 좋은 시간을 굳이 안 좋은 생각으로 영혼을 힘들게 할 필요는 없다. 여행을 통하여 떠난 연인과의 감정을 정리하고 새롭게 다시 일어설 기회와 영혼을 맑게 정리하는 것이 무엇보다 이별을 극복하는 데 좋은 방법이 될 것이다.

다섯째, 새로운 이성과의 만남을 적극적으로 시작하는 것도 이별을 극복하는 방법 중의 하나이다. 항상 함께 했으나 이제는 비어 있는 자리를 누군가 채워 준다면 그 이상의 극복할 수 있는 방법은 없을 것이다. 헤어짐에는 분명히 시간이 따르지만, 그 시간 속에 새로운 이성이 자리를 한다면 자신의 공허한 감정을 채워 줄 수 있을 것이다. 단, 주의할 사항은 빨리 극복하고자 다른 이성을 빨리 찾으려고 애쓰는 것과, 떠난 인연과 비슷한 사람으로 찾으려는 것은 또 다른 이별의 아픔을 가져오는 지름길이 될 것을 염두에 두어야 한다.

Part 03

결혼과정

제3부에서는 결혼과정을 배우자 선택과 결혼제도를 통해 살펴볼 것이다. 배우자 선택에 있어서 결혼 당사자보다 가족의 영향력이 컸던 전통사회와 달리 현대사회에서는 배우자 선택에 대한 개인의 의사결정이 중요해지고 있다. 이에 대해 제5장 '배우자 선택'에서는 누구와 결혼을 할 것인가 그리고 어떻게 배우자를 선택할 것인가에 대한 사회적 규범과 그 변화에 대해 살펴보고자 한다. 지금까지 여러 학자들이 배우자 선택과정을 다양한 이론으로 설명하였는데, 이를 사회교환 이론, 공평성 이론, 보완욕구 이론, 여과 이론, 자극 - 가치 - 역할 이론, 결혼 전 2인 관계 형성 이론을 통해 고찰해 볼 것이다. 또한 배우자 선택이 실제로 어떻게 일어나고 있는지를 탐색해 보고 배우자 선택 시 고려할 점에 대해서 함께 생각해 볼 것이다. 마지막으로 결혼에 대한 인식이 변화함에 따라 다양한 생활양식이 증가하고 있는데, 결혼 외에 친밀한 관계를 발전시키는 또 다른 방법으로 독신과 동거에 대해 살펴볼 것이다.

제6장에서는 결혼의 의미 및 동기에 대해 살펴보고 우리 사회의 변화하는 결혼의 현황을 혼인율 및 혼인 연령 등을 통해 고찰해 볼 것이다. 한편, 일반적으로 결혼준비라 하면 혼수나 결혼식 준비와 같은 결혼의례를 생각하나 결혼생활 적응에 대한 준비를 함께 포함한다. 따라서 결혼준비에서는 혼수 및 결혼식뿐만 아니라 결혼생활에 대한 준비를 도와주는 결혼준비교육을 함께 살펴볼 것이다. 결혼은 두 사람 간의 개인적인 결합일 뿐만 아니라, 사회적·법적 결합이며 그에 따른 권리와 의무가 함께 따르게 되는데, 이를 혼인 관련 법을 통해 살펴보고자 한다.

Marriage & Family

C•H•A•P•T•E•R 05

배우자 선택

■ 배우자와 맺는 친밀한 관계는 사람들의 신체 및 정신 건강, 삶의 질 향상에 도움이 된다. 이처럼 어떤 배우자를 만나 결혼하느냐는 결혼 이후의 삶에 지대한 영향을 미친다. 따라서 인생을 함께할 동반자인 배우자 선택에 신중을 기해야 할 것이다. 본 장에서는 자신에게 적합한 배우자를 선택하는 데 도움이 될 수 있도록 배우자 선택의 범위 및 유형, 배우자 선택 이론, 배우자 선택 시 고려할 사항 등에 대해서 살펴보고자 한다.

01 배우자 선택의 범위 및 유형

대부분의 사회는 누구와 결혼할 것인가 또는 어떻게 배우자를 선택할 것인가와 같은 배우자 선택에 관한 규범을 갖고 있는데, 이러한 규범은 사회, 문화, 계층 등에 따라 다르게 나타난다(Eshleman, 2000). 우리나라의 전통사회에서는 결혼은 인륜지대사(人倫之大事)로 가문의 번영과 영속을 위해 양가의 연장자나 부모가 배우자를 선택하는 경향이 컸으며, 이때 특정 계층이나 일정 범위 내에서 배우자를 선택하도록 하는 내혼제(endogamy)의 규범을 따랐다. 오늘날에도 결혼은 종교, 계층, 교육수준 등에서 자신과 비슷한 사람을 배우자로 선택하는 동류혼(homogamy)이 지배적이며, 근친혼 금지와 같이 자신이 속한 가족구성원 밖에서 배우자를 찾도록 하는 외혼제(exogamy) 규범을 갖고 있다.

결혼과 가족

배우자 선택의 범위

- 내혼제(endogamy): 같은 인종이나 계층 내의 결혼과 같이 특정 집단 내에서 배우자를 선택하는 것
- 외혼제(exogamy): 근친혼 금지와 같이 자신이 속한 집단 밖에서 배우자를 선택하는 것
- 동류혼(homogamy): 인종, 종교, 계층, 교육수준, 연령, 거주지역 등에서 자신과 비슷한 사람을 배우자로 선택하는 것

배우자 선택유형은 교제경로 및 선택의 주체가 누구냐에 따라 다양하게 구분되는데, 대체로 중매혼, 자유혼, 절충혼의 3가지 유형으로 구분될 수 있다(유가효, 2007). 중매혼은 결혼 당사자보다 가족이 선택권을 가지는 것으로, 결혼 당사자 간의 사랑이나 의사보다 부모의 의사가 존중된다. 반면 자유혼은 개인의 자유의사를 바탕으로 결혼 당사자가 배우자 선택에 대한 결정권을 가진다. 이 유형은 학교, 직장, 친구집단, 종교단체 등에서 함께 생활하다 사랑을 하게 되어 결혼하는 경우가 많다. 절충혼은 중매혼과 자유혼의 중간 형태로 본인의 선택에 의한 자유교제 후 부모에게 동의를 얻는 유형과 부모가 주도권을 갖고 배우자를 물색한 후 당사자가 결정하는 유형으로 나뉜다. 과거에는 부모나 가족에 의해 배우자를 선택하는 중매혼이 대부분이었으나, 오늘날에는 부모나 가족의 영향력이 감소되고 개인의 의사결정이 중요해지고 있다.

02 배우자 선택 이론

가족학 연구에서 오랫동안 관심의 대상이 되어 온 연구 주제 중 하나는 배우자 선택과 관련된 요인을 탐색하는 것이다. 사람들은 자신에게 가장 적합한 배우자를 찾기 위해 복잡한 의식적·무의식적 의사결정 과정을 거친다. 이러한 배우자 선택

과정을 설명하기 위한 다양한 이론들이 제시되고 있는데, 어떤 한 가지 이론이 배우자 선택과정에 대한 완벽한 해답을 줄 수는 없지만, 다양한 이론들은 배우자 선택과정에 대한 이해를 도울 것이다.

1) 사회교환 이론(Social Exchange Theory)

인간이 어떤 관계에서 비용을 최소화하고 보상을 최대화함으로서 이익을 얻고자 한다는 사회교환 이론은 배우자 선택에서도 적용될 수 있다. 친밀한 관계는 두 사람 간의 비용, 보상, 대안의 가능성 등을 바탕으로 발전되는데, 사람들은 가능한 한 비용보다 보상이 큰 관계를 원한다. 여기서 보상(rewards)이란 개인이 관계에서부터 얻을 수 있는 기쁨, 이익, 만족감 등을 뜻하고, 비용(costs)은 관계를 유지하는 데 있어 요구되는 부정적 측면이 될 수 있다. 예를 들어, 서로 다른 먼 나라에 거주하는 두 사람이 여행길에서 만나 사랑에 빠졌다고 가정하자. 여행 후 일상생활로 돌아온 두 사람은 관계로부터 얻는 이익과 두 사람이 만나고 연락을 주고받기 위해 드는 시간과 피로감 등의 비용을 비교해 관계 유지가 가치 있는 일인지 고민하게 될 것이다. 이때 관계를 유지하는 것으로부터 얻는 보상이 비용보다 크다고 판단되면 두 사람의 관계는 계속 유지될 것이다. 일반적으로 비용과 보상에 대한 평가는 사회마다 다른데 사회교환 이론에 따르면, 사람들은 사회적 계층, 신체적 매력, 직업, 교육수준 등이 유사한 사람을 배우자로 선택하는 동류혼의 경향이 있다. 구가효(2007)의 연구에 따르면, 우리나라의 젊은 세대는 결혼으로 인한 사회적 지위 확보나 경제적 안정을 취하고자 하는 태도를 보이고 있으며, 특히 결혼정보회사의 성장에 따른 맞춤결혼 방식은 계층적 동류혼의 경향을 더욱 강화하는 경향이 있다고 하였다.

2) 공평성 이론(Equity Theory)

배우자 선택에서 사람들은 자신들이 기대하는 수준의 보상을 줄 수 있는 능력이 있는 사람을 선택하는 경향이 있다(Murstein, 1980). 또한 사람들은 자신의 이익을 최대화하고자 하지만, 남에게 손해를 끼치는 관계를 선호하지 않는다. 따라서 공평성 이론에서는 어느 한쪽에게 이익이나 손해가 되는 관계보다 양쪽 모두에게 공평한 관계를 원한다고 가정한다. 한 사람이 관계에서 자신만이 손해를 본다고 여긴다면, 그 사람은 관계가 공평하다고 생각할 때보다 그 관계를 떠날 가능성이 높을 것이다. 이때 공평성은 평등성과 다른 의미를 갖는데, 서로가 투여한 자원이나 노력에 따라 다른 보상을 받는 것을 공평하다고 평가한다. 예를 들어, 맞벌이 부부의 소득수준이 다르다면 각자의 소득에 비례하여 생활비를 분담하는 것이 공평한 것으로 여겨질 수 있다.

3) 보완욕구 이론(Complementary Needs Theory)

사람들은 자신이 선택 가능한 범위 안에서(field of eligibles) 배우자를 선택하게 되는데, 이때 자신과 비슷한 욕구를 가진 사람보다는 보완적인 욕구를 가진 사람을 선택하는 경향이 있다(Winch, Ktsanes, & Ktsanes, 1954). 이 이론의 기본 가정은 사람들은 모든 가능한 데이트 대상자들 중에서 자신의 욕구 충족에 가장 큰 만족감을 줄 수 있는 보완적인 사람을 배우자로 선택한다는 것이다. 즉, 한 사람이 호감을 느끼는 사람은 욕구가 유사한 사람이기보다는 자신의 욕구를 보완하는 사람에게 호감을 갖게 되는 것이다. 예를 들어, 의존적인 사람은 똑같이 의존적인 사람보다는 양육적인 사람에게 더욱 호감을 갖게 되고, 마찬가지로 양육적인 사람은 자신에게 의존하려는 사람에게 끌리게 되는 것이다. 그러나 Winch의 보완욕구 이론은 후속 연구들로부터 실증적인 지지를 얻지 못하였다(Murstein, 1970).

4) 여과 이론

Kerckhoff와 Davis의 여과 이론(1962)은 배우자 선택이 사회적 지위, 종교, 가치 및 태도 등의 유사성이나 보완욕구에 의해 결정되는 것이 아니라, 시간의 흐름에 따라 다양한 여과망(filtering factors)을 통과하면서 가장 적합한 배우자를 선택한다고 보았다. 교제 초기 단계에는 계층이나 종교와 같은 사회적 지위 등의 동질적 특성에 의해서 가능한 데이트 상대가 걸러지게 되고, 그다음으로 가치관의 유사성, 욕구의 보완 순으로 여러 차례의 여과망을 통해서 걸러지게 된다. 가치의 유사성은 사귄지 오래되지 않은 커플에게 중요하게 나타나고, 욕구의 보완성은 보다 오래된 커플에게 중요한 요소로 작용한다(Kerckhoff & Davis, 1962). 이처럼 상호 보완적 요소가 배우자 선택의 후반부에 이르러서야 중요하게 작용하는 이유는 데이트 초기 단계에서는 사랑하는 사람에 대한 비현실적인 이상화로 인해 상보적 성격과 같은 보완적 요소가 작용하는 것을 가로막기 때문이다.

Udry(1971)는 이러한 견해를 더 발전시켜 가능한 모든 데이트 상대로부터 결혼에 이르기까지 여섯 단계의 여과망을 거치면서 최종적으로 배우자를 선택하게 된다는 모델을 제시하였다(그림 5-1).

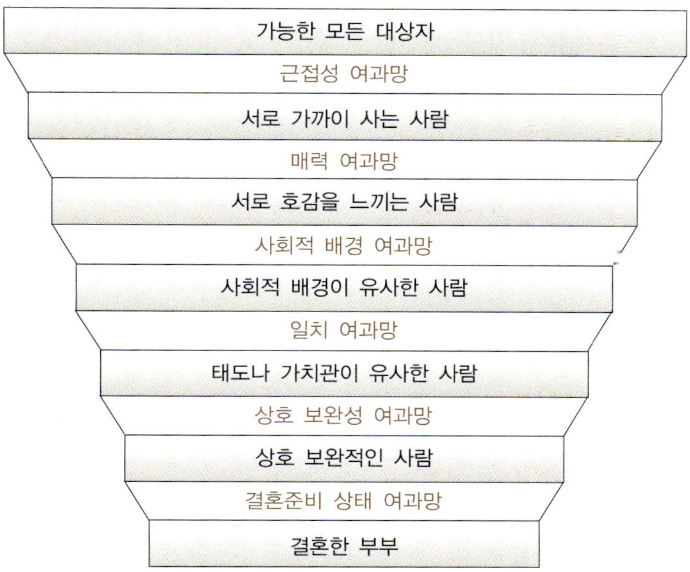

출처: Udry(1971).

[그림 5-1] 배우자 선택의 다양한 여과망

첫째, 근접성(propinquity) 여과망에서는 모든 가능한 데이트 상대들이 지리적 근접성에 의해 걸러지게 되는데, 지리적으로 가까울수록 서로 만날 기회와 상호작용할 가능성이 많기 때문이다. 둘째, 매력(attractiveness)의 여과망에서는 서로의 매력(외모, 경제력 등)에 끌리는 사람들로 그 대상이 좁혀진다. 셋째, 사회적 배경(social background)의 여과망에서는 종교, 정치적 견해, 교육수준, 직업, 사회적 지위 등에서 서로 유사한 사람들과 지속적으로 만날 가능성이 높다. 넷째, 상호 일치(consensus)의 여과망에서는 인생관이나 가치관 등 유사한 가치나 태도를 가진 사람들이 더욱 친밀한 관계로 발전될 수 있다고 본다. 다섯째, 상호 보완성(complementarity)의 여과망에서는 서로의 욕구를 충족시켜 주고 보완해 줄 수 있는 사람을 선택하게 되고, 마지막으로 결혼준비 상태(readiness for marriage)의 여과망에서는 두 사람 모두 결혼할 준비가 되어 있을 때 실제 결혼에 이르게 된다고 본다. 설령 이전 단계를 성공적으로 거쳤을지라도 두 사람이 결혼 준비(나이, 교육 상태 등)가 되어 있지 않다면 결혼에 이르지 못하는 것이다. 이처럼 초기 단계에서는 유사성이 중요한 영향을 미치지만 후기로 갈수록 심리적 보완성(psychological compatibility)이 더 중요한 영향을 미친다. 이는 이질적 특성을 가진 사람들은 이전의 여과망에서 이미 걸러졌기 때문으로 보인다(Murstein, 1970). 따라서 유사한 사회적 배경이나 태도, 가치관 등을 갖지 못한 사람은 초기 단계에서 관계가 형성되기 어렵고 상호 보완적인 요인을 갖지 못한 경우는 최종 배우자 선택에까지 이르기 어렵다(정옥분·정순화·홍계옥, 2009).

5) 자극 - 가치 - 역할 이론(Stimulus-Value-Role Theory)

사회교환 이론을 바탕으로 한 Murstein의 자극 - 가치 - 역할 이론(1970)에서는 배우자 선택이 자극, 가치, 역할의 연속적인 세 단계를 거쳐 이루어진다고 설명한다. 첫째 단계인 자극 단계(stimulus stage)에서는 개인이 상대에 대해서 가지는 신체적, 사회적, 심리사회적 특성에 대한 인식과 자기 자신의 가치에 대한 인식 정도에 따라 상대에게 다가가게 된다. 이 자극 단계에서는 상대와의 상호작용이 많지 않기 때문에 자신의 시각, 청각, 비상호작용적 수단(non-interactional means)에 의해서 얻어진 만족감에 의해 상대에 대한 호감을 느낀다. 예를 들어, 상대에 대한 충분한 정보가 없는 상태에서는 예쁘다, 목소리가 멋있다, 너무 나이 들어 보인다와 같은 시각이나 청각적 단서들에 의존하게 되는 것이다. 또한 자기 자신에 대해서 어떻게 인식하고 있는가는 자극 단계에서 중요한 역할을 하게 되는데, 자신이 매력적이라고 인식하는 사람은 매력적인 이성에게 다가갈 가능성이 높다. 두 사람이 서로의 자극에 의해 이끌린다면 다음 단계인 가치 단계(value state)로 접어들게 된다. 자극 단계에서는 상대의 특성이 직접적인 상호작용 없이 평가되었다면, 가치 단계에는 언어적 상호작용을 통해 서로의 가치나 태도가 양립 가능한지를 평가한다. 이때 다양한 가치들이 탐색되는데, 예를 들어 삶에 대한 태도, 결혼관, 종교, 정치적 관점 등과 같은 다양한 태도와 가치를 비교하게 된다. 이때 두 사람의 가치관이 유사하다면, 서로에 대한 호감을 더욱 발전시킬 수 있다.

마지막으로 결혼에 앞서 커플들은 역할 단계(role stage)에서 다양한 과업들을 수행한다. 두 사람 간의 관계가 성숙하게 됨에 따라 서로는 이전보다 더 많은 것을 공유하고 서로의 행동에 대해 깨닫는다. 이에 따라 커플들은 이상적인 배우자에 대한 자신의 기대와 파트너에 대한 인식을 의식적으로 비교하게 된다. 따라서 셋째 단계인 역할 단계에서는 상호 합의에 의해 부과된 역할을 서로가 얼마나 잘 수행할 수 있는가에 관심을 두게 된다. 서로가 기대하는 역할 기대와 역할 수행이 일치하면 관계가 계속 지속되고, 그렇지 않으면 관계가 지속되지 않는다. 자극 - 가치 - 역할의 세 가지 요인은 배우자 선택과정에서 지속적으로 작용을 하나, 가장 큰 영향을 미치는 단계는 다음 그림과 같이 다르다(그림 5-2).

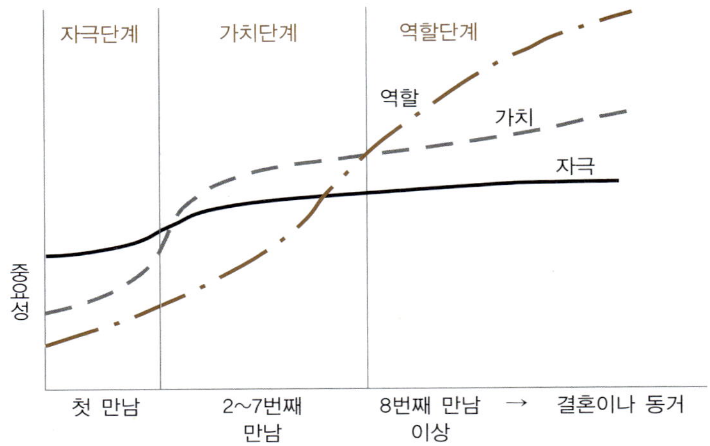

출처: Murstein(1987).

[그림 5-2] 자극 – 가치 – 역할 이론에서의 구혼 단계

6) 결혼 전 2인 관계 형성 이론(Premarital Dyadic Formation)

Lewis(1973)의 결혼 전 2인 관계 형성 이론은 배우자 선택에 앞서 교제 중인 두 사람 간 관계의 발달과정을 설명하는 데 적합한 이론으로 [그림 5-3]과 같은 여섯 과정으로 설명된다. 첫째, 유사성 인식의 과정(process of perceiving similarities)에서는 사회적 배경, 가치, 흥미, 성격 등에서 서로의 유사성을 인식하는 단계이다. 둘째, 라포 형성의 과정(process of achieving pair rapport)에서는 두 사람 간의 편안한 대화, 서로에 대한 긍정적 평가, 서로의 관계에 대한 만족, 주변 사람들의 인정 등으로 관계가 더욱 발전한다. 셋째, 자기 노출의 과정(process of inducing self disclosure)에서는 서로 간의 자기 노출을 통해 두 사람의 관계가 솔직하고 개방적인 관계로 발전하게 된다. 넷째, 역할취득 과정(process of role-taking)에서는 이전 과정에서 습득한 서로에 대한 이해를 바탕으로 서로에게 적합한 역할을 취득하게 된다. 다섯째, 역할 적합성 과정(process of achieving interpersonal role-fit)에서는 서로 간의 성격의 유사성, 역할의 보완성, 욕구의 보완성 등을 파악함으로써 서로의 역할을 적절하게 조화시키게 된다. 마지막으로, 관계의 결정화 과정(process of achieving dyadic crystallization)에서는 서로에 대한 관여가 증가하고 두 사람이 함께 기능함으로써 커플로서 인식하는 단계이다. 이때 두 사람은 외부세계와의 경계를 명확히 설정하고 서로에 대한 헌신이 증가하게 된다. 이 여섯 단계의 과정은 연속적인 과정으로 이전 과정을 성공적으로 완수해야 다음 과정을 경험할 수 있다. 예를 들어, 성공적으로 라포를 형성한 커플은 라포를 형성하지 못한 커플보다 서로에게 더욱 개방적으로 자기 노출을 할 것이다.

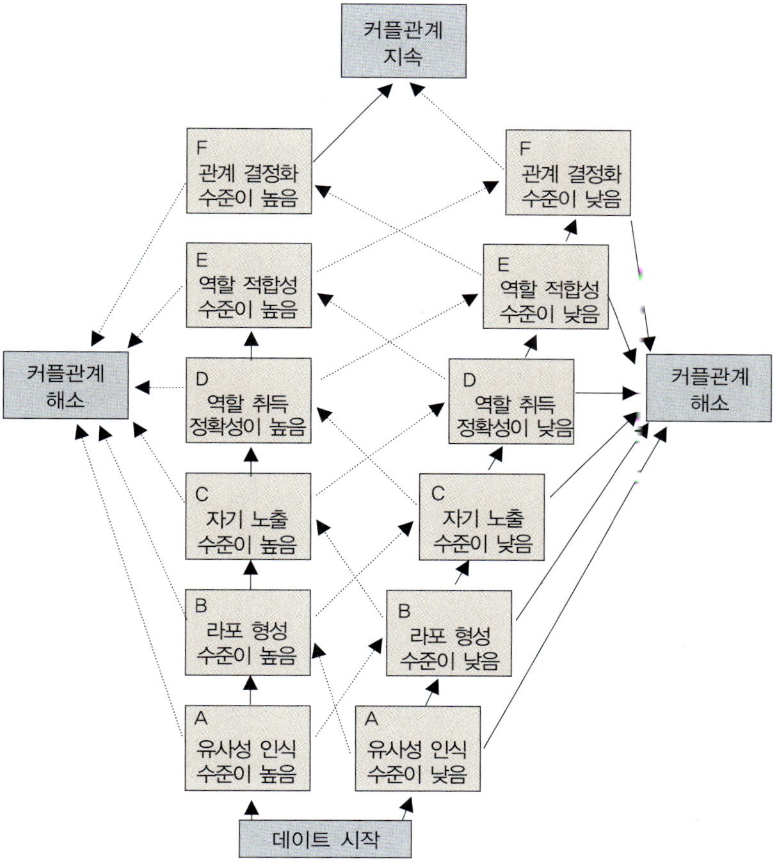

출처: Lewis(1973).

[그림 5-3] 결혼 전 2인 관계 형성모델

03 배우자 선택의 기준

일반적으로 사람들은 상호 간의 근접성이나 유사성, 신체적 매력을 가진 사람들과 어울리고 호감을 갖는다(정옥분 외, 2009; 정현숙·유계숙, 2001; Knox & Schacht, 2010). 배우자 선택에 직·간접적으로 영향을 미치는 조건을 살펴보면 다음과 같다.

1) 근접성

배우자 선택에 있어서 중요한 요소 중 하나는 근접성이다. 서로 가깝게 살거나 같은 학교나 직장에 다닐 경우 서로 접촉할 수 있는 기회가 많고, 사회문화적으로 유사한 배경을 가졌을 가능성이 높기 때문이다(정현숙·유계숙, 2001). 한편, 최근에는 인터넷의 확산으로 인해 가능한 데이트 상대의 범위가 확대되어 거리상의 근접성에 따른 제한으로부터 비교적 자유롭게 되었다(Olson & DeFrain, 2003).

2) 유사성

인종, 연령, 사회경제적 지위, 가치, 태도, 성격, 종교 등의 유사성 또한 배우자 선택에 있어서 중요한 기준이 된다. 우선, 인종의 경우 사람들은 배우자 선택 시 같은 인종의 배우자를 선호한다. 일반적으로 동일한 인종은 생활습관이 유사하고 의사소통이 용이하기 때문에 같은 인종 간에 결혼한 커플의 결혼만족도가 더욱 높다고 보고되고 있다(Knox & Schacht, 2010). 한편, 우리나라 사람들의 인식을 2018년 사회조사(통계청, 2018d)를 바탕으로 살펴보면, 13세 이상 인구 중 '외국인과 결혼해도 괜찮다'는 문항에 대해 72.6%가 동의하였으며, 2016년 조사에서 66.1%가 동의한 것과 비교할 때 국제결혼에 대한 긍정적 태도가 증가하였다. 이처럼 유사성의 중요 정도에 대한 사람들의 태도는 시대의 변화에 따라 조금씩 변화하는 것을 알 수 있다.

대부분의 사람들은 연령대나 교육수준 및 사회적 지위가 비슷한 사람을 결혼 상대자로 선호한다. 이는 유사한 교육수준과 사회적 지위에 있는 사락들에게 편안함을 느끼기 때문이다. 유사한 사회적 지위의 배우자를 선호함에도 불구하고 그 유사성 내에서 남녀 간에 차이가 나타나는데, 남편이 아내보다 연령 교육수준, 소득 등에 있어서 더 앞선 경우가 많다. 이를 결혼 경사(mating gradient) 현상이라 일컫는다. 남자들은 일반적으로 자신보다 어린 여자들을 선호하는 경향이 있으므로, 결국 결혼 적령기 남성과 결혼 적령기 여성의 불균형을 이루는 결혼상대자 부족(marriage squeeze) 현상이 발생하기도 한다.

이러한 유사성은 가치나 태도, 관점, 종교 등에서도 적용될 수 있다(Knox & Schacht, 2010). 이들 영역이 서로 유사할 때 배우자로 선택하거나 선택받을 가능성이 더 높아진다. 그러나 두 사람이 모든 영역에서 유사한 특성을 가져야 한다는 것은 아니다(정옥분 외, 2009). 서로의 사회적 배경이나 인종이 다르더라도 유사한 가치나 태도를 갖고 있다면 사회적 배경이나 인종으로 인한 차이는 극복할 수 있다.

3) 신체적 매력

신체적 매력은 상대방의 첫인상을 결정하고 이후의 만남 여부를 결정하는 데 중요한 영향을 미친다(정옥분 외, 2009). 신체적으로 매력적인 사람이 더 많은 데이팅 상대를 사귀고, 성격이나 태도가 훌륭하다는 좋은 평가를 받을 가능성이 더 높은 것으로 보고되고 있다(Olson, DeFrain, & Skogrand, 2008). 일반적으로 여성보다 남성에게 신체적 매력은 더욱 중요한 요소로 작용하는데, 배우자 선택 시 남성은 여성보다 파트너의 신체적 매력을 배우자 선택의 중요한 요소로 간주한다(Fisman, Iyengar, Kamenica, & Simonson, 2006). 한편, 사람들은 신체적 매력이 유사한 사람에게 호감을 보이고 더 깊은 관계로 발전할 가능성이 높다.

04 배우자 선택의 실제

실제로, 배우자나 데이팅 상대를 어떤 경로를 통해 만나는지 그리고 배우자 선택에 있어서 어떤 요소를 중요하게 고려하는지를 살펴보면 다음과 같다. 우선, 교제 상대가 있다고 응답한 미혼자들의 만남의 경로는 〈표 5-1〉과 같다. 2018년 한국보건사회연구원의 조사결과에 따르면, 미혼자들은 '친구나 형제자매로부터 소개를 받아서' 교제 상대를 알게 된 경우가 남성 36.2%, 여성 37.7%로 가장 많았으며, 다음으로 '학교에서' 알게 된 경우(남: 24.2%, 여: 20.3%), '직장 및 일 관계로'(남: 14.8%, 여: 14.6%) 순으로 나타났다(한국보건사회연구원, 2018). 소개를 받거나 소개를 받지 않은 경우에는 학교나 직장에서의 주기적인 만남을 통해 이성 친구를 소개받고 있음을 알 수 있다. 또한 만남의 방법을 소개나 선, 결혼정보업체 등을 통한 경로와 학교, 일, 친구관계, 다양한 활동 등을 통해 자연스럽게 알게 된 경우로 구분지어 봤을 때 자연스럽게 알게 된 경우가 남성의 59.6%, 여성의 58.4%로 과반수 이상의 미혼 남녀가 상대를 자연스럽게 만나게 된 것으로 나타났다.

〈표 5-1〉 미혼자의 이성 친구 만남의 경로 (단위: %)

만남방법	미혼남성(294명)	미혼여성(421명)
학교에서	24.2	20.3
직장 및 일 관계로	14.8	14.6
어릴 적부터 친구 및 가까이에 살아서	2.7	6.2
학교 이외의 동아리나 학원 등에서	7.1	9.4
친구나 형제자매로부터 소개를 받아서	36.2	37.7
길거리나 여행 중에 알게 되어서	9.9	6.9
기타	5.1	4.9

출처: 한국보건사회연구원(2018).

한편, 기혼자를 대상으로 현재 배우자를 만나게 된 경로를 연령별로 살펴보면, 연령별로 만남의 경로가 다른 것을 확인할 수 있다(표 5-2). 50대 이상의 경우 부모 및 친척의 소개로 만난 경우가 가장 많았으나(50대: 46.6%, 60대: 74.7%, 70대: 90.7%), 20~30대의 경우 친구, 선후배, 동료 등의 지인의 소개, 학교동창 및 직장 선후배 사이에서 발전 등과 같이 개인적 네트워크를 이용했다는 응답이 높게 나타난 반면, 부모 및 친척의 소개로 만난 경우는 각각 7.7%, 8.2%에 불과하였다(여성가족부, 2010). 이처럼 도시화, 개인주의 확산, 교육수준의 향상, 남녀평등 의식의 증가로 남녀 간의 자유로운 교제가 허용됨에 따라 결혼 당사자의 결정권이 확대되어 온 것을 알 수 있다. 그러나 우리나라의 경우 서구와 달리 자녀 세대가 결혼준비에 있어 부모 세대에 상당 부분 의존하고 있는 상황이므로 배우자 선택에 있어 본인들의 자율성이 제한될 수밖에 없다. 따라서 자유교제 후에 부모에게 동의를 얻는 형태가 많이 나타난다(유가효, 2007).

〈표 5-2〉 기혼자의 연령별 배우자 만남의 경로 (단위: %)

만남방법	20대	30대	40대	50대	60대	70대 이상
학교동창, 선후배 사이로	29.1	17.5	15.1	6.2	.9	1.4
직장에서	16.3	16.8	16.6	8.0	2.6	.0
친구, 선후배, 동료의 소개로	30.5	47.6	44.1	27.8	16.1	5.5
오프라인 모임(서클, 동호회 등)에서	7.6	4.6	2.6	2.9	1.2	.0
온라인(채팅 등)에서	.0	.6	.0	.0	.3	.0
부모 및 친척의 소개로	7.7	8.2	15.0	46.6	74.7	90.7
결혼정보회사를 통해서	4.8	.4	1.4	.4	.0	.0
기타	3.9	4.4	5.2	8.1	4.3	2.3

출처: 여성가족부(2010).

미혼자의 배우자 선택조건을 살펴보면, 미혼남성은 성격(95.9%), 건강(95.1%), 가사 및 육아에 대한 태도(91.1%), 일에 대한 협조(90.8%), 공통의 취미 유무(76.9%)

순이었으며, 미혼여성의 경우 성격(98.3%), 가사 및 육아태도(97.9%), 건강(97.7%), 일에 대한 이해 협조(95.6%), 소득·재산 등 경제력(92.7%) 순으로 나타나(한국보건사회연구원, 2018), 배우자 선택 기준에 있어 성차가 존재하는 것을 알 수 있다(김경신·김오남·윤상희, 1997; Fisman et al., 2006). 한편, 미혼 여교사를 대상으로 한 연구(조병은·이종희·이현정·곽선정, 2012)에서는 여교사들은 자신과 비슷한 사회적 배경(연령, 교육수준, 직업지위, 종교), 신체적 매력 수준, 심리적 특성(개방성, 외향성, 성취적, 양육적, 지배적 성격 등), 역할 가치관(여가생활, 정서적 지지, 자녀양육, 친족유지, 가사노동 등)을 가진 배우자를 선호하는 것으로 나타나 동류혼을 추구함을 보고하였다. 이와 유사하게 대학생들을 대상으로 한 연구에서도 남학생과 여학생 모두 '자신과 같은 수준'의 교육수준이나 자신과 비슷한 점을 가진 배우자를 선호하는 것으로 나타났다(홍달아기, 2003).

배우자 만남의 경로와 배우자 선택 조건을 살펴보았을 때, 친구나 선후배, 동료 등 지인의 소개나 학교나 직장동료에서부터 발전하는 등 배우자 선택과정은 근접성의 원리가 적용되고 있었다. 한편, 배우자 선택 시 중요하게 고려되는 조건에서는 성격, 신체적 조건, 신뢰와 사랑, 건강 등의 개인적인 요인이 크게 작용하고 있었으나, 경제력이나 직업 또한 중요한 요인으로 작용하였다. 이때 자신과 비슷한 조건을 가진 사람을 선호하는 경향을 보였다. 일반적으로 사람들은 자신과 유사한 특징을 가진 사람들과 어울리고 호감을 갖게 되며, 공통점이 많은 커플일수록 관계에 대한 만족도가 높고 관계가 더욱 안정적이다(Clarkwest, 2007).

05 배우자 선택 시 고려할 점

어떤 배우자를 선택하느냐는 자신과 배우자의 인생의 행복과 불행에 상당한 영향을 미친다. 따라서 행복한 결혼생활을 영위하기 위해서 신중하고 현명한 배우자 선택은 필수적이다. 배우자 선택 시 고려해야 할 점은 다음과 같다(옥선화·정민자·고선주, 2006).

첫째, 성급한 선택보다 충분한 교제 기회와 교제 기간을 갖도록 하여 서로에 대해 충분히 이해하고 협력하는 관계로 발전할 수 있도록 해야 한다

둘째, 결혼은 다양한 책임과 의무가 따르는 현실이라는 점을 이해해야 한다.

셋째, 배우자의 외모, 경제력, 직업 등의 외적 조건만을 고려하기보다는 가치관, 결혼 및 가족관, 인품 등 내적 요인이 본인과 조화를 이룰 수 있는지 살펴보아야 한다.

넷째, 부모님이나 친구의 지지 여부도 중요하게 고려되어야 한다. 주위 사람들이 반대하는 관계라면 시간을 두고 반대의 이유를 면밀히 살펴볼 필요가 있다.

다섯째, 진정한 만남을 위해서는 배우자의 좋은 점뿐만 아니라 약점과 부족한 면도 그대로 수용할 수 있어야 한다. 또한 자신의 장단점도 솔직하게 표현할 수 있어야 한다.

결혼과 가족

배우자 선택 시 피해야 할 성격적 특성

배우자 선택 시 다음과 같은 성격적 특성을 지속적으로 보이는 사람은 피하는 것이 좋다.

1. 자기중심적인 사람(narcissism)
2. 부정적인 사람(disagreeableness or low positives)
3. 충동적인 사람(poor impulse control)
4. 과민한 사람(hypersensitivity)
5. 자아가 강한 사람(inflated ego)
6. 완벽주의자(perfectionism)
7. 불안정한 사람(insecurity)
8. 어린 시절 가족으로부터 통제당한 사람(controlled)

출처: Knox & Schacht(2010).

한편, 건강한 가족을 꾸리기 위해서 좋은 배우자를 선택하는 것뿐만 아니라 자

신이 결혼에 대해 얼마나 준비가 되었는지 그리고 두 사람이 서로의 관계를 어떻게 형성하고 있는지 역시 매우 중요한 이슈이다. Olson과 동료들(2008)은 성공적인 결혼생활을 위한 요소를 다음과 같이 제시하고 있다.

첫째, 두 사람 모두가 독립적이고 성숙했을 때 결혼을 해야 한다. 두 사람 모두 보다 성숙하고 독립적일수록 친밀감을 촉진시킬 수 있고 상호 보완적인 관계를 발전시킬 수 있다. 일반적으로 성숙함과 독립성은 나이가 듦에 따라 성장하므로, 너무 이른 나이의 결혼보다는 어느 정도 성숙했을 때 결혼하는 것이 좋다.

둘째, 두 사람은 서로를 사랑할 뿐만 아니라 자기 자신을 사랑해야 한다. 친밀한 관계 형성에 있어서 자아존중감은 매우 중요한 요소이다. 자기 자신에 대한 사랑 없이 타인을 진정으로 사랑하는 일은 매우 어려운 일이다. 따라서 타인을 사랑하기 전에 자신을 사랑할 수 있어야 한다.

셋째, 함께 있을 때뿐만 아니라 혼자 있을 때에도 시간을 즐겁게 보낼 수 있어야 한다. 때로는 각자 다른 시간에 다른 활동을 즐길 수 있어야 하므로 함께 하는 활동과 개별적으로 따로 하는 활동이 조화를 이룰 수 있어야 한다. 개별적으로 하는 활동은 두 사람 관계의 소중함에 대해 일깨워 줄 수 있다. 반면 모든 활동을 늘 함께 해야 한다면 함께 하는 배우자에 대한 감사함을 감소시키고 배우자를 통제하려는 부정적인 행동을 발생시킬 수 있다.

넷째, 두 사람 모두 자신의 직업에서의 영역을 구축해야 한다. 안정적이고 만족스러운 직업 활동은 경제적 안정과 심리적 안정감을 강화시킨다. 사람들이 자신의 직업에서 잘 활동할 때, 관계에 더 많은 시간과 에너지를 투여할 수 있다. 한편, 일에서의 과도한 스트레스는 관계에 부정적인 영향을 미칠 수도 있다.

다섯째, 두 사람은 자신과 상대에 대해 잘 이해해야 한다. 친밀한 관계가 확고해질수록 두 사람은 서로에게 더욱 정직해야 한다. 자신과 상대의 성격적 강점과 약점을 객관적으로 평가할 수 있어야 하고 자신의 문제를 상대에게 비난하며 화살을 돌리지 말아야 한다. 또한 상대로부터 무엇을 원하는지 그리고 무엇을 해 줄 수 있는지에 대해서도 분명히 알아야 한다.

여섯째, 두 사람은 서로에게 분명하게 자신의 의사를 표현할 수 있어야 한다. 친밀감을 발전시키는 중요한 요소 중에 하나는 긍정적인 태도로 직접적으로 자신을 표현하는 것이다. 따라서 서로에게 무엇을 원하는지에 대해서 분명하게 요청할 때 상대는 더욱 잘 협조할 수 있다.

결혼과 가족

배우자 선택 시 함께 생각해 볼 수 있는 이슈들

다음 질문들은 당신과 당신의 파트너가 다양한 이슈들에 대해 어떻게 생각하고 느끼는지에 대해 알아보기 위해 제시되었습니다. 당신과 당신의 파트너가 결혼을 고려하고 있다고 가정하고 서로에게 다음의 이슈들을 질문해 봅시다.

- 파트너에 대한 느낌과 이슈들
  1. 만약 당신이 나에 대한 한 가지를 바꿀 수 있다면, 무엇을 바꾸고 싶습니까?
  2. 당신 자신을 어떻게 생각합니까? 세 가지 형용사로 자신을 묘사해 보세요.
  3. 당신은 나에 대해 어떻게 생각합니까? 세 가지 형용사로 나를 묘사해 보세요.
  4. 나의 가장 큰 장점이 무엇이라 생각합니까?
  5. 우리의 관계에 대해서 얼마나 만족하고 있습니까?

- 부모님과 가족에 대한 느낌
  1. 당신은 당신의 어머니, 아버지, 그리고 형제자매에 대해서 어떻게 생각하고 있습니까?
  2. 1~10점까지 있다면, 어머니, 아버지, 그리고 형제자매에 대해 각각 어느 정도 가깝다고 느끼고 있습니까?
  3. 당신의 부모님에 대해 좋아하는 점과 좋아하지 않는 점은 무엇입니까?
  4. 1~10점까지 있다면, 당신의 부모님은 얼마나 행복한 결혼생활을 하고 있습니까?
  5. 가족이 경험한 어려움이 있다면 그것은 무엇입니까?

- 사회, 종교, 자녀 관련 이슈들
  1. 종교가 있다면, 당신에게 종교는 어떤 의미입니까?
  2. 낙태에 대해서 어떻게 생각합니까?
  3. 몇 명의 자녀를 계획하고 있으며 어떻게 양육할 생각입니까?

• 성과 관련한 이슈들
1. 일상적으로 데이트를 하는 관계이거나 약혼을 한 상태라면 어느 정도의 성적 친밀감이 적합하다고 생각하나요?
2. 성관계를 원치 않을 때, 내가 어떻게 거절하길 원하나요?
3. 어떤 방법의 피임 방법을 선호하나요?

• 직업과 경제 관련 이슈들
1. 당신은 어떤 직업을 갖기를 원하나요?
2. 당신은 상대 배우자가 직업을 갖기를 원하나요? 그렇다면 어느 정도의 소득을 기대하나요?
3. 결혼 후 경제를 합치는 것을 선호하나요? 아니면 따로 관리하는 것을 선호하나요?
4. 어떤 물건을 살 것인가 사지 않을 것인가에 대해 서로 의견이 다를 경우 어떻게 갈등을 해결할 수 있을까요?

• 여가 생활 및 친구 관련 이슈들
1. 어떠한 여가활동을 함께 하길 기대하나요?
2. 당신이 가장 좋아하는 여가활동은 무엇이며, 얼마나 자주 하나요?
3. 일주일에 하루 정도 동료나 친구들과 함께 시간을 보내는 것을 어떻게 생각하나요?
4. 이성 친구와 함께 시간을 보내는 것을 어떻게 생각하나요?

출처: Knox & Schacht(2010).

06 또 다른 선택

"결혼, 반드시 해야만 하는 것인가?"라는 질문에 대해 과거에는 결혼은 반드시 해야 하는 것으로 여겼다면 현대사회에서 결혼은 필수가 아닌 선택이라 여기는 사람들이 증가하고 있다. 이처럼 사회 변화에 따라 가족이나 친밀한 관계를 형성하는 방법이 점차 다양해지고 있다. 대부분의 사람들이 결혼을 기대하고 원하지만 독신이나 동거와 같은 다른 생활양식을 선택하는 사람이 점차 증가하고 있다. 의미 있는 관계를 형성하는 또 다른 방법인 독신과 동거에 대해 간단하게 살펴보고자 한다.

1) 독신[1)]

평균 초혼 연령의 증가와 혼인율 감소에 따라 비혼 인구가 증가하고 있다(김혜영·선보영·김상동, 2010). 2018년 사회조사에 따르면, "결혼을 해야 한다"고 생각하는 사람의 비율은 48.1%로 2010년 조사결과인 64.7%와 비교해 크게 감소하였다(통계청, 2018d). 성별로 살펴보면, 남자의 52.8%가 '해야 한다'로 응답한 것과 달리 여자는 43.5%만이 필수적인 것으로 인식하고 있었다. 연령별로 살펴보면, 20대의 33.5%, 30대의 36.2%만이 결혼이 필요한 것으로 인식하여 연령이 낮을수록 결혼의 필요성을 낮게 인식하는 것을 알 수 있다. 여성의 사회경제적 지위 향상, 자유로운 삶의 방식 추구 등에 따라 혼자 생활하는 것을 선호하는 사람이 점차 증가하고 있는 추세이다.

독신은 자발성과 지속성의 2가지 특성에 따라 4가지 유형으로 나눌 수 있는데, 시간의 흐름에 따라 한 유형에서 다른 유형으로 옮겨 갈 수 있다(Seccombe & Warner, 2004).

- **자발적이고 일시적인 독신**(voluntary temporary singles): 이 유형에 속하는 대부분의 사람들은 교육이나 직업 때문에 결혼을 일시적으로 미르고 있다. 따라서 결혼에 대해 열려 있으며 언젠가는 결혼을 할 것이다.
- **자발적으로 선택한 영구적인 독신**(voluntary stable singles): 이 유형의 사람들은 인생의 어느 기간 동안 혹은 평생 동안 독신을 고수하고자 선택한 사람들이다. 예를 들어, 사제나 수녀인 경우가 포함된다.
- **비자발적 일시적 독신**(involuntary temporary single): 이 유형의 사람들은 배우자를 적극적으로 찾고 있지만 적당한 사람을 아직 찾지 못한 사람들이다. 이 유형의 사람들은 결혼을 원하지만, 자신들의 바람과 달리 다양한 이유로 결혼이 지연되고 있다.
- **비자발적이지만 영구적인 독신**(involuntary stable single): 이 유형의 사람들은 결혼을 원했지만 결혼을 하지 못한 사람들이다.

---

1) 독신이란 비혼(미혼), 동거, 이혼, 사별 등을 다 포함하나, 본 장에서는 비혼을 중심으로 기술함.

혼자 사는 사람은 행복하다 혹은 불행하다로 단정 짓기 어렵다. 이는 어떠한 형태의 독신의 삶을 사느냐에 따라 삶의 질이 달라질 수 있기 때문이다. 일반적으로 스스로 원해서 혼자 생활을 하고 경제적 자원을 충분히 갖고 있는 경우에 삶의 질이 높은 것으로 보고되고 있다.

2) 동거

동거에 대해 부정적 인식이 강했던 과거와 달리 요즘에는 동거와 관련한 인식이 조금씩 변화하고 있다. 동거란 결혼은 하지 않았지만 성관계를 갖는 두 사람이 같은 거주공간을 공유하는 것이라 정의할 수 있다(Cherlin, 2002). 동거와 관련해 미혼남녀의 견해를 살펴보면 '남녀가 결혼할 생각이 있다면 먼저 함께 살아 보는 것도 좋다'는 견해에 대해 미혼남성의 77.2%, 미혼여성의 70.5%가 긍정적인 태도를 보였다(한국보건사회연구원, 2018). 결혼을 전제로 하지 않은 동거에 대한 태도의 경우, 미혼 남성의 56.5%, 미혼여성의 47.6%가 긍정적인 태도를 보여 결혼을 전제로 한 경우보다는 찬성 비율이 낮았지만, 결혼을 전제로 하지 않은 동거에 대해서도 긍정적 인식이 증가하고 있다. 동거가 증가하고 있는 이유로는, 첫째 초혼 연령이 증가하고 있으며, 둘째 혼전 성관계를 갖는 젊은이들이 증가하고 있으며, 셋째 혼전 동거에 대한 부정적 인식이 감소하는 것과 관련된다(Olson & DeFrain, 2003). 또한 혼인율 감소와 이혼율 증가에 따라 결혼의 대안으로서 혹은 결혼 전에 함께 살아 보기로 결정하는 젊은이가 증가하고 있다. 동거를 선택하는 이유는 다음과 같다.

- 더 많은 시간을 함께 보내고 싶어서
- 결혼에서와 같은 책임감 없이 성적·정서적 친밀감을 공유할 수 있으므로
- 생활비를 분담함으로써 돈을 아낄 수 있는 경제적 이점이 있으므로
- 서로에 대해 더 잘 알 수 있고, 서로가 잘 맞지 않아 헤어질 경우 이혼과 같은 복잡한 절차가 필요하지 않으므로
- 미래의 배우자로서 적합성을 검증해 볼 수 있으므로
- 미래에 결혼을 계획하고 있으므로

이처럼 다양한 이유로 동거를 선택하지만, 동거의 부정적 측면 또한 존재하므로 동거를 신중하게 고려할 필요가 있다. 결혼은 강한 헌신과 책임이 따르는 관계인 데 반해, 동거를 선택한 커플들은 관계에 대한 헌신이나 책임이 다소 부족할 수 있다. 따라서 관계가 서로의 욕구 충족에 도움이 되지 않을 때에는 관계를 쉽게 끝낼 수 있다. 우리나라보다 동거에 대한 연구가 많이 이루어진 미국의 경우를 살펴보면, 절반 정도의 커플이 결혼으로 인해 동거를 끝내지만, 최근에는 동거 후 결혼으로 이어지는 비율이 점차 감소하고 있다(Seccombe & Warner, 2004). 일반적으로 동거는 지속기간이 비교적 짧은 것으로 보고되고 있는데, 절반 이상의 동거는 일 년 이내에서 끝이 나고, 여섯 커플 중에 한 커플은 3년 정도 동거 관계를 지속하고, 열 커플 중 한 커플만이 5년 이상 관계를 지속한다. 또한 법적인 결합인 결혼에 비해, 동거는 법적인 보호가 미흡하므로 함께 생활하는 동안에 형성한 재산이나 소득 분배와 관련한 문제가 발생할 수 있다. 일반적으로 결혼 전에 동거했던 커플이 동거를 경험하지 않았던 커플보다 결혼생활의 안정성이 낮은 것으로 보고되어 왔다.

그러나 최근의 일부 연구들은 동거가 결혼생활의 안정성 감소에 부정적인 영향을 미치지 않는 것으로 보고하고 있는데(Smock & Schwartz, 2020), 이는 현대사회에서 동거가 결혼의 대안적 형태인 보다 규범적인 형태로 인정받음에 따라 동거의 부정적 효과가 감소하는 것으로 설명하고 있다. 일례로 일부 유럽 국가에서는 비혼 동거커플이 증가함에 따라 동거를 새로운 가족 구성 형태로 제도화하고 있다(한국보건사회연구원, 2016). 특히 프랑스의 경우 결혼과 단순동거의 중간 형태로 시민연대계약(Pacte civile de solidarité, PACS)을 도입하였다. 결혼제도가 보장하는 사회경제적 혜택은 유사하나 혼인의 해소에 요구되는 비용은 작다는 장점으로 인해 동성커플뿐 아니라 이성커플 사이에서도 PACS를 선택하는 비율이 높아지고 있다. 과거에 비해 동거의 안정성이 높아졌다는 연구결과에도 불구하고 결혼한 커플과 비교해 동거커플의 안정성이 유의미하게 낮다는 연구결과도 계속 보고되고 있다. 이는 동거 자체의 영향이기보다 동거를 선택하는 커플들의 사회경제적 특성이나 이전 경험의 다양성 등이 관계 안정성에 미치는 영향이 있을 수 있으므로, 이를 면밀히 살펴보는 것이 필요하다(Sassler & Lichter, 2020). 현재 우리 사회에서 동거에 대한 인식 변화가 나타나고 있으나, 동거 커플에 대한 이해는 아직 부족한 실정이므로 다양한 커플 결합 형태에 대한 관심이 필요하다.

결혼과 가족

혼전동거는 해도 후회 안 해도 후회?

연인과 함께 동거를 시작할 때는 이런저런 기대를 품게 마련이다. 하지만 미래를 예측하기 어려운 그 생활은 다음 둘 중 한 가지 방식으로 끝나게 돼 있다. 결혼이라는 결실로 이어져 평생을 함께 할 든든한 기반이 되든가, 아니면 서로에 대한 분노와 원망이 눈더미처럼 쌓인 채 등을 돌리든가 말이다.

요즘은 후자의 위험을 무릅쓰고 기꺼이 동거를 시작하는 여성이 과거 어느 때보다 더 많다. 미국 국가보건통계청(NCHS)의 한 보고서에 따르면, 현재 15~44세 미국 여성의 '이성 간 첫 결합(first union)' 중 48%가 동거의 형태를 띤다. 이 보고서의 대표 저자는 요즘 미국에선 혼전 동거가 '보편적인 현상'이라고 말했다. 보고서에서는 또 동거 커플 중 약 40%가 3년 안에 결혼에 이른다고 밝혔다. 연구원들은 성혁명부터 생활비 분담의 편리성까지 문화·경제적 영향을 이런 변화의 요인으로 지적했다. 지난 수십 년 동안과 비교할 때 결혼 전에 직업상의 목표와 개인적 기대를 충족시키고 싶어 하는 젊은이가 훨씬 더 많아졌다.

혼전 동거에 관한 책을 집필 중인 코넬대 정책분석 및 관리학과 부교수 섀런 새슬러의 말을 들어 보자. "그들은 결혼 전에 학업을 마치고, 직장에서 일정 목표를 성취하며, 누군가의 배우자가 될 마음의 '준비'를 해야 한다고 생각하는 듯하다. 따라서 결혼 연령이 과거 어느 때보다 더 높아진 반면 동거를 시작하는 연령은 그렇지 않다."

대다수 커플, 특히 젊은 커플들은 동거를 결정할 때 결혼을 염두에 두지 않는다. 동거 생활에는 약혼과 맞먹는 이점과 문제점이 따르는 데도 말이다. 따로 살던 두 사람이 한 집으로 살림을 합치는 데서 오는 편리함과 금전적 절약이 동거를 결정하는 가장 큰 동기가 되는 경우가 많다.

〈중략〉

지나칠 정도로 깔끔한 성격의 빅슬은 그레이엄이 (적어도 이전 룸메이트들보다) 깨끗하다는 사실이 마음에 들었다. 그리고 그의 살림 솜씨가 자신의 수준에 맞을 거라고 생각했다. "그 기대가 허물어졌을 때 그렇게 화가 날 줄 몰랐다"고 그녀는 말했다. 처음 얼마 동안 빅슬은 그레이엄이 밥을 먹고 나서 설거지를 하지 않아도 묵묵히 그 일을 대신했다. 하지만 몇 달 동안 그렇게 살면서 감정이 쌓여 결국 폭발하고 말았다. 그녀는 그레이엄이 있는 쪽으로 TV 리모콘을 집어던질 뻔했다.
요즘 그레이엄은 집안일을 더 열심히 하고, 빅슬은 아무리 사소한 일이라도 불만이 있을 때는 그때그때 말하려고 노력한다. 하지만 그러는 동안 둘 사이도 예전 같지 않아졌다. "이제 더 신비감이 없다"고 빅슬은 말했다. 그렇게 말하는 그녀에게서 실망한 듯한 기색은 조금도 찾아볼 수 없었다. 빅슬은 남자친구와 동거하면서 둘의 관계에 생긴 불가피한 변화를 잘 받아들인 듯하다.
하지만 남자친구와 동거 중인 내 친구들은 모두 둘의 관계가 예전보다 신비감이 덜하고 낭만적이며 섹시한 느낌도 훨씬 줄었다며 불만을 표한다. 그들은 처음 함께 살기 시작했을 때의 흥분이 가라앉으면 서서히 낭만적인 분위기가 사라지면서 친구처럼 편안한 사이가 된다고 말했다.
물론 여기엔 심리학적인 이유가 있다. 이런 경향은 '쾌락적응(hedonic adaptation, 원하는 행복을 얻고 난 뒤 일정 시간이 흐르면 그것을 얻기 전과 비슷한 상황이 되고 또 다른 행복을 갈구하게 되는 현상)', 또는 경험과 변화에 적응하는 인간 본연의 능력에 기인한 것으로 설명된다. 저서 『행복의 신화(The Myths of Happiness)』에서 쾌락적응의 역할을 논한 소냐 류보머스키는 "어떤 관계도 뜨거운 열정을 영원히 유지할 수는 없다"고 말했다. 하지만 함께 살면 쾌락적응의 속도가 더 빨라진다. 화장실은 말할 것도 없고 생활공간을 누군가와 함께 나눌 때 그 사람에 대한 신비감을 유지하기는 어렵기 때문이다. 내가 남자친구와 함께 작은 아파트로 이사한다고 말했을 때 한 친구는 "상대방의 방귀소리를 편안하게 들을 수 있게 되기를 바란다"고 말했다. 그 친구가 방귀 소리뿐만 아니라 음식물 토하는 소리를 비롯해 인간이 화장실에서 낼 수 있는 온갖 속 뒤집히는 소리를 모두 언급했더라면 더 도움이 됐겠다는 생각이 든다.

〈중략〉

동거는 한 커플에게 결혼이나 자녀의 출산 다음으로 큰 책임이 따르는 약속이다. 물론 마음이 바뀌면 그 상황에서 벗어날 수도 있다. 하지만 그때는 둘이 함께 지냈던 모든 재산을 나눠야 한다. 둘이 함께 데려다 기른 고양이가 오줌을 싸서 거금을 들여 천 갈이를 한 값비싼 소파 같은 것들 말이다. 물론 고양이도 잊어선 안 된다. 둘이 함께 나눈 모든 기억과 약속도 마찬가지다. 그 모든 것이 소파와 함께 버려지거나 잊힌다.
하지만 동거 생활에서 얻을 수 있는 이점도 많다. 동료의식이나 깊은 친밀감, 또는 결혼으로 이어질 만큼 굳건한 신뢰감 등이다. 그러나 이 모든 것에 그렇게 호들갑을 떨 필요는 없다. 우디 앨런이 영화 '애니홀'(1977)에서 말했듯이 "관계란 상어와 같아서 끊임없이 앞으로 나아가지 않으면 죽어버리기" 때문이다.

출처: 뉴스위크 한국판(2013. 6. 10).

결혼과 가족

서로 간섭 안 하니 더 행복하네요, 美 중장년 커플 '따로 함께 살기'

미국 미주리주에 살고 있는 바버라 레슬리(78)는 마이크 니터스(68)와 16년째 연인 사이다. 오래 사귀었지만 이들은 함께 사는 대신 자동차로 약 35분 거리인 각자의 집에 따로 산다. 대신 니터스가 일주일에 한두 차례 레슬리 집에서 묵는다. 레슬리는 "마이크는 TV를 엄청나게 보는데 나는 그렇지 않다. 만약 같이 살았다면 그의 습관이 꽤 거슬렸을 것이다."라고 말했다.

월스트리트저널(WSJ)은 28일(현지 시각) 결혼하지 않은 중·장년 커플이 같은 상황의 젊은 커플보다 더 안정적으로 관계를 유지하는 경향이 있다며 그 비결 중 하나로 레슬리 커플과 같은 'LAT(Living Apart Together)' 생활 방식을 꼽았다. LAT는 2000년대 초반부터 미 언론에서 다뤄져 온 트렌드다. 미국과 유럽에선 남녀가 연인 관계로 발전하면 결혼해서 한집에 살거나 혼인신고를 하지 않더라도 동거하는 경우가 많은데, LAT는 각자 독립적으로 생활하면서 일주일에 며칠씩 상대편의 집에서 숙박하는 식의 생활 패턴을 유지하는 것이다. '따로 함께 산다'는 뜻에서 LAT라는 이름이 붙었다.

자신만의 주거 공간을 가지고 있는 중·장년층에서 LAT족이 많다. 미국 인구학회가 작년 위스콘신주의 50세 이상 인구 7,700명을 대상으로 조사한 결과, 8%가 결혼하지 않았지만 교제 중인 파트너가 있었다. 이 비혼 교제족 중 39%가 LAT의 생활 방식을 고수하는 것으로 나타났다. 산술적으로 계산하면 240명에 달한다. 이들은 교제 상대가 있는 사람 중 단순히 데이트만 하는 커플(31%)이나 동거하는 커플(30%)보다 더 많았다.

WSJ가 꼽은 LAT족의 가장 큰 장점은 독립성과 자유다. 자신의 주거 공간을 유지하고 있기 때문에 상대방의 생활 패턴이나 습관에 일일이 맞추는 번거로움을 감내할 필요가 없기 때문이다.

최근엔 부부들 중에서도 이런 LAT족이 나오고 있다. 작년 TV 드라마 제작자 브래드 팰척과 재혼한 할리우드 배우 귀네스 팰트로는 지난달 선데이타임스 인터뷰에서 "일주일에 나흘은 남편과 같이 살고, 나머지 사흘은 각자 자신의 집에서 생활한다."고 밝혔다.

출처: 조선일보(2019. 7. 31).

C•H•A•P•T•E•R 06

결혼제도

■ 매년 수많은 남녀가 행복한 결혼생활을 꿈꾸며 결혼이라는 새로운 관계로 들어간다. 실제로, 결혼은 사람들에게 행복감, 건강, 경제적 안정 등 다양한 이점을 가져다주지만, 20년 이상 서로 다른 환경에서 살아온 두 사람이 가정을 꾸리고 함께 생활해 나가는 것은 결코 쉬운 일이 아닐 것이다. 그럼에도 불구하고 결혼을 준비하는 사람들은 혼수 준비 및 결혼식 등 형식적인 결혼 준비에 많은 에너지를 쏟을 뿐, 결혼의 동기나 의미, 결혼에 따른 책임과 역할 변화 등에 대해서 진지하게 고민하는 경우가 많지 않다. 본 장에서는 결혼의 의미 및 동기, 결혼 준비과정, 혼인 관련 법 등을 살펴볼 것이다.

01 결 혼

1) 결혼의 의미

많은 사람이 자신의 삶의 어느 시점에 결혼을 선택하고 결혼을 여전히 가치로운 것으로 여기고 있음에도 불구하고, 현대사회에서 결혼은 필수라기보다 선택이라 생각하는 경향이 증가하고 있다(Cherlin, 2020). 이러한 사회 변화에 따라 결혼의 의미도 제도적 결혼(institutional marriage)에서 우애적 결혼(companionate marriage)으로, 더 나아가 개인의 선택 및 자기개발이 더욱 강조되는 개별화된 결혼(individualized marriage)으로 변화하고 있다(Cherlin, 2004). 과거의 결혼은 가족생활의 중심으로 경제적 안정, 자녀출산 등의 사회적 욕구 충족을 위해 중요한 역할을 수행해 왔다면, 우애적 결혼에서는 서로 간의 애정을 바탕으로 보다 개인적·정서적 측면을 강조하였다. 이후 개별화된 결혼(individualized marriage)에서는 결혼생활에 어떻게 임해야 할지를 규정한 사회적 규범보다 개인의 선택이 중요해지고, 파트너가 어떻게 행동하고 파트너에게 무엇을 기대해야 할지에 대한 것은 서로 간의 협상에 의해 결정된다(Cherlin, 2020). 결혼의 의미를 구성하는 요소는 다음과 같다(Knox & Schacht, 2010).

- **결혼은 법적 관계이다**: 결혼은 법적 결합이며 이에 따른 권리와 의무가 부여된다.
- **결혼은 정서적 관계이다**: 대부분의 사람은 사랑하기 때문에 결혼을 하고 결혼생활을 지속한다.
- **결혼은 성적인 일부일처제(sexual monogamy)의 관계이다**: 결혼한 배우자에게는 성적 정숙의 의무가 기대된다.
- **자녀에 대한 법적 책임을 갖는 관계이다**: 결혼은 자녀에게 적절한 양육과 보호를 제공할 수 있는 비교적 안정적인 관계이다.
- **결혼은 공식적인 관계이다**: 결혼식과 같은 의례를 통해 가족과 일가친지에게 두 사람의 관계를 공식화하고 이를 통해 새롭게 출발하는 부부에게 사회·경제적 지원을 제공하게 된다.

2) 결혼의 동기

결혼에 대한 태도와 가치관은 시대에 따라 변화해 왔다. 현대사회에서 결혼의 동기는 개인의 행복이나 자아실현 욕구 추구, 두 사람 간의 사랑을 바탕으로 한 개인적 측면이 더욱 강조되고 있으나, 여전히 직·간접적으로 부모나 가정환경의 영향을 받기도 한다(김경신 외, 1997). 결혼의 동기는 사람에 따라 다양한데, 어떠한 동기를 갖고 결혼을 결정하는가에 따라 결혼생활의 적응 정도나 만족도는 매우 다르다. 결혼의 동기로는 사랑하기 때문에, 자신의 가족을 꾸림으로 인한 개인적 성취감을 얻기 위해, 인생의 동반자를 얻기 위해, 자녀를 얻기 위해, 경제적 안정을 얻기 위해, 정서적 안정을 얻기 위해 등이 있다(Knox & Schacht, 2010). 그러나 혼전 임신, 부모의 영향력으로부터 벗어나기 위해, 이전 관계에서 받은 상처를 치유하기 위해, 가족이나 사회의 강요, 경제적 안정 등 편리함을 추구하기 위해 등의 이유로 결혼을 선택하는 경우는 갈등의 원인이 될 수 있다. 결혼의 동기를 결혼의 수단으로 삼기보다 행복추구라는 목적에 근거해 결혼을 선택할 때, 결혼 이후에 발생하는 현실적 어려움을 극복하며 살아갈 수 있을 것이다(옥선화 외, 2006). 따라서 결혼 전에 결혼을 하고자는 이유에 대해 생각해 볼 필요가 있다.

결혼과 가족

결혼에 대한 경고 신호

1. 소중한 사람을 상실한 직후 만나거나 결혼한 커플
2. 원가족으로부터 거리를 두고자 결혼을 하는 경우
3. 서로의 가정환경이 많이 차이 나는 경우(종교, 교육수준, 사회적 지위, 인종, 연령 등)
4. 원가족과 심리적으로 과도하게 가깝거나 먼 경우
5. 부모나 형제자매에게 심리적·정서적·경제적으로 의존적일 경우
6. 20세 이전에 일찍 결혼한 경우
7. 서로를 알게 된지 6개월 이내에 혹은 약혼 후 3년 이후에 결혼을 한 경우
8. 가족이나 친구의 동의 없이 결혼을 한 경우
9. 배우자 중 한 사람이 불행한 아동기나 청소년기를 보낸 경우
10. 부모나 형제자매와의 관계가 좋지 않은 경우

출처: Olson & DeFrain(2003).

3) 결혼의 현황

결혼의 현황을 총 혼인건수 및 조혼인율(인구 1천 명당 혼인건수), 평균 초혼 연령으로 살펴보면 다음과 같다. 총 혼인건수는 1970년 29만 5천 건에서 주 결혼연령

인구(20~34세) 증가와 함께 1996년 43만 5천 건으로 증가하다가 이후 지속적으로 감소하여 2018년 25만 7천 6백 건으로 나타났다(통계청, 2005, 2013, 2019c). 특히 1996년 이후의 총 혼인건수의 급격한 감소세는 남자 25~29세, 여자 20~24세의 혼인건수 감소에 따른 것이다(통계청, 2005). 총 혼인건수와 조혼인율은 밀접한 상관관계가 있는데, 총 혼인건수의 감소에 따라 조혼인율 또한 1980년 10.6건 이후로 2018년 5.0건으로 크게 낮아졌다(표 6-1).

〈표 6-1〉 혼인건수 및 조혼인율

	1970	1980	1990	1995	2000	2005	2010	2015	2018
혼인건수 (천 건)	295.1	403.0	399.3	398.5	334.0	314.3	326.1	302.8	257.6
조혼인율*	9.2	10.6	9.3	8.7	7.0	6.5	6.5	5.9	5.0

* 인구 1천 명당 건
출처: 통계청(2005); 통계청(2013); 통계청(2019c).

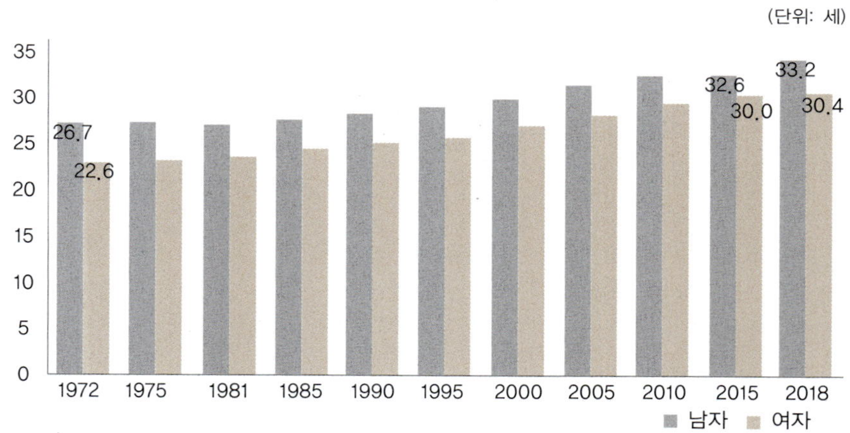

출처: 통계청(2005, 2013, 2019c).

[그림 6-1] 평균 초혼 연령

평균 초혼연령은 [그림 6-1]과 같이 뚜렷한 증가세를 보이고 있는데 남성은 1972년 26.7세에서 2018년 33.2세로 6.5세 증가하였으며, 여성은 22.6세에서 30.4세로 7.8세 증가하였다. 한편, 초혼 부부의 혼인연령 차이를 살펴보면, 남녀 간 혼인연령 차이가 1972년 4.1세에서 2018년 2.8세로 줄어들었는데, 이는 여성의 초혼 연령 증가로 인한 것이다. 이처럼 총 혼인건수 및 조혼인율의 감소와 평균 초혼연령의 증가는 학업이나 경제활동 등에 따라 결혼을 늦추는 사람이 증가했으며, 독신 선호 등의 결혼에 대한 태도 변화에 기인한다.

02 결혼 준비

일반적으로 결혼을 결정하게 되면 약혼식, 함들이, 결혼식 등의 여러 의식을 행하게 되는데 시장경제의 발달과 함께 점차 의식 자체가 복잡해지고 화려해지면서 상업주의화가 되는 경향이 있다. 결혼식장, 예물, 예단, 신혼여행 등 관련 서비스 및 물품을 제공하는 결혼 관련 산업이 크게 성장하여 대략 17조 원 규모로 추정된다(김두환, 2013). 이러한 결혼산업의 성장과 함께 결혼 당사자들은 결혼의례에 많은 시간과 비용을 들이고 있는 실정이다. 결혼준비는 일반적으로 혼수준비나 결혼식과 같은 협의의 개념으로 받아들여지고 있으나 결혼의례에 관한 준비뿐만 아니라 정서적·인격적·관계적·경제적·법적 관계 등을 포함한 결혼생활 적응의 다양한 측면에 대한 준비를 포함하는 보다 포괄적인 개념으로 이해되어야 한다(김혜선·박희성, 2001). 건강하고 행복한 결혼생활을 위해서는 결혼식과 같은 결혼의례 준비보다는 결혼생활 적응을 위한 다양한 측면에서의 준비가 필요하다.

1) 혼수 및 결혼식

결혼식은 사람들 앞에서 두 사람이 부부임을 선포함으로써 부부로서 사회적 승인을 얻는 통과 의례이다. 과거에는 결혼이 혼인신고를 통하여 법적으로 공인받는 법률혼주의가 아니라 관습혼주의였기 때문에 결혼식이 사회적으로 결혼을 공표

하는 중요한 의식으로 고려되었다. 이러한 관습혼의 잔재로 인하여 오늘날에도 결혼식이 매우 중요하게 취급되고 있다(옥선화 외, 2006).

그러나 우리 사회에서는 고비용 혼례 및 상업적·물질 중심적 결혼문화로 인한 문제가 계속되고 있다. 결혼비용이 소득 증가에 따라 상당히 큰 폭으로 증가하고 있는데(김두환, 2013), 이러한 비용 증가는 결혼 당사자들에게 뿐만 아니라 그들의 부모에게도 큰 부담으로 작용하고 있으며, 결혼과정에서 가족 간의 갈등을 일으키는 원인이 되기도 한다. 높은 결혼비용은 결혼을 늦추는 원인 중 하나로 지적되기도 하는데, 미혼남녀의 86~87%가 비혼 및 만혼의 원인으로 '결혼비용이 너무 많이 들어가서'를 꼽았다(보건복지부·한국보건사회연구원, 2012). 또한 여성가족부의 조사에 따르면, 관혼상제 중 가장 개선이 필요한 분야를 혼례라고 응답한 경우가 56.1%로 가장 높게 나타났다(뉴스와이어, 2011). 호화사치 결혼 풍조의 문화를 개선하기 위해 '작은 결혼 확산 문화' 사업이 정부 주도로 이루어지기도 하였다. 그러나 이 같은 노력에도 불구하고 우리 사회의 결혼식 문화가 '과도한 편'이라는 응답이 70.6%로 여전히 높게 나타나고 있는 것을 고려할 때(통계청, 2018d), 결혼 문화 개선을 위한 노력이 지속되어야 할 것이다.

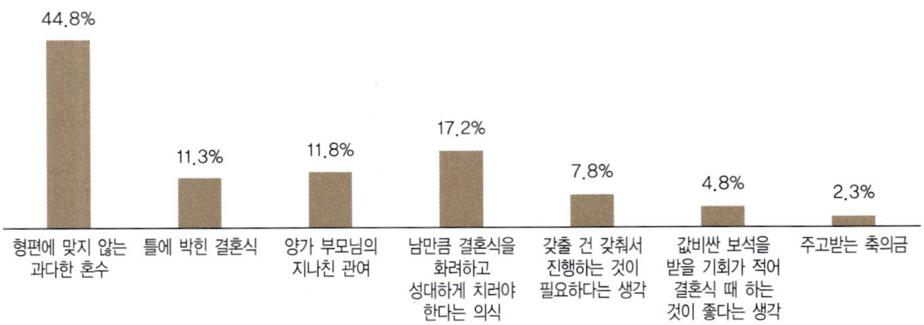

출처: 한국여성정책연구원(2015).

[그림 6-2] 결혼문화의 문제점

현대의 결혼예식은 서구문화의 도입과 일제 식민지시대를 거치면서 전통혼례의 모습과 달리 많이 변화하게 되었는데 예식장, 청첩장 돌리기, 피로연, 답례품의 등장을 그 예로 들 수 있다. 결혼식을 치룬 사람들이 주로 함께 행하는 절차를 살펴보면 [그림 6-3]과 같다(한국여성정책연구원, 2015). 결혼식 절차의 필요성에 대한 이상과 실제의 차이를 살펴볼 수 있는데, 주례, 폐백, 피로연, 예물 및 예단이 필요하지 않다는 생각이 높음에도 불구하고, 실제 결혼식에서는 이들 절차를 진행하는 경우가 80% 이상으로 높은 것을 알 수 있다.

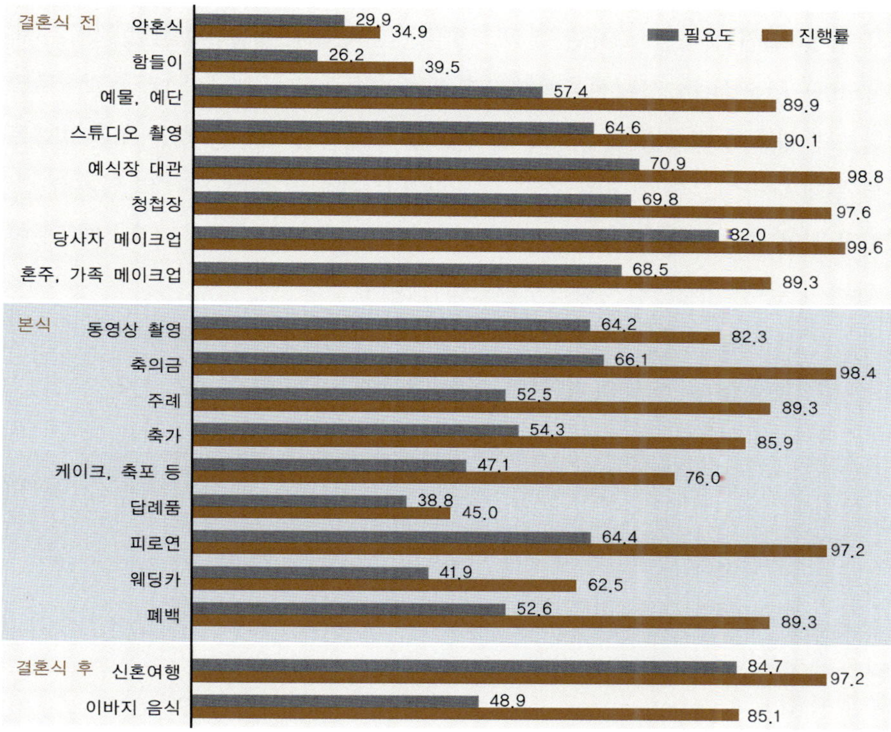

출처: 한국여성정책연구원(2015).

[그림 6-3] 결혼식 항목별 인식 및 현황

우리나라 20·30대 기혼자들이 지출한 결혼비용을 살펴보면, 주택마련 비용을 제외한 결혼 비용은 평균 4,590만 원이었다(한국소비자원, 2017). 결혼비용은 소득수준이 높을수록 높게 나타났는데, 연소득 5,000만 원 이상 집단의 결혼비용은 평균 6,230만 원으로 연소득 3,000만 원 미만 집단의 평균 결혼비용인 3,890만 원과 비교해 1.6배 많은 것으로 나타났다.

높은 결혼비용은 결혼 당사자와 가족에게 부담이 된다. 2018년 전국 출산력 및 가족보건·복지 실태조사에 따르면, 기혼자에게 주거비용을 포함한 혼인비용에 대한 부담 정도를 살펴본 결과, 부담되었다는 응답이 45.5%로 나타나 혼인비용에 대한 부담을 경험하는 경우가 높았다(한국보건사회연구원, 2018). 2015년 조사에서는 결혼비용 지출에 대한 부담을 경험했다고 응답한 기혼여성(15~49세)을 대상으로 부담을 느낀 항목을 조사한 결과, 신혼살림(57.7%), 예물·예단(51.9%), 주택마련(26.0%), 결혼식(18.5%), 신혼여행(2.7%) 등의 순으로 나타났다. 결혼코호트별로 살펴보면 결혼식 비용 및 주택마련에 부담을 느꼈다는 비율은 최근 초혼코호트일수록 높게 나타났는데, 이러한 결과는 최근으로 올수록 주택 가격 및 임차료 상승, 예식장 이용 관련 비용 상승과 일부 호화 경향 등에 따른 결혼식 비용 상승과 밀접한 관련이 있다(한국보건사회연구원, 2015, 2018).

〈표 6-2〉 기혼여성(15~49세)의 본인지출 결혼비용(초혼 시)에 부담을 느낀 항목(중복응답)

(단위: %, 명)

구분	예물/예단	결혼식	신혼살림	신혼여행	주택마련	기타	(대상자수)
전체	51.9	18.5	57.7	2.7	26.0	0.2	(4,003)
초혼코호트							
~1994년	60.5	15.0	57.1	2.4	20.7	0.1	(721)
1995~1999년	55.7	16.4	58.8	1.3	24.3	-	(751)
2000~2004년	52.1	19.9	57.2	3.0	24.2	0.2	(771)
2005~2009년	49.3	20.1	57.4	2.1	30.5	0.5	(834)
2010~2015년	44.2	20.2	57.9	4.6	28.9	0.2	(927)

주: 1) 미혼모인 경우 조사하지 않았으며, 두 번 이상 결혼한 경우에는 초혼을 기준으로 질문함.
2) 무응답은 분석에서 제외되었으며, 승수적용으로 합이 일치하지 않을 수 있음.
출처: 한국보건사회연구원(2015).

상업주의적이고 과시적인 결혼 문화는 결혼 당사자들의 가치와 의사결정에 따라 충분히 변화될 수 있는 부분이므로 우리 젊은 세대들은 결혼의 본질적인 의미를 되살린 건전한 결혼문화에 대해 다시 한 번 생각해 보고 간소한 결혼문화 정착을 위해 애써야 할 것이다. 모범적인 결혼문화의 사례로 김두환(2013)은 다음 3가지 모형을 제시하고 있다.

- **작은 결혼식 모형**: 양가 합하여 100명 이내의 결혼식 하객만을 초청하여 진정한 결혼 축하의 의미를 살리고 결혼식 관련 비용을 절약함.
- **공공시설 이용 결혼식 모형**: 결혼식 시간을 충분하게 제공하는 지자체, 공공기관이 주최하는 결혼식(예: 서울 시민청) 또는 그 시설 등을 이용한 결혼식을 통하여 호화 사치 결혼식을 지양하고 비용을 절감함.
- **개성 가득한 결혼식**: 판에 박힌 일률적인 결혼식이 아닌 최소범위의 하객만을 초청하여 신랑·신부의 개성이 드러날 수 있는 축제와 같은 결혼식.

이처럼 작은 결혼식이나 공공시설을 이용한 간소한 결혼식, 결혼의 참 의미를 되새길 수 있는 결혼 당사자 중심의 결혼식, 예단·예물, 폐백 및 이바지 음식 안 하기 등의 모범 사례가 개발되고 홍보되어야 할 것이다. 요즘은 허례허식 결혼문화에 대한 반성으로 작은 결혼식 릴레이 약속 캠페인 등 작은 결혼식에 대한 논의가 확산되고 있다.

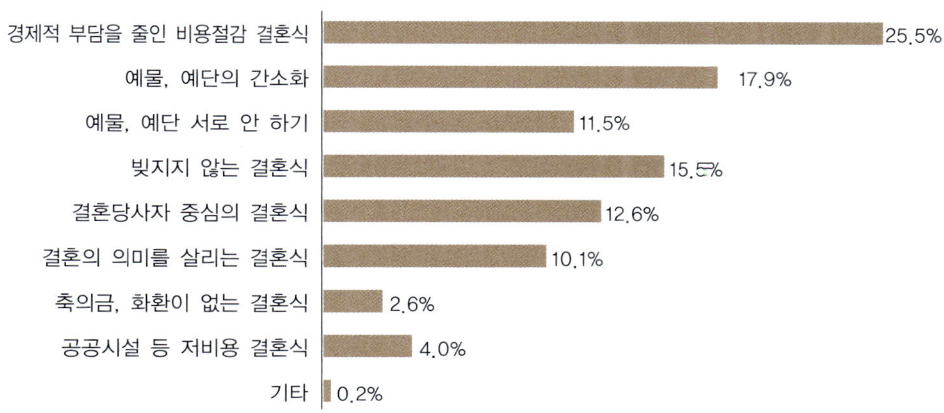

출처: 한국여성정책연구원(2015).

[그림 6-4] 작은 결혼식의 요소

높은 결혼 비용과 함께 결혼 비용 부담 주체에 대한 문제도 생각해 볼 필요가 있다. 결혼 비용은 결혼 당사자가 부담하는 것이 적절하다고 생각하나, 높은 결혼비용으로 인해 상당수가 부모의 지원에 의존하고 있는 실정이다(그림 6-5). 그러나 배우자 선택이 가문 간의 결합에서 결혼 당사자의 자유의사에 의한 선택으로 바뀌고 있는 상황에서 혼수 및 결혼식 비용을 부모에게 과도하게 의존하는 것은 바람직하지 않다. 따라서 결혼식비, 예단, 예물 등의 간소화가 필요할 것이다.

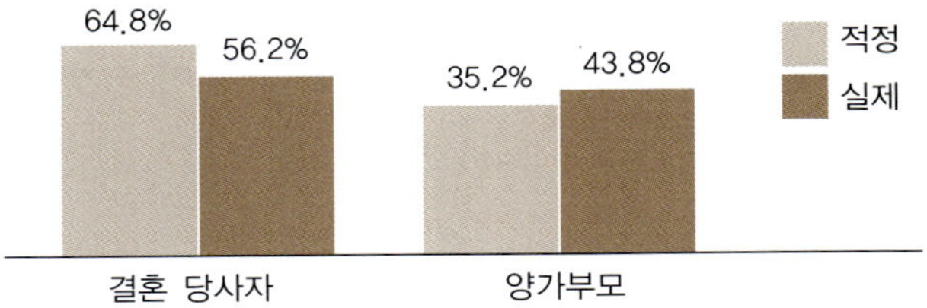

출처: 한국여성정책연구원(2015).

[그림 6-5] 결혼비용 자금지원 대상자

결혼과 가족

한국가정생활개선진흥회 표준 혼인 모형

- 약혼: 약혼은 당사자와 부모 등 직계가족만이 참석하여 양가의 상견례를 하고 혼인의 제반사항을 협의하는 자리가 되는 것이 바람직하다.
- 함: 함은 신랑 집에서 신부 집으로 직접 전달하는 것이 바람직하다. 함에는 혼서지와 더불어 청홍 옷감 등 최소한의 것만을 넣도록 한다.
- 신혼살림: 신혼살림은 기존의 것을 그대로 쓰고 꼭 필요한 것만 구입하도록 한다.
- 예물: 예물은 혼인식에서 간단한 지환(指環)만을 교환하는 것이 바람직하다.
- 예단: 예단의 범위는 당사자 부모로까지 한정하고 그 내용은 한두 가지로 한정하는 것이 바람직하다.
- 예식장: 예식 장소는 무료인 공공기관, 종교기관 등을 이용하고 이것이 불가능할 때에는 실비예식장을 이용하는 것이 실리적이다. 또한 복잡한 주말을 피하고 평일이나 야간에 예식을 한다면 보다 조용하고 뜻 깊은 혼례식을 할 수 있다.

- 예복: 여러 가지 다양한 예복의 수를 줄이고 피로연 예복이나 신혼여행 대 입는 예복은 예식 후에 활용할 수 있는 정장으로 마련한다.
- 피로연: 피로연은 가족 중심으로 하는 것이 권장할 만하다.
- 축의금: 축의금은 최소한으로 하도록 하여 거품을 빼자. 하객초청을 최소로 자제한다면 각 가계가 부담하는 축의금을 크게 줄일 수 있다.
- 폐백: 폐백은 신혼여행 후 간소한 가족모임으로 하여 인사를 하는 것이 바람직하다.
- 신혼여행: 신혼여행지는 둘만의 시간을 조용히 보낼 수 있는 장소로 정하는 것이 바람직하다.
- 식순: 혼인서약서에 신랑 신부가 서명하는 순서와 예물로 준비한 지환을 교환하는 순서를 식순에 넣음으로써 혼인의 상징을 살릴 수 있다. 혼인식순은 혼인서약, 성혼선언문 낭독, 주례사 등 그 순서보다는 이러한 혼인식 과정에서 혼인의 의미가 드러날 수 있는 상징을 찾는 것이 가장 중요하다.

출처: 한국가정생활개선진흥회(http://www.home-sun.net).

2) 결혼준비교육

사람들은 일생을 지속할 결혼생활보다 잠깐 동안 치러지는 결혼식 준비를 위해 더 많은 시간과 에너지를 소비한다. 그러나 신혼기에 경험할 수 있는 다양한 어려움을 고려할 때, 결혼준비는 결혼식에 대한 준비뿐만 아니라 결혼생활에 대한 준비가 함께 이뤄져야 할 것이다. 결혼준비가 된 상태라 함은 개인적 측면, 커플의 관계적 측면, 결혼생활 측면 등 세 가지 측면에서의 준비가 된 상태라 할 수 있다(김혜선·박희성, 2001).

결혼과 가족

결혼이 준비된 상태의 정의

- 개인적 측면의 준비: 결혼 당사자의 정서적·사회적·윤리적 성숙이 바탕이 되어 자아정체감이 확립되고, 부모로부터 정서적·경제적·심리적으로 독립된 상태

- 커플의 관계적 측면의 준비: 서로의 애정도가 높은 상태에서 상대에 대한 파악을 충분히 하여 수용할 수 있으며, 의사소통을 통하여 갈등을 해결할 수 있고 관계의 지속적인 성장을 가져올 수 있는 상태
- 결혼생활 측면의 준비: 각자 결혼생활에 대한 현실적인 기대 및 정보를 소유하고 헌신하겠다는 의지를 갖고 있으며 양가 가족에 대하여 정확히 알며 차이점을 이해하고 적응하려는 의지를 갖춘 상태로 두 사람이 결혼 후 금전관리·가사분담·자녀출산 및 양육·성적인 부분에 관한 구체적인 계획에 합의를 이룬 상태

출처: 김혜선·박희성(2001).

이 세 가지 측면에서의 준비 여부가 결혼 이후의 관계를 반드시 결정짓는 것은 아니지만, 이러한 준비를 바탕으로 맺은 건강한 관계는 성공적인 결혼생활의 기초가 될 수 있다. 따라서 커플이 함께 결혼준비교육에 참여하여 결혼 후 발생할 수 있는 문제들에 대해 함께 생각해 보고 갈등을 대처하기 위한 효과적인 방법을 미리 모색하는 등의 노력을 기울인다면 결혼 후 갈등의 상당 부분을 예방할 수 있을 것이다. 이를 돕기 위해 건강가정지원센터나 종교기관 등에서는 자기 이해, 서로에 대한 이해, 친밀감 발달, 의사소통, 갈등 대처, 성생활, 재무관리 등의 다양한 주제로 예비부부교육 프로그램을 제공하고 있다.

결혼과 가족

서울시 건강가정지원센터 예비부부교육 프로그램 예시

회기	회기별 프로그램명	주제
1회기	서로의 차이 이해하기	- 커플 소개, DISC를 이용한 서로의 차이 이해하고 적응하기
2회기	행복한 커플 대화법	- 부부갈등 이해 및 갈등해결을 위한 바림직한 의사소통 방법 학습
3회기	결혼의 의미와 결혼체크리스트	- 결혼의 의미 및 행복한 결혼을 위한 요건 이해하기 - 사랑의 관점과 사랑의 구성요소/원가족, 건강, 자녀와 가사
4회기	우리 결혼 설계하기와 재무관리	- 준비된 결혼생활을 위한 결혼생활 설계 - 재무관리

출처: 패밀리서울(2020).

결혼준비교육은 결혼 전 커플의 관계 향상 및 결혼 후 결혼만족도 향상에 효과가 있는 것으로 보고되고 있다. 결혼준비교육 프로그램의 효과성을 검증한 여러 편의 연구를 분석한 결과, 결혼준비교육 프로그램에 참여한 후 참가 전과 비교하여 의사소통 및 갈등해결 능력이 향상되었고, 성평등적 태도를 형성하는 것으로 나타났다(여성가족부, 2011). 또한 부부 관계가 형성되기 전에 받은 교육이 더 효과적이며 교육효과도 지속적으로 나타나는 것으로 보고되고 있다(정현숙, 2004). 이러한 연구 결과는 결혼준비교육이 건강한 가족생활을 유지하는 데 도움이 될 수 있다는 근거를 제시한다. 따라서 결혼 전 준비로 예비부부가 함께 결혼준비교육을 받는 것은 결혼생활 적응 및 갈등 예방에 도움이 되므로, 결혼준비교육에 적극적으로 참여하는 것이 좋다. 결혼 전에 좋은 관계를 형성한 커플은 결혼 후에도 좋은 결혼생활을 유지할 가능성이 높다. 좋은 관계를 유지하고 있는 예비부부의 특성은 다음과 같다(Olson & DeFrain, 2003).

- 결혼 후의 어려움에 대해 현실적인 기대를 가진 커플
- 의사소통을 잘 하는 커플
- 갈등을 잘 해결하는 커플
- 배우자의 성격에 대해서 긍정적으로 평가하는 커플
- 유사한 종교적, 윤리적 가치를 가진 커플
- 성평등한 관계를 갖고 있는 커플
- 개인의 여가와 공동의 여가의 균형을 이룬 커플

03 혼인 관련 법

우리나라에서 결혼은 남녀 간의 법적 결합으로 함께 동거하고 서로에 대해 정조를 지킬 의무가 있으며 경제적 협력 관계이다. 결혼은 두 사람 간의 결합만이 아닌 사회의 기본단위인 가족 형성의 기초가 되고 친족 관계가 발생하는 등 두 사람을

둘러싼 가족 관계에 영향을 미치게 된다. 따라서 국가에서는 결혼과 관련한 법률을 제정하고 사회구성원들은 결혼과 관련한 바람직한 행동에 대한 규범 등을 유지하고 있다.

1) 혼인 성립의 요건

결혼은 법이 정하는 다음 요건을 충족시켜야만 합법적인 것으로 인정되는데, 혼인 관련 법규는 민법 제4편(친족편)에서 다루고 있다(제2절 혼인의 성립 참조). 우리나라 민법에서는 만 18세가 된 사람은 혼인할 수 있다(민법 제807조). 만 18세 미만인 미성년자가 혼인을 하는 경우에는 부모의 동의를 받아야만 혼인을 할 수 있고, 부모 중 일방이 동의권을 행사할 수 없을 때는 다른 일방의 동의를 받아야 한다(민법 제808조). 부모가 모두 동의권을 행사할 수 없을 때에는 미성년후견인의 동의를 받아야 한다.

사회 질서를 유지하기 위하여 혈족이나 인척 등으로 밀접한 관계를 맺고 있었던 사람 간의 혼인과 배우자가 있는 사람의 혼인을 금하고 있다. 이를 구체적으로 살펴보면, 8촌 이내의 혈족인 경우(민법 제809조 제1항), 6촌 이내의 혈족의 배우자, 배우자의 6촌 이내의 혈족, 배우자의 4촌 이내의 혈족의 배우자인 인척이거나 이러한 인척이었던 자의 경우(민법 제809조 제2항), 6촌 이내의 양부모계(養父母系)의 혈족이었던 경우와 4촌 이내의 양부모계의 인척이었던 경우(민법 제809조 제3항)는 근친혼으로 혼인이 금지되어 있다. 또한 중혼의 금지 원칙으로 배우자가 있는 자는 다시 혼인할 수 없다(민법 제810조). 한편, 동성동본(同姓同本)인 혈족 사이의 결혼을 금지하던 민법 조항은 헌법불합치결정을 받아 1999년부터 효력을 상실하였다.

결혼과 가족

처제와 결혼할 수 있나요?

Q. 저는 3년 전 아내와 사별하고 어린 두 아이를 기르면서 혼자 살아가고 있습니다. 아내가 죽은 후 지금까지 처제가 저와 아이들을 극진히 보살펴 주고 있습니다. 지금 아이들은 처제를 엄마처럼 생각하면서 따르고 있고 저 역시 처제와의 결혼을 진지하게 생각해 보고 있습니다. 그런데, 현행법상 처제와의 결혼이 가능한 것인지 궁금합니다.

A. 처제는 사망한 아내와 2촌의 혈족인 인척에 해당합니다. 그런데 민법에 의하면, 배우자의 6촌 이내의 혈족인 인척이거나 이러한 인척이었던 사람과는 결혼할 수 없습니다(민법 제809조 제2항). 따라서 현행법상 처제와의 결혼은 허용되지 않습니다. 만일 결혼하게 되더라도 당사자, 그 직계존속 또는 4촌 이내의 방계혈족이 그 취소를 청구할 수 있습니다(민법 제816조 및 제817조 참조). 다만, 당사자 간에 혼인 중 이미 임신을 한 때는 그 취소를 청구할 수 없습니다(민법 제820조).

출처: 찾기 쉬운 생활법령 정보(2013).

2) 혼인의 성립

두 사람은 혼인을 통해 부부가 되지만, 우리나라는 법률혼주의를 취하고 있기 때문에 혼인신고 후에야 법적인 부부로 인정받게 된다. 혼인은 「가족 관계의 등록 등에 관한 법률」에 정한 바에 의하여 신고함으로써 효력이 생긴다(민법 제812조). 신고는 당사자 쌍방과 성년자인 증인 2인이 연서한 서면으로 시·군·구청에서 할 수 있다.

한편, 혼인에 대해 당사자 간의 합의가 없었을 때나 근친혼(민법 제809조 제1항) 등의 금지 규정을 위반하였을 때에는 혼인이 무효가 된다(민법 제815조). 또한 혼인 연령(민법 제807조) 또는 근친혼(민법 제809조 제2항 및 제3항) 및 중혼 금지(민법 제810조) 규정 위반이나 혼인당시 부부생활을 계속할 수 없는 사유가 있음을 알지 못한 때, 사기 또는 강박으로 인하여 혼인의 의사를 표시했을 경우 혼인 취소의 사유가 된다(민법 제816조).

〈표 6-3〉 혼인신고서 양식(양식 제10호)

혼 인 신 고 서
(년 월 일)

※ 신고서 작성 시 뒷면의 작성 방법을 참고하고, 선택항목에는 '영표(○)'로 표시하기 바랍니다.

구 분			남 편(부)		아 내(처)	
①혼인당사자(신고인)	성명	한글	*(성) / (명)	㉑ 또는 서명	*(성) / (명)	㉑ 또는 서명
		한자	(성) / (명)		(성) / (명)	
	본(한자)		전화		본(한자) 전화	
	출생연월일					
	*주민등록번호		–		–	
	*등록기준지					
	*주소					
②부모(양부모)	부 성명					
	주민등록번호		–		–	
	등록기준지					
	모 성명					
	주민등록번호		–		–	
	등록기준지					
③외국방식에 의한 혼인성립일자			년 월 일			
④성·본의 협의			자녀의 성·본을 모의 성·본으로 하는 협의를 하였습니까? 예 □ 아니요 □			
⑤근친혼 여부			혼인당사자들이 8촌 이내의 혈족 사이에 해당됩니까? 예 □ 아니요 □			
⑥기타사항						
⑦증인	성 명		㉑ 또는 서명	주민등록번호	–	
	주 소					
	성 명		㉑ 또는 서명	주민등록번호	–	
	주 소					
⑧동의자	남편	부 성명	㉑ 또는 서명	후견인	성명	㉑ 또는 서명
		모 성명	㉑ 또는 서명		주민등록번호	–
	아내	부 성명	㉑ 또는 서명		성명	㉑ 또는 서명
		모 성명	㉑ 또는 서명		주민등록번호	–
⑨신고인 출석여부			① 남편(부) ② 아내(처)			
⑩제출인	성명			주민등록번호	–	

※ 타인의 서명 또는 인장을 도용하여 허위의 신고서를 제출하거나, 허위신고를 하여 가족관계등록부에 실제와 다른 사실을 기록하게 하는 경우에는 형법에 의하여 처벌받을 수 있습니다. 눈표(*)로 표시한 자료는 국가통계작성을 위해 통계청에서도 수집하고 있는 자료입니다.

3) 혼인의 효력

혼인신고 후 부부는 배우자라는 신분을 얻게 되는 동시에 남편 또는 아내의 친족과 인척 관계를 맺게 된다. 또한 혼인 관계에 법률적인 효력이 발생하여 법적 의무나 권리를 가지게 된다. 구체적으로 살펴보면, 혼인한 부부는 동거하며 서로 부양하고 협조하여야 할 의무를 가진다(민법 제826조). 그리고 부부는 식료품 및 생활용품 구입, 자녀양육 등 일상가사에 관하여 서로 대리권이 있다(민법 제827조). 따라서 배우자가 정당한 이유 없이 의무를 수행하지 않고 배우자가 악의로 다른 일방을 유기하거나 부정한 행위가 있을 경우 이혼 사유가 될 수 있다(민법 제840조).

재산권과 관련하여 부부가 혼인 전에 재산과 관련하여 약정한 경우에는 약정에 따라 관리하게 된다(민법 제829조). 또한 민법은 부부 각자의 재산을 인정하는 부부별산제를 채택하고 있는데, 한쪽 배우자가 혼인 전부터 가진 고유재산과 혼인 중 자기 명의로 취득한 재산은 특유재산이 되고, 특유재산은 각자 관리, 사용, 수입한다(민법 제830조, 제831조). 반면 부부 중 누구에게 속한 것인지 분명하지 않은 재산은 부부 공유로 추정한다(민법 제830조). 부부는 의식주 비용이나 자녀양육비 등과 같이 공동생활에 필요한 비용을 특정한 약정이 없을 경우 부부가 공동으로 부담하며(민법 제833조), 부부 일방의 채무에 대하여 배우자는 연대책임을 지게 된다(민법 제832조).

결혼과 가족

혼인 관련 법

• 제2절 혼인의 성립

제807조(혼인적령) 만 18세가 된 사람은 혼인할 수 있다.

제808조(동의가 필요한 혼인) ① 미성년자가 혼인을 하는 경우에는 부모의 동의를 받아야 하며, 부모 중 한쪽이 동의권을 행사할 수 없을 때에는 다른 한쪽의 동의를 받아야 하고, 부모가 모두 동의권을 행사할 수 없을 때에는 미성년후견인의 동

의를 받아야 한다.

② 피성년후견인은 부모나 성년후견인의 동의를 받아 혼인할 수 있다.

제809조(근친혼 등의 금지) ① 8촌 이내의 혈족(친양자의 입양 전의 혈족을 포함한다) 사이에서는 혼인하지 못한다.

② 6촌 이내의 혈족의 배우자, 배우자의 6촌 이내의 혈족, 배우자의 4촌 이내의 혈족의 배우자인 인척이거나 이러한 인척이었던 자 사이에서는 혼인하지 못한다.

③ 6촌 이내의 양부모계(養父母系)의 혈족이었던 자와 4촌 이내의 양부모계의 인척이었던 자 사이에서는 혼인하지 못한다.

제810조(중혼의 금지) 배우자 있는 자는 다시 혼인하지 못한다.

제812조(혼인의 성립) ① 혼인은 「가족관계의 등록 등에 관한 법률」에 정한 바에 의하여 신고함으로써 그 효력이 생긴다.

② 전항의 신고는 당사자 쌍방과 성년자인 증인 2인의 연서한 서면으로 하여야 한다.

제813조(혼인신고의 심사) 혼인의 신고는 그 혼인이 제807조 내지 제810조 및 제812조 제2항의 규정 기타 법령에 위반함이 없는 때에는 이를 수리하여야 한다.

제814조(외국에서의 혼인신고) ① 외국에 있는 본국민 사이의 혼인은 그 외국에 주재하는 대사, 공사 또는 영사에게 신고할 수 있다.

② 제1항의 신고를 수리한 대사, 공사 또는 영사는 지체없이 그 신고서류를 본국의 재외국민 가족관계등록사무소에 송부하여야 한다.

• 제4절 혼인의 효력

제1관 일반적 효력

제826조(부부간의 의무) ① 부부는 동거하며 서로 부양하고 협조하여야 한다. 그러나 정당한 이유로 일시적으로 동거하지 아니하는 경우에는 서로 인용하여야 한다.

② 부부의 동거장소는 부부의 협의에 따라 정한다. 그러나 협의가 이루어지지 아니하는 경우에는 당사자의 청구에 의하여 가정법원이 이를 정한다.

제826조의2(성년의제) 미성년자가 혼인을 한 때에는 성년자로 본다.

제827조(부부간의 가사대리권) ① 부부는 일상의 가사에 관하여 서로 대리권이 있다.

② 전항의 대리권에 가한 제한은 선의의 제삼자에게 대항하지 못한다.

출처: 국가법령정보센터(http://www.law.go.kr).

Part 04

가족 관계

제4부에서는 가족 관계의 핵심으로 결혼과 함께 시작되는 부부 관계 및 자녀의 출산으로 인해 요구되는 부모 - 자녀 관계와 함께 넓은 의미에서 가족 관계에 포함되는 친인척 관계를 다룰 것이다. 안정된 부부 관계와 원활한 부모 - 자녀 관계, 그리고 이를 둘러싼 원만한 친족 관계는 한 사회의 안정성 구축에 기여하는 가족 관계를 구성한다.

7장에서는 부부 관계의 개념 및 특성을 소개하고, 시대적 변화에 따른 부부 역할의 변화에 대해 살펴볼 것이다. 이와 함께 가족 관계에 영향을 미치는 요소로써 부부 권력, 부부간 갈등과 의사소통, 부부 적응에 대해 알아보고자 한다. 8장에서는 부모 - 자녀 관계에 영향을 미치는 다양한 변인들의 역동적 상호작용을 이해하기 위한 이론적 토대로써 생태학적 관점을 소개하고, 부모 역할에 영향을 미치는 대표적인 요인인 부모 양육태도와 현대사회에서 더욱 강조되고 있는 아버지 역할과 중요성에 대해 알아볼 것이다. 또한 부모 - 자녀 관계에 영향을 미치는 양육 스트레스와 다양한 가족 형태에 대해서 살펴볼 것이다. 9장에서는 자녀의 발달시기(영아기, 걸음마기, 유아기, 아동기, 청소년기, 성인초기, 조부모기)에 따라 변화하는 구체적인 부모 역할을 살펴보고, 급격히 변화하는 현대사회에서 부모 - 자녀 간 갈등을 해결하고 조화로운 관계를 모색하기 위한 대표적인 부모교육 프로그램을 고찰할 것이다. 10장에서는 친족의 개념 및 현대사회에서의 친족 관계의 특징과 변화에 대하여 알아보고, 가족 관계에 영향을 미치는 대표적인 친족 관계로서 고부 관계, 장서 관계, 조부모 - 손자녀 관계에 대해 살펴볼 것이다.

Marriage & Family

C•H•A•P•T•E•R 07

부부 관계

■ 서로 다른 성장 배경을 가진 두 남녀가 결혼을 하고 원만한 부부 관계를 형성해 가는 것은 지속적인 노력을 요구하는 삶의 과정이다. 가족의 핵심이 되는 부부 관계는 가정의 행복과 사회의 안정에 초석이 되므로 개인적 측면뿐만 아니라 사회적 측면에서도 중요하다. 본 장에서는 부부 관계의 개념 및 특성, 부부 역할과 권력, 부부간 갈등과 의사소통, 부부 적응에 대해 살펴봄으로써, 사회적·시대적 변화에 따른 이해와 함께 민주적이고 동반자적 부부 관계 형성에 요구되는 다양한 지식을 제공하고자 한다.

01 부부 관계의 개념 및 특성

부부 관계란 두 남녀가 결혼이라는 제도에 의해 비혈연적으로 맺어지는 인간관계이다. 결혼을 통해 성장 배경이 다른 두 사람이 부부라는 새로운 지위를 획득하고, 남편으로서의 역할과 아내로서의 역할을 수행하게 된다. 부부 관계의 특성을 살펴보면 다음과 같다(최규련, 2007).

첫째, 부부 관계는 한시적이 아닌 지속성을 지닌다. 결혼이라는 사회적 의식 및 제도에 따라 시작되므로 관계의 지속성에 대한 가정하에 선택한다. 이러한 지속성의 가정에는 두 사람 및 새롭게 형성된 가족이 생애주기에 따라 지속적으로 변화하고 성장하더라도 그 과정을 함께함을 내포한다.

둘째, 부부 관계는 비혈연적이나 가장 친밀하고 상호 의존적이다. 남편과 아내는 긴 지속 기간 동안 물리적으로 같은 공간 속에서 상대방에게 중요한 사람(significant others)으로서 상호작용한다. 따라서 누구에게보다 적나라하게 자신을 드러내고 정서적으로 공유하며 서로 의존하게 된다. 이와 같이 높은 친밀도와 상호 의존성은 서로의 인격적 성숙과 발전에 긍정적인 영향을 주기도 하지만, 부부 관계에 갈등이 생기거나 부정적인 관계가 형성될 때 더욱 고통스럽고 파괴적인 경험이 되기도 한다.

셋째, 부부 관계는 가족과 사회의 안정에 기여하는 가족 관계의 핵심 요소이다. 부부가 행복하고 화목한 관계를 이룰 때 자녀의 행복과 건전한 성장이 보장되며 가족 전체가 안정된 생활을 영위할 수 있다.

넷째, 부부 관계는 평등하고 상호 호혜적인 동반자적 관계이다. 현대사회에 오면서 과거 가부장제도의 종적인 부부 관계로부터 탈피하여 상호 인격적인 결합에 바탕을 둔 평등한 부부 관계로 바뀌고 있다. 어느 한편이 일방적으로 지배하거나 무조건적인 희생으로 종속되고 억압되는 것은 바람직하지 않다.

02 부부 역할

부부 역할은 가족생활의 핵심으로, 아내로서 남편으로서 역할을 얼마나 잘 수행하느냐에 따라 가족의 안녕과 행복이 좌우된다. 다음에서는 먼저 부부 역할의 개념을 살펴본 후, 전통사회에서 현대사회로의 부부 역할의 변화와 함께 현대사회에서 요구되는 부부 역할을 알아보고자 한다.

1) 부부 역할의 개념

역할(role)은 사회관계에서 개인이 다른 사람에 대해 차지하는 위치에 맞게 행동하고 수행하도록 사회적으로 기대되고 요구되는 행동양식을 말한다. 두 사람이 결혼을 통해 남편과 아내라는 사회적 지위를 갖게 되고 이에 맞는 사회문화적인 규범과 기대를 따르는 행동을 하게 되는데 이를 부부 역할(marital roles)이라고 한다.

2) 부부 역할의 변화

부부는 두 사람의 남녀로 구성되기 때문에 성역할(gender role)에 대한 태도에 따라 부부 역할에 대한 기대와 인지, 수행정도가 달라질 수 있다(문혁준·양성은·김혜금·천희영·권영인·조한숙, 2012). 성역할이란 남녀에 따라 행동양식이나 태도에 있어 적절한 것으로 규정한 문화적 기대치를 의미한다(Anderson, 1983). 성역할은 다양한 문화권과 시대에 따라 다르며, 동일 문화권 내에서도 개인이 속한 하위문화에 따라 다를 수 있다. 성역할에 대한 개념과 함께 부부 역할도 사회변화에 따라 달라지고 있다.

(1) 전통사회의 부부 역할

부계사회 또는 가부장제로 대별되는 전통사회에서는 남성에게는 강하고 이성적이며 독립적인 모습을, 여성에게는 이해심이 많으며 감성적이고 의존적인 모습을 요구한다. 이에 따라 남편은 주로 가계부양을 위한 직업 활동과 가정을 대표하는 역할을, 아내는 주로 자녀양육과 가사활동 및 가족구성원을 위한 정서적 지원을 담당한다.

구조기능론자인 Parsons(1955)는 이와 같이 남편과 아내가 서로 분담하여 역할을 수행하는 것이 전통적인 부부 역할의 특성이라고 간주하였으며, 남편의 가정생활에 필요한 자원과 수단을 공급하는 기능적 측면을 도구적인 역할(instrumental role), 아내의 가족구성원 간 관계를 통합하고 정서적 안정을 유지하는 기능적 측면을 표현적인 역할(expressive role)이라고 명명했다. 이와 같은 부부간 역할 분화(role differentiation)를 통한 규정은 남편과 아내가 분리적인 역할을 수행하는 것이 가족생활의 효율성을 증가시키고 상호 간의 필요성을 강화시킨다는 기능주의적 관점에 기초한 것이다. 그러나 전통적 부부 역할에서 어느 한쪽이 기대되는 역할 수행에 어려움이 있을 때에는 역할 갈등이 유발되거나 가족의 기능에 문제가 생길 수 있다.

(2) 부부 역할의 변화 방향

현대사회로 오면서 핵가족화와 양성평등주의의 확산, 여성의 고학력과 사회참여의 보편화로 인해 부부 역할 또한 변모하고 있다. 전통사회에서의 남편과 아내에 대한 고정적이고 분화적인 역할 구분은 현대사회로 오면서 점차 희석되고 다양성과 융통성이 더해지고 있다. Adams(1998)는 이러한 부부 역할의 변화과정을 전통주의, 신전통주의, 평등주의로 구분하여 제시했다.

❶ 전통주의(traditionalism)

앞에서 살펴본 바와 같이 전통주의에서는 부부간의 역할이 성별에 의해 규정되어 분리된 역할을 수행한다. 남편과 아내의 역할이 엄격하게 구별되고 역할공유나 역할전환이 일어나지 않으므로, 각기 분리된 채 역할을 수행하며 서로의 역할에 관여하지 않는다.

❷ 신전통주의(neo-traditionalism)

신전통주의에서는 아내의 역할이 확대되어 가정일 이외에 사회참여와 경제활동 기회가 주어지지만 남편의 역할은 변하지 않는다. 여성의 역할은 전통적인 구분으로부터 탈피하였으나 남성중심적인 가치관에는 기본적인 변화가 없으므로 아내가 직업적 역할과 가정적 역할의 이중역할을 잘 감당할 수 있다는 것을 전제로 한다. 남편의 가정적 역할에 대한 보완이 이루어지지 않으므로 아내는 직장일과 가사의 이중 역할 부담, 부부간 성역할 태도에 대한 불일치, 성역할 기대와 행위 간 불일치 등으로 부부 갈등이 생길 수 있다(조정문·장상희, 2001).

❸ 평등주의(equalitarianism)

평등주의에서는 남편과 아내가 부부이기 이전에 한 사람의 인격체로서 자신의 삶의 목표와 능력에 따라 원하는 역할을 선택적으로 수행한다. 부부직업형

(dual-career), 역할공유형(role sharing), 역할전환형(role-reversal) 등이 평등주의 하에서 등장할 수 있는 역할유형이다. 부부직업형에서는 부부 각자가 자기실현을 이룰 수 있는 직업을 가지고 있어 직업생활에서 생의 만족을 얻으며 상대방의 성취를 통해서 간접적 만족도 얻게 된다. 역할공유형은 경제적 생산의 역할, 가사역할, 의사결정 등의 모든 역할을 남녀가 공평하게 분담하는 것이다. 한편, 역할평등이라는 것이 자유로운 선택을 의미한다면 공평한 역할 분담뿐만 아니라 역할전환형도 가능한 대안 중의 하나일 것이다. 역할이 평등한 사회에서는 선택에 따라 여자가 경제적 생산의 역할, 남자가 가정적 역할을 담당할 수도 있다.

현재 한국사회는 아내들의 사회적·직업적 역할에서 융통성이 주어지나 남편의 가정 내 역할 참여는 크게 증가하지 않았으므로, 아직도 신전통주의의 역할 구분에서 크게 벗어나지 않았다고 평가할 수 있다. 관념적으로는 부부간의 평등을 받아들이지만 가사 분담과 같은 실생활의 행동면에서는 남편 우위적인 경우를 많이 목격할 수 있다. 실제로, 2007년 통계청 조사에 의하면, 맞벌이 주부의 가사노동은 하루 3시간 28분으로 맞벌이 남편(32분)의 6.5배에 이르는 것으로 나타났다(연합뉴스, 2007). 또한 맞벌이가구 남편과 비맞벌이가구 남편의 가사노동 시간에 차이가 나타나지 않았다. 이를 통해 한국사회에서의 맞벌이 부부 가사노동의 불평등(inequality in house chores) 현상을 엿볼 수 있다.

(3) 현대사회의 부부 역할

현대사회에서는 전통사회에서의 역할 분화나 역할 구분에서 벗어나 상호 성숙된 애정과 신뢰를 바탕으로 평등한 부부 관계를 발전시켜 나가는 것이 바람직하다. 현대사회에서 남편과 아내 모두에게 요구되는 부부 역할의 주요 기능은 살펴보면 다음과 같다(김태현, 1999).

❶ 자녀양육 및 사회화의 역할

자녀의 신체·정서·인지·사회적 발달을 이루고 독립된 인격체로 성장하도록 돕는 역할을 의미한다. 양육은 건강한 인간으로 발달시키는 것을 뜻하므로 다소 일상적이고 기계적인 역할인 반면, 사회화는 자녀의 사회 적응을 목적으로 하는 가변적이고 복잡하면서도 결과를 예상하기 어려운 과정이다. 사회화는 부모-자녀의 상호작용 시기에 따라서 강조점이 달라지며, 자녀가 성장하면서 양육뿐만 아니라 사회화의 역할이 더욱 큰 비중을 차지하게 된다.

❷ 친족 관계 유지의 역할

산업화, 도시화, 핵가족화에 따라 현대사회로 오면서 전통적인 친족 의식과 친족의 기능, 친족 간 유대가 약화되고 친족 구조가 축소되고 있다. 이러한 경향에도 불구하고 친족 관계는 타 관계와 차별화되는 정서적·감정적 유대의식을 가지므로 부부는 주위의 친족과 원만한 관계를 유지하고 감정적 유대를 강화하도록 노력해야 한다.

❸ 공급자 또는 가정관리자의 역할

공급자의 역할은 가족 유지를 위해 필요한 재화나 용역을 생산·교환하는 것이며, 가정관리자의 역할은 가족의 복지를 위해 효율적으로 재화와 용역을 선택·사용하는 것이다. 과거에는 공급자의 역할은 주로 남편이, 가정관리자의 역할은 주로 부인이 담당하였으나, 현대의 부부 관계에서는 상황에 따라 공동으로 수행한다.

❹ 성적인 역할

정상적 규범하에서 성적 욕구의 본능을 해결하고 자녀의 생산을 통한 종족 유지의 기능을 한다는 측면에서 부부의 성적인 역할은 일차적이나 매우 중요한 요소이다.

❺ 심리 치료적 역할

현대사회의 구조적 변화에 의해 추가된 역할 중의 하나이다. 심리 치료적 역할은 부부가 서로의 고민과 어려움을 상담해 주고 해결책을 찾으며, 부모-자녀 간에도 대화를 통해 문제해결을 모색함으로써 원만한 가족 관계를 유지하는 기능을 갖는다.

❻ 오락 및 휴식의 역할

고도로 복잡하고 분주한 현대생활에서 요구되는 진정한 평화와 휴식을 부부 관계에서 충족시킬 수 있다. 부부가 수행하여야 할 오락과 휴식의 역할은 부부 중 어느 한 사람에 의해 수행되는 것이 아니라 함께 참여하고 분담하는 것이 바람직하다.

결혼과 가족

한국 가정의 가사 분담 실태

통계청(2012)의 사회조사 결과에 의하면, 가사를 공평하게 분담해야 한다고 생각하는 비율은 45.3%로 2010년 36.8%에 비해 증가하였다. 그러나 실제로는 아내가 가사를 주도하고 있는 비중이 80–82%였으며, 아내와 남편이 공평하게 가사를 분담하는 경우는 15–16%에 불과하여, 공평한 가사 분담에 대한 견해와 실태 사이에 큰 차이가 있는 것으로 나타났다. 그럼에도 불구하고 아내와 남편이 공평하게 가사를 분담하고 있다고 응답한 비중이 2010년 10%에서 2012년 15–16%로 증가하여 공평한 가사 분담이 다소 증가하였음을 알 수 있다.

가사 분담에 대한 견해 및 실태(2012년) (단위: %)

	계	가사 분담에 대한 견해			가사 분담에 대한 실태		
		아내 주도	공평하게 분담	남편 주도	아내 주도	공평하게 분담	남편 주도
2010	100.0	61.3	36.8	1.9			
2012	100.0	52.0	45.3	2.7			
남성	100.0	66.7	31.2	3.0			
여성	100.0	56.2	42.2	2.3			
남편	100.0				80.5	16.[illegible]	3.4
아내	100.0				82.0	15.5	2.6

※ 견해는 15세 이상 인구를 대상으로 조사되었으며, 실태는 부부가 함께 살고 있는 가구에서 19세 이상 남편과 아내만 응답한 결과임.

출처: 통계청(2012).

결혼과 가족

우리 집 명절 평등지수는?

'명절병' 아시죠? 즐거워야 할 명절 때만 되면 오히려 며느리들은 상당한 스트레스로 힘들어 한다고 합니다. 봄이 되면 봄옷으로 갈아입듯이, 21세기가 된 지금 우리 고유의 명절 전통을 지켜 나가면서도 남녀가 평등하게 보낼 수 있도록 남편, 아들, 이 땅의 남자들부터 조금씩 변화해 나갈 필요가 있겠지요. 우리 집의 명절 평등지수는 몇 점인지 아래 문항으로 확인해 볼까요?

번호	문항	점수	체크
1	설날과 추석 중 한번은 며느리를 친정에 먼저 보낸다.		+10
2	전 부치기, 송편 빚기 등 명절음식 만들기에 남녀가 함께 한다.		+5
3	설거지를 함께 한다.		+3
4	명절 장보기를 함께 한다.		+1
5	명절 상차림을 함께 한다.		+1
6	명절음식은 남녀가 같은 상에서 함께 먹는다.		+3
7	명절은 아들, 딸 집을 번갈아 가며 지낸다.		+10
8	명절은 항상 장남(장손) 집에서 지낸다.		−3
9	명절에 윷놀이나 고궁 나들이 등 가족이 함께 하는 놀이가 있다.		+5
10	명절에 항상 남성 중심의 화투놀이와 술판이 벌어진다.		−3
11	차례를 지낼 때 남녀가 함께 절한다.		+3
12	명절 선물은 시댁과 친정에 동일한 수준으로 한다.		+3
13	용돈(세뱃돈)은 딸이나 손녀보다 아들, 손자에게 더 많이 준다.		−3
14	명절에 생리하는 여성은 부정 타서 음식을 만들면 안 된다.		−3
15	차례음식 중 여자가 만지면 안 되는 것이 있다.		−3
16	명절에 여자가 전화나 방문을 하면 재수가 없다.		−3
17	명절에 여성에 대한 금기사항이 따로 없다.		+5
	총 계		

* 25점 이상:
우리 가족은 평등가족,
웃는 명절

* 1~24점:
지금은 불평등가족,
표정 없는 명절

* 0점 이하:
남자는 하늘, 여자는 땅?
울고 있는 명절

출처: 무안여성상담센터(2009. 9. 7). 재구성.

03 부부 권력

가족은 구성원 간의 친밀한 관계에 기초한 집단이지만 다른 사회집단과 마찬가지로 가족 내에도 권력이 존재한다. 부부 권력은 부부 관계에서 상대 배우자를 다루는 실제적인 능력과 수단이다. 부부 권력은 의사결정과 같은 가족 관계의 여러 면에 영향을 주며, 부부간 권력의 균형은 결혼생활 내에서의 민주적 역할 수행의 반영이므로 바람직한 부부 관계에서 매우 중요한 요인이다. 다음에서는 부부 권력의 개념과 영역을 살펴보고, 부부 권력이 어떻게 형성되는지에 대한 이론 및 부부 권력의 유형을 알아보고자 한다.

1) 부부 권력의 개념

Blood와 Wolf(1960)는 권력을 타인의 행동에 영향을 줄 수 있는 능력이라고 정의했다. 이러한 능력은 잠재적·실제적 측면을 모두 포함하며, 사회관계 속에서 타인의 저항이 있음에도 불구하고 행위자가 원하는 결과나 목표를 성취하는 것을 뜻한다. 가족 권력은 광범위한 사회적 권력의 하위 부분으로, 부부 권력, 부모 - 자녀 권력, 자녀 권력, 형제 권력, 친족 권력 등을 포함한다. 이 중 부부 권력은 가족과 관련된 일에 대한 의사결정에 미치는 남편과 아내의 영향력을 의미한다.

즉, 부부 권력은 부부간 공유한 목표에 갈등이 존재할 때 배우자에게 보다 우월한 영향력을 행사할 수 있는 능력(김홍은, 1986)이나 배우자의 반대에도 불구하고 어떤 일에 대한 의사결정을 할 수 있는 능력(최외선·유향기, 1985)을 의미한다. 이러한 부부 권력은 남편과 아내 한 사람의 개인적 속성을 의미하는 것이 아니라 가족 내 또는 부부간 권력의 상대적인 정도를 말한다.

2) 부부 권력의 영역

Cromwel과 Olson(1975)은 권력의 다차원적 특성을 강조하여 권력 원천, 권력 과정, 권력 결과의 3가지 영역으로 구분하여 설명하고 있다. 권력의 다차원적 특성을 부부 권력과 연계하며 살펴보면 다음과 같다.

(1) 권력 원천(power base)

부부간의 권력 원천은 성과적 차원인 권력 결과를 야기하는 능력을 누가 얼마나 가지고 있는가에 초점을 둔다. 권력의 원천이 되는 자원에는 개인적 자원, 규범적 자원, 정서적 자원, 인지적 자원 등이 있으며, 개인적 자원에는 물질적·비물질적 차원이 모두 포함된다. 개인적 자원의 물질적 차원에는 수입, 직업, 자산 등과 같은 경제적 자원이 포함되며, 비물질적 차원인 규범적 자원으로는 누가 권위를 가지고 있느냐에 대한 문화적 정의 또는 가치의식을 들 수 있다. 예를 들어, 한국 가족에서의 가부장적 의식은 남편이 지닌 규범적 자원이다. 정서적 자원에는 애정이나 만족감이 포함되며, 인지적 자원에는 권력의 인지가 구성원에게 미치는 영향력이 포함된다.

(2) 권력 과정(power process)

권력 과정은 최종 의사결정과 협상을 위한 과정에서 배우자의 행동을 변화시키려는 의도를 가지고 행하는 통제 시도 행위를 의미한다. 대체로 대화시간의 길이, 대화의 횟수, 질문 형태, 침묵 방법, 상대방의 말을 차단하는 방법 등을 통해 권력 과정이 어떻게 형성되어 있는가를 알 수 있다(옥선화 외, 2006). 한국의 경우 아내는 남편에 대한 통제 시도 행위로 유도, 고립화, 언쟁, 시중 소홀, 애정 철회의 5개 방식을 주로 사용하며, 남편은 아내가 유도하는 행위를 가장 많이 사용한다고 지각하는 것으로 보고된다(이정연, 1991).

(3) 권력 결과(power outcome)

권력의 상호작용 결과로 누가 이기는가, 누가 최종적인 의사결정권을 갖는가, 누가 궁극적인 통제력을 갖는가를 의미한다. 권력 결과에서 남편과 아내 중 누가 궁극적인 주도권을 가지는가에 따라 부부간 권력의 유형이 생긴다.

3) 부부 권력에 대한 이론

부부 권력을 어떻게 형성하는가를 설명하는 다양한 이론이 있겠으나, 대표적인 접근으로 자원 이론과 규범적 자원 이론을 살펴보고자 한다.

(1) 자원 이론(Resource Theory)

자원 이론에 따르면, 타인의 욕구와 목표를 충족시킬 수 있는 자원을 더 많이 가진 사람이 의사결정에서 더 많은 권력을 소유하게 된다. Blood와 Wolfe(1960)는 이러한 자원 이론에 근거하여 부부 중 한 사람이 가족에게 어떠한 것을 얼마나 공급할 수 있는가에 따라 부부간 권력 관계가 형성된다고 보았다. 즉, 부부라는 사회적 관계에서 상호작용이 이루어질 때 수많은 교환 관계가 발생하는데, 많은 경우 교환자원의 불균형으로 인해 의존적 관계가 생기고 결국 이러한 의존적 관계가 반복되면서 상대 배우자에게 권력을 부여하게 된다고 설명한다.

따라서 교환자원을 더 많이 가지고 있는 남편이나 아내의 부부 권력이 더 커진다는 견해이다. 예를 들어, 직업을 갖고 경제적 자원을 제공하는 남성이 부부 관계에서 유리한 입장을 차지하는 것을 자원 이론으로 설명할 수 있다. 반면 개인이 지닌 자원과 무관하게 남녀불평등에 기초하여 자원 분배가 이루어지는 사회구조라든가, 남편의 자원이 적음에도 불구하고 사회적 성차별에 근거하여 일방적으로 권력을 행사하는 사례, 또는 교환 관계에 참여하는 개인이 사회화와 내면화된 규범을 통해 인지적 불평등을 지향하는 경우 등을 통해 자원 이론의 한계점이 있다는 것을 알 수 있다.

(2) 규범적 자원 이론(Normative Resource Theory)

Rodman(1972)은 자원 이론이 부부의 상호작용에 영향을 미치는 인지적, 문화규범적 개념을 고려하지 않고 사회적 진공상태 안에서 다루었다는 한계점을 지적하면서 규범적 자원 이론을 제시하였다. 규범적 자원 이론에 의하면, 부부 권력은 상대적인 자원 외에 누가 권력을 가져야 하는지에 대한 사회의 문화적 규범에 영향을 받는다. 즉, 사회가 공유하는 부부 권력에 대한 규범적 정의가 누가 실제로 권력을 갖는지에 영향을 줄 뿐만 아니라 자원이 권력에 대해 가지는 영향력에 부수적 변인으로 작용한다는 것이다(김홍은, 1986).

나아가 Rodman은 문화적 규범에 따라 사회유형을 4가지로 구분하고, 각 하위문화에서의 자원과 권력분배의 관계를 설명했다. 첫째는 강한 가부장적 규범을 가지고 있는 유형의 '가부장제 사회'이다. 남편과 아내의 자원 여부와 무관하게 지위계층에 따라 남편의 권위에 차이가 없으며, 경제 발달 수준이 매우 낮은 사회가 이에 속한다. 둘째는 '수정된 가부장제 사회'로 남편의 지위를 나타내는 지표(예: 수입, 교육, 직업 등)보다는 비전통적이고 평등적인 규범에 노출되는 정도가 변수로 작용하는 경우이다. 교육은 특히 중요한 변수로, 교육을 많이 받을수록 비전통적이고 평등적인 규범에 많이 노출되어 가부장적 규범에 대한 융통성을 갖게 된다. 반면 하류계층에서는 강한 가부장적 규범이 남아 있어 가족 내에서 여전히 남편이 합법적 권력을 지니게 된다. 즉, 가부장적 권위가 사회계층과 부적 상관관계를 가지는 유형으로 그리스, 유고슬라비아, 터키 등이 이에 속한다. 셋째는 '과도기적 평등주의 사회'로 부부 권력에 대한 규범이 융통적이며, 이러한 사회에서만 자원이 부부 권력을 예견한다. 따라서 과도기적 평등주의 사회에서 남편의 사회경제적 지위는 남편의 권력을 증가시키는 자원으로 작용하며, 미국과 프랑스 등이 이러한 유형에 포함된다. 넷째는 강한 평등주의적 규범을 가지고 있는 '평등주의 사회'이다. 남편과 아내의 권력 공유 정도가 가장 높으며 개인이 가진 자원은 권력과 무관하므로 지위계층에 따라 권위형태에 다양성이 없는 사회유형으로 덴마크나 스웨덴 등이 이에 속한다.

4) 부부 권력의 유형

부부 권력의 유형은 결혼생활 과정에서 반복되는 상호작용을 통하 형성되며, 의사결정 방식과 상호 행동에 영향을 미치는 유형에 따라 구분될 수 있다 Herbst(1954)는 호주의 백인가족을 대상으로 가정생활(가사, 자녀양육, 사회활동, 경제활동의 4개 분야 중심)에서 부부간 역할분담을 구분한 후, 각 분야에서의 역할분담 행동의 결정권을 남편 단독권, 아내 단독권, 부부 공동권으로 나누고, 행동유형을 남편 단독 수행, 아내 단독 수행, 공동 수행으로 구분하였다(류현수·이종숙·김주아, 2007). 이러한 결정권과 행동유형을 기준으로 9가지의 상호작용 유형을 제시 후, 이를 다시 재분류하여 4가지의 부부 권력 유형으로 제안하였다.

행동유형 \ 결정권	남편 단독	아내 단독	공 동
남편 단독	❶형	❻형	❽형
아내 단독	❺형	❷형	❾형
공 동	❸형	❹형	❼형

→

남편 지배형: ❸형, ❺형

아내 지배형: ❹형, ❻형

부부 자율형: ❶형, ❷형

부부 공동형: ❼형, ❽형, ❾형

❶형: 남편 단독 결정+남편 단독 행동
❷형: 아내 단독 결정+아내 단독 행동
❸형: 남편 단독 결정+공동으로 행동
❹형: 아내 단독 결정+공동으로 행동
❺형: 남편 단독 결정+아내 단독 행동
❻형: 아내 단독 결정+남편 단독 행동
❼형: 공동으로 결정+공동으로 행동
❽형: 공동으로 결정+남편 단독 행동
❾형: 공동으로 결정+아내 단독 행동

[그림 7-1] 결정권과 행동유형에 의한 부부 권력 유형

4가지 부부 권력의 유형에는 남편 지배형(husband dominance pattern), 아내 지배형(wife dominance pattern), 부부 자율형(autonomic pattern), 부부 공동형 또는 협동형(syncratic pattern)이 있으며, 유형별 특성은 다음과 같다.

- **남편 지배형**: 부부가 함께 하는 활동뿐만 아니라 아내의 활동영역까지 모두 남편이 결정하는 유형이다.
- **아내 지배형**: 남편 지배형의 반대 유형으로, 아내가 결정권을 가지고 남편이 행동하거나 부부가 함께 행동한다.
- **부부 자율형**: 부부 각자가 고유 영역에서 결정권을 가지므로 독자적으로 결정하고 활동도 개별적으로 이루어진다.
- **부부 공동형**: 부부가 공동으로 결정하나, 활동에 있어서는 공동으로 할 수도 있고, 각자가 단독으로 수행할 수도 있다.

04 부부 갈등

갈등이 유발되지 않는 결혼생활은 이상적이나 현실적으로는 기대하기 어렵다. 서로 다른 성장배경과 경험을 가진 두 남녀가 결혼이라는 제도를 통해서 함께 삶을 꾸려 나간다는 점에서 결혼생활 자체가 끊임없는 갈등의 발생과 해결을 내포하고 있다. 이때 부부 갈등을 발전적으로 재조정하거나 원만한 해결책을 모색할 경우 더욱 친밀감을 증진시키고 인격적으로 성장할 수 있지만, 그렇지 못한 경우 긴장이 높아지고 불만이 축적되어 별거나 이혼 등 결혼생활의 파경을 맞을 수도 있다. 다음에서는 부부 갈등의 개념과 요인을 알아보고, 이에 대한 대처방식과 해결과정을 살펴보고자 한다.

1) 부부 갈등의 개념

둘 또는 둘 이상의 욕구가 동시에 존재하여 서로의 입장, 견해, 이해관계가 달라서 일어나는 불화나 충돌의 상태를 갈등이라고 한다. 일찍이 Weber는 갈등은 필연적이며 인류역사를 움직여 온 원동력으로 간주하였다.

부부 갈등(marital conflict)이란 부부간에 상충되는 욕구, 목표, 기대의 불일치라고 정의할 수 있다(Coleman & Ganong, 1984). 각자의 성장 배경과 경험, 성격 특성이 다른 두 이성이 만나 결혼하고 부부로서 상호작용을 하면서 다양한 어려움을 겪게 되는데, 이 과정에서 부부 갈등이 발생하게 된다. 특히 오늘날 부부는 과거보다 급변하고 갈등과 스트레스가 많은 사회·경제적인 상황에서 역할을 수행해야 하므로 이전보다 더 많은 갈등을 겪게 된다.

2) 부부 갈등의 요인

부부간 갈등의 요인은 종적인 시간의 흐름에 따라 결혼생활주기별 또는 돌발적 상황에 의한 갈등으로 구분할 수도 있고, 횡적인 관계의 범위에 따라 개인적 또는 공동생활 차원의 갈등으로 구분할 수도 있다.

먼저 종적인 시간의 흐름에 따른 부부 갈등의 요인을 살펴보면, 부부간 갈등 요인은 결혼생활주기별로 달라진다. 즉, 부부는 결혼생활주기의 각 단계마다 특유한 새로운 과업에 직면하게 되며, 이를 해결 못한 채 누적시키면 기능적 항상성에 불균형이 초래되어 결혼 긴장도가 높아지며 갈등이 유발된다. 한편, 부부는 결혼생활주기에 따른 예측되는 위기뿐만 아니라 예측하지 못한 다양한 상황적 위기도 수없이 직면하면서 갈등과 마찰을 겪는다. 상황적 위기란 결혼생활 동안 예기치 못했던 돌발적 상황에 의한 위기감을 말한다. 여기에는 발병, 사업 실패, 실직, 경제 파탄, 외도, 갑작스런 사별, 자녀의 탈선, 고부 관계의 악화, 각종 사고 등이 포함된다.

다음으로 횡적 관계의 범위에 따라 개인적 차원과 공동생활 차원으로 나누어 살펴보고자 한다. 첫째, 부부 갈등을 유발하는 개인적 요인에는 남녀 간의 기본적인 심리적 특성과 함께 성격, 생활습관, 사고방식, 가치관 등이 있다. 이러한 개인적 요인이 불일치할 때 부부 갈등이 유발되며, 결혼의 성공은 부부간 개인적 요인의 불일치로 인한 갈등을 얼마나 현명하게 해결하는가에 달렸다. 둘째, 부부 갈등을 유발하는 공동생활 요인에는 금전 관리나 주택계획과 같은 경제적 측면, 자녀계획과 자녀교육과 같은 혈통유지의 측면, 여가생활, 가사 분담 등의 일상적 공동생활 측면, 고부 관계, 장서 관계, 친인척 관계, 직장 동료 등 제삼자와의 관계 측면 등이 포함된다. 이러한 공동생활은 다양한 갈등을 촉발하므로 결혼 전 생활과 다른 복잡한 양상에 놓이게 된다.

3) 부부 갈등의 대처방식

모든 친밀한 관계에서 갈등은 필연적으로 동반되며, 친밀한 관계를 잘 유지하는 것은 갈등이 없어서가 아니라 발생하는 갈등을 어떻게 다루느냐에 달려 있다(Prager, 1991). 친밀하고 상호 의존적 부부 관계에 있어서도 어떠한 갈등이 얼마나 존재하는가보다는, 남편과 아내가 갈등 상황에 어떻게 대처하고 적응하는가가 중요하다.

갈등 대처방식은 개인이 문제나 갈등에 직면해서 이를 관리하고 적용하는 방식으로 정의할 수 있으며, 부부간 갈등 대처방식은 긍정적인 대처방식과 부정적인 대처방식으로 구분할 수 있다(안창현, 2008). 부부 갈등에 대한 긍정적인 대처방식은 갈등 상황에서 어느 한 사람이 자신의 입장만 내세우지 않고, 부부가 서로 상대방의 의견을 경청하고 존중하며 갈등의 해결책을 찾으려고 함께 협력하고 노력하는 것을 의미한다. 따라서 갈등 해결 후 부부간 만족도가 높아지고 서로 더욱 잘 적응하게 된다. 일반적으로 상호 건설적 협력, 이성적 대처방안 등은 긍정적인 유형에 속하는 갈등 대처방식이다. 반면 부정적인 갈등 대처방식은 독단적이며 비협력적인 과정을 통해 진행되므로 갈등이 미해결로 남거나 표면적으로는 갈등이 해결된다고 하더라도 부정적 상호작용의 결과로 인해 부부 상호 간 혹은 어느 한쪽이 불만을 품게 될 수 있다. 부정적인 갈등 대처방식에는 순응, 회피, 저항, 부인, 철회, 공격 등이 속한다.

4) 부부 갈등의 해결과정

부부 갈등의 해결과정은 보편적인 문제 해결과정과 크게 다르지 않다. 부부 갈등에서의 문제 규명에서부터 적응까지의 과정을 6단계로 제시하면 다음과 같다(고정자, 1999).

첫째 단계는 문제를 명료하게 파악하여 규명하는 것이다. 타 갈등에 비해 부부 갈등은 문제의 실체를 파악하기 어려울 때가 있는데 서로가 개방적인 상태에서 보다 쉽게 규명할 수 있다. 예를 들어, 성 문제나 배우자의 집안과 관련된 사안은 부부라도 자유롭게 표현하기가 쑥스러울 수 있는데 서로의 생각과 느낌을 자유롭게 표현하다보면 쉽게 해결점을 모색할 수 있다. 둘째 단계는 다양한 대안적 해결책을 탐구하는 것이고, 셋째 단계는 최선의 대안을 최종 선택하는 것이다. 이 단계에서 최종안을 결정할 때 상대방의 욕구나 감정을 이해하고 수용하는 것이 필요하다. 넷째 단계는 결정한 대안의 실행이며, 부부가 공동으로 결정했기 때문에 실행에 대한 책임도 공동으로 지는 것이 바람직하다. 다섯째 단계는 관계의 재정립이다. 서로 합의하여 결정하고 실행했지만 남편과 아내가 과정에서 모두 행복하고 만족한 것은 아닐 수 있다. 과정에서 겪은 정서적 갈등과 긴장에 대해 서로 보듬어 줌으로써 서로의 사랑과 신뢰를 재확인하는 것이 바람직하다. 마지막으로 여섯째 단계는 의사결정과정에 대한 재검토이다. 과정을 돌아보고 평가해 봄으로써 문제해결 기술을 개선할 여지를 갖고 서로에 대해 더 잘 이해하고 앞으로의 관계에 있어서 보다 가치 있는 일들을 발견하는 기회가 될 수 있다.

이와 같이 부부간의 갈등은 필연적이고 일상적이며, 바람직하게 극복할 경우 실제 문제가 무엇이었는지를 보다 정확히 파악하게 되고 긴장 완화와 분노해소를 통해 서로 간의 차이와 이해를 도모하는 유익한 관계로 발전하는 계기가 된다(김태현, 1999). 즉, 원만한 해결과정을 통해 효과적인 의사소통 방식을 형성하게 되고 문제해결 능력을 향상시킴으로써 오히려 부부 관계를 성장시키고 친밀감도 증진시킬 수 있다.

결혼과 가족

행복한 부부를 위한 부부생활백서 10

• 부부생활백서 1. '배우자의 단점을 이해하자'

부부 치료의 세계적 권위자인 미국의 존 가트맨 박사에 따르면, 부부 문제의 70%는 해결할 수 없는 문제라고 한다. 그럼 어떻게 함께 살 수 있을까? 포기하고 받아들이기 때문이다. '포기'라는 단어가 부정적으로 들릴 수 있겠지만 여기서는 '수용'과 동일한 의미다. 즉, 배우자를 있는 그대로 수용하라는 뜻이다.

• 부부생활백서 2. '아내에게 애정표현을 자주 하고, 남편의 자존심을 세워 주자'

한국 남성을 가리켜 '애정표현 결핍증 환자'라고 말하곤 하는데, 무엇보다 남편은 아내에게 애정표현을 자주 하고 아내의 역할과 자긍심을 존중해야 한다. 남편은 다시 연애하는 마음으로 아내를 대해 보자. 출근하기 전과 퇴근 후에 아이에게만 뽀뽀하지 말고 아내에게도 살포시 입맞춤을 하고 따뜻하게 안아 주자. 그리고 점심시간에는 '점심 맛있게 먹어'라는 문자와 함께 '사랑해'라는 말도 덧붙여 보내 보자. 당신의 사랑으로 아내의 모습이 달라질 것이다.

• 부부생활백서 3. '부부는 한 팀이라는 것을 명심하라'

배우자와 내 가족 간에 문제가 생길 때는 무엇보다 '내 역할'이 중요하다. 물론 나에게는 무척이나 소중한 가족이기 때문에 내 아내, 내 남편도 무조건 내 가족을 소중히 여겨 주길 원한다. 하지만 반대로 생각해 보자. 나는 그렇게 하고 있는지. 섭섭할 수는 있다. 하지만 부부는 어떠한 경우라도 한 팀이란 걸 명심하고 연합군이 되어야 한다.

• 부부생활백서 4. '부부 싸움을 하기 전 '타임아웃' 시간을 가져라'

부부가 충돌하려고 할 때는 어느 한쪽에서 '타임아웃'을 선언해 잠시 멈추자. 밖으로 나가 바람을 쐬거나 샤워를 하는 등 혼자만의 시간을 갖고 생각하면 상황이 달리 보일 것이다. 하지만 이 경우 상대 배우자에게 냉담이나 무시로 보이지 않도록 주의를 요할 필요가 있다.

• 부부생활백서 5. '대화의 기술을 배워라'

부부 관계를 돈독하게 해 주는 데 가장 좋은 방법은 수시로 칭찬과 격려를 하는 것이다. 아내가 이야기할 때 남편은 관심과 공감, 이해를 보여야 한다. 한편, 아내는 남편에게 어떤 도움을 청할 때 남편의 보호 본능을 자극해 보자. 예를 들어, "여보, TV만 보지 말고 방 좀 치워!"라고 말하기보다 "여보, 내가 힘든데 방 좀 치워 줄 수 있어요?"라고 청유형으로 말하자. 일상생활뿐만 아니라 부부 사이에서 제일 중요한 행위인 사랑을 나눌 때에도 애정표현을 많이 하고 관계 후에도 대화를 나누는 게 좋다.

• 부부생활백서 6. '부부 공동의 꿈을 실현하자'

부부 공동의 인생 목표를 정하자. 전원생활을 꿈꿔도 좋고, 죽기 전에 세계 여행을 떠나는 꿈을 가져도 좋다. 또 평생을 나와 가족만을 위해 살아왔다면 나머지 인생은 남을 위해 살아 봐야겠다는 꿈도 괜찮다. 그 꿈이 어떤 내용이든 부부가 함께 행복할 수 있는 걸 찾는 게 중요하다. 목표를 정했다면 구체적인 비용과 방법을 찾아 적극적으로 실천하자.

• 부부생활백서 7. '배우자와 가장 친한 친구가 되자'

부부는 남녀 관계를 떠나 인생의 단짝이 되어야 한다. 바쁜 일정에도 부부가 틈틈이 짬을 내 운동이나 등산, 여행 등 취미를 함께 하고 술친구가 되어 정서적 안정과 공유의 시간을 자주 갖는 것이 중요하다.

• 부부생활백서 8. '먼저 "나"부터 모범을 보이자'

부부 사이라는 것이 아무 조건 없이 서로에게 잘해야 하지만, 결국은 인간관계이기 때문에 상대가 나한테 한만큼 나도 하겠다는 심리가 깔려 있다. 어느 한쪽만 일방적으로 희생한다고 해서 유지될 수 있는 관계가 절대 아니다. 상대가 잘해 주길 바라기 전에 내가 먼저 잘하면 된다.

• 부부생활백서 9. '현명한 아내가 되자'

현명한 아내로서 계획을 잘 짜는 것도 중요하고 이를 잘 실행하는 것도 중요하지만, 무엇보다 중요한 것은 이를 함께할 '내 편'을 만드는 일이다. 내가 하는 일을 무조건 믿고 따라와 주는 남편은 바로 아내가 만드는 것이다.

• 부부생활백서 10. '가정에서 가사 분담을 실천하자'

맞벌이를 하면 당연히 부부가 함께 집안일도 나누는 게 맞는데, 대부분의 남편들은 자신이 집안일을 '도와준다'고 생각한다. 그렇기 때문에 아내가 자신에게 고마워해야 한다고 말하는 남편들도 있다. 맞벌이를 하지 않더라도 아이가 있다면 남편은 가사와 육아에 적극적으로 나서야 한다. 요리나 청소를 남편이 하면 설거지나 빨래는 아내가 하고, 하루 종일 아이를 돌보는 아내를 위해 주말 하루는 남편이 아이를 전담하는 등 함께 가정을 꾸려 나가는 자세가 중요하다.

이혼을 부르는 5가지

- 잔소리와 불만 계속 쏟아내기
- 대화 단절하고 애정표현 하지 않기
- 배우자 가족 험담하고 무시하기
- 배우자의 생리적인 현상 밉게 보기
- 이혼하자는 말 달고 살기

출처: 한경키즈맘(2012. 11. 20).

출처: 여성조선(2013. 12).

05 부부간 의사소통

의사소통이란 사람들 간에 생각이나 감정 등을 교환하는 총체적인 행위이다. 의사소통은 구어(oral language)나 문어(written language)를 통한 언어적 요소는 물론 제스처나 자세, 얼굴표정, 눈 맞춤, 목소리, 억양 등과 같은 비언어적 요소를 통해서도 이루어질 수 있다. 효과적인 부부간 의사소통은 성공적인 결혼생활을 위한 필수혼수품이라는 말이 있을 정도로 부부 관계에서 중요한 요소이다. 모든 남편과 아내는 배우자로부터 사랑하는 존재로서 소중하게 대접받기를 원하며, 의사소통을 통한 상호작용은 이를 확인하는 통로 중의 하나이다. 따라서 부부간 서로를 인정하고 이해하고 수용하는 긍정적인 의사소통은 결혼만족도를 높이며 행복하고 건강한 부부 관계를 유지시킨다. 다음에서는 부부간 의사소통을 자신의 감정이나 생각을 효과적으로 표현하고 배우자의 이야기에 경청하는 긍정적인 의사소통과 배우자의 의견을 무시하거나 비난하는 부정적인 의사소통으로 나누어 살펴보고자 한다.

1) 긍정적인 의사소통

부부간 원활한 의사소통을 돕고 부정적 감정이나 갈등을 완화하는 긍정적 의사소통 행동은 본인과 배우자의 결혼만족도를 높일 수 있다. 긍정적 의사소통 행동에는 크게 바람직한 의사 표현과 경청이 포함된다.

(1) 의사 표현(expression)

의사 표현은 배우자에게 자신의 생각이나 느낌, 바라는 바 등을 솔직하게 이야기하는 것으로 이를 통해 자신을 배우자에게 잘 이해시킬 수 있다. 배우자가 자신의 감정 상태 특히 부정적 감정 상태를 알아준다면 부정적인 감정이 해소될 수 있어 바람직하다. 간혹 부정적인 의사 표현이 지나칠 경우 부부 관계가 악화될 수도 있기 때문에, 내용이 부정적인 경우에는 표현 방법에 유의하며 적당한 수준으로 전달하는 기술이 필요하다.

부부 의사소통에서 사용할 수 있는 바람직한 의사 표현 기술을 소개하면 다음과 같다(최규련, 2007)

- 문장을 '나는'으로 시작하여 배우자가 아닌 자신에 대하여 말하는 방식으로 이야기를 꺼낸다. 첫말이 '당신은'으로 시작할 경우, 이를 듣는 배우자는 자신이 비난받는다는 생각이 들게 되므로 이해하려는 태도보다는 자신을 방어하려는 태도를 갖게 된다.
- 자신이 보고 들은 구체적 사실을 근거로 말한다. 예를 들어 '내가 보기에는', '내가 듣기에는' 등으로 얘기를 시작하여 공유하는 것이 좋다.
- 자신이 소망하는 것을 정확하게 구체적으로 말한다. 배우자가 이미 알고 있을 것이라고 가정하지 말아야 하며, 자존심을 내세우지 말고 솔직하게 전달한다.
- 자신의 과거 행동과 미래 행동에 대하여 차분하게 말한다. 예를 들면, '내가 보기에 당신이 ~해서, 내 생각에는 ~해요. 그래서 내 기분은 ~합니다. 그래서 내가 바라는 것은 ~하는 것이에요. 내가 그 전에는 ~했는데 앞으로는 나도 ~할게요'라고 말할 수 있다. 배우자는 상대방의 상황을 듣게 되므로 자신을 방어하거나 회피하지 않고 이해하려는 마음으로 들을 수 있어서 효과적인 의사소통이 이루어진다.

(2) 경청(active listening)

의사소통에서 잘 듣는다는 것은 적절하게 말하는 것만큼 중요하다. 경청은 배우자의 말을 적극적으로 파악하는 것뿐만 아니라 비언어적인 의사소통 행동을 통해 나타나는 섬세한 변화까지 감지하여 숨겨진 감정이나 메시지를 함께 읽는 것을 포함한다. 배우자의 말을 경청하는 것은 상대방이 표현하는 메시지에 대해 관심을 가지며 상대방을 존중한다는 의미이므로, 경청은 더 많은 의사표현으로 연결된다.

부부 의사소통에서 사용할 수 있는 바람직한 듣기 기술을 소개하면 다음과 같다(최규련, 2007).

- 배우자를 바라보며 주의 기울여 끝까지 들으면서 이야기를 따라간다.
- 듣는 중간에 그리고 배우자의 얘기가 끝날 때, 상대방의 이야기 내용과 감정을 상대방의 입장에서 인정해 주는 반응을 한다.
- 배우자가 충분하게 얘기하도록 하기 위해 더 할 얘기가 없는지 질문하여 추가 정보를 요청한다.
- 배우자의 얘기가 끝나면 들은 내용을 요약해 주는 피드백을 통해 상대방이 하고자 하는 내용을 정확하게 제대로 이해하였는지 확인한다.
- 배우자에 대한 이해가 불충분할 때, 혹은 배우자의 얘기 내용에 모순이 발견될 때 더 잘 이해하기 위한 개방형의 질문을 한다.

2) 부정적인 의사소통

배우자 간 의사소통의 가장 큰 특징은 친밀성(intimacy)이다. 친밀함은 좋은 특징이지만, 부부간에는 지나치게 친밀한 관계로 인해 감정적이기 쉽고 무의식적으로 억압된 감정을 배우자에게 부정적으로 표출할 수도 있다. 이와 같이 부부 의사소통은 타 관계에서보다 강한 친밀성을 가진다는 긍정적인 특성과 함께, 이로 인해 실제로 더욱 다양한 문제들이 발생할 수 있는 다소 난해한 상황이라고 볼 수 있다.

Gottman(1993)은 부부간 원활한 의사소통을 방해하고 부부 관계를 악화시킬 수 있는 대표적인 역기능적 의사소통 행동을 묵시록에 등장하는 4명의 기수에 비유하여 제시하였다. 4명의 기수는 일반적으로 비난, 경멸, 방어, 냉담의 순으로 결혼생활의 심장을 향해서 달리며, 부부간의 의사소통을 방해하는 부정적 상호작용이 굳어질수록 긴장과 갈등이 커져서 결국 관계회복이 불가능하게 된다.

(1) 첫 번째 기수 '비난'(criticism)

비난이란 배우자에게 불만이 있을 때 상대방이 잘못한 구체적인 행동이 아닌 성격이나 인격, 능력 등의 개인적 특성을 보편화, 일반화하여 공격하는 것을 말한다. 결혼생활에서 서로에 대한 불평이나 불만이 있을 수 있으나, 이에 대한 표현이 비난으로 바뀔 경우 빠르게 다음 단계의 부정적인 의사소통 행동으로 옮겨갈 수 있다.

- 비난하는 언어적 행동의 예: '당신은 항상 ~' 또는 '당신은 절대로 ~'로 시작하는 말
- 비난하는 비언어적 행동의 예: 손가락질

(2) 두 번째 기수 '경멸'(contempt)

무의식적으로 시작되거나 억압된 분노를 표출하기 위해 사용되는 비난과 달리, 경멸은 의도적으로 배우자를 모욕하거나 심리적으로 학대하는 것을 말한다. 경멸은 어떠한 형태로 시도되든 상대 배우자에게 혐오감을 전달하기 때문에 부부 관계를 해치는 독소로 작용하게 된다. 이에 Gottman은 4가지 의사소통 행동 중 경멸이 야기하는 역기능이 가장 강하며, 강한 경멸이 오고가는 부부 관계에서는 서로에 대한 긍정적인 특질들이 완전히 잊혀지고 차이점이 해결될 수 없다는 생각을 하게 된다고 하였다. 배우자를 경멸로 대하면, 상대 배우자는 방어하게 된다.

- 경멸하는 언어적 행동의 예: 빈정거리거나 적대적인 유머
- 경멸하는 비언어적 행동의 예: 코웃음 치기, 멸시하는 눈빛

(3) 세 번째 기수 '방어'(defensiveness)

방어는 배우자의 공격을 피하고 자신을 보호하기 위한 모든 형태의 시도를 의미한다. 부부 중 한 사람이 경멸의 행동을 할 때 다른 한 사람은 방어적으로 반응하게 되는데, 문제는 방어가 공세에 몰린 사람의 자연스런 반응이므로 방어하는 사람은 자신이 방어하게 되는 것이 잘못이라고는 것을 알지 못한다. 그럼에도 불구하고 방어는 배우자에게 솔직하게 대하지 않고 내게는 문제가 없다는 변명을 전달하므로 결국 상대 배우자에게 잘못을 돌리는 은근한 반격이며, 이러한 상호작용은 부부간 의사소통을 더욱 갈등 속으로 몰아가게 된다.

- 방어하는 언어적 행동의 예: '당신도 마찬가지'라고 받아치기
- 방어하는 비언어적 행동의 예: 팔짱 끼고 건성으로 듣기

(4) 네 번째 기수 '냉담'(stonewalling)

냉담은 무반응이나 침묵, 대화에서 벗어나는 도피반응 등과 같이 배우자와의 의사소통을 회피하고 물리적 거리감이나 정서적 무관심을 나타내는 것을 의미한다. 부부간 의사소통이 냉담으로 가는 전형적인 과정의 예를 들면, 어느 한쪽이 부정적으로 대화를 시작하여 비난과 경멸이 가세되면 상대방 배우자는 방어하게 되고, 그 결과 더 경멸하고 연쇄적으로 방어하다가 결국 한쪽 배우자가 대화를 중단하거나 방을 나가게 된다. 부부 싸움을 심하게 할 때 냉담하게 되기도 하지만, 문제는 습관적이 되는 경우이다. 냉담한 반응은 싸움을 회피하는 것이지만 상대방과의 관계도 회피하는 셈이 되므로, 한쪽이라도 습관적 냉담자가 될 경우 결

혼생활이 실패로 끝날 위험이 높아진다. 생리적으로 남성이 여성브다 결혼 관계에서의 긴장감에 더 압도당하고 못견뎌하기 때문에 남편이 냉담자가 되기 쉽다.

- 냉담의 언어적 행동의 예: 방을 나가면서 '그래, 당신을 항상 옳고 난 항상 틀리지'라고 하는 말
- 냉담의 비언어적 행동의 예: 집 나가기, 굳은 표정으로 입 다물기

결혼과 가족

행복한 부부 대화 10계명

① 부정적인 꼬리표를 떼고 말하라.

부정의 꼬리표는 배우자의 자존심을 상하게 한다. "바보 같은 ~, 형편없는 ~, 잘하는 게 하나도 없는 ~, 날마다 늦게 오는 ~" 이런 말들은 No! "당신은 ~"이라고 말하는 것보다는 "나는 ~"라고 주어를 바꾸어 자신이 느낀 감정이나 자신의 상황을 설명한다. "당신이 전화도 없이 늦게 오면 나는 ~(영향)이 되고 ~한 느낌이 들어요(감정)."

② '과거는 과거이고 현재는 현재'라는 생각을 가져라.

배우자 과거의 잘못을 비방하고 들추는 데 너무 혈안이 되어서는 안 된다. 현재 일어나고 있는 일들도 다 감당하기 힘든데 말이다. '과거는 과거이고 현재는 현재야'라는 생각으로 지금 우리 부부의 문제에 초점을 맞추어 대화한다.

③ '항상'이나 '전혀'와 같은 부정적인 단어는 피하고, 차라리 '대부분'이나 '가끔'이라는 단어를 사용하라.

"당신은 항상 그래요" 라는 말 대신 "당신은 대부분 그런 경향이 있어요"라고 말해 보라. "당신은 전혀 내 말을 듣지 않아요"라는 말 대신 "당신은 가끔 내 말을 듣지 않을 때가 있어요"라고 말할 때 부부 관계가 더 행복해진다.

④ 감정, 동기, 태도 등을 추측하거나 상상하지 말고 그냥 자세히 물어봐라.

'왜 그랬을까?'(동기), '어떤 마음이었을까?'(감정), '왜 그렇게 행동했을까?'(태도)를 상상하거나 추측하여 과장된 생각으로 괴로워하지 말고 차라리 그냥 속 시원하게 물어보라. 더 건강한 부부가 된다.

⑤ 눈을 쳐다보면서 말하는 습관을 가져라.

대화의 기본은 경청이다. 상대방의 시선을 피하지 말아야 한다. 부부 사이에 서로의 눈을 쳐다보면서 말하는 경청의 기본 태도가 부부 행복을 지켜 준다.

⑥ 비판하거나 평가하는 대화는 피하라.

관찰하면서 말하는 습관, 비판이나 평가 없이 관찰한 것을 객관적으로 말하는 지혜를 가져라. "당신은 매일 늦게 오는 사람이에요"라는 말 대신 "당신은 이번 주에 5번이나 10시가 넘어서 들어왔어요"가 더 좋다.

⑦ "당신 때문에 ~", "너 때문에 ~" 등 책임을 배우자에게 넘기는 말 대신 "다 내 책임입니다"와 같이 책임지는 말이 더 견고한 부부생활을 만들어 준다.

"이건 내 의견인데 ~", "내 생각은 ~"과 같은 제시형 대화를 시도해 보라.

⑧ 느낌보다는 내가 바라는 욕구를 분명하게 표현하라.

"슬프다", "외롭다", "못 살겠다"라는 부정형 느낌을 쏟기 전에 "내게 다정하게 말해 주세요", "벗은 옷들은 걸어 주세요" 등 나의 욕구를 분명하게 말해 보는 대화 습관을 갖는다.

⑨ 인신공격은 No! 문제가 되는 행동을 구체적으로 말하라.

"당신은 나쁜 사람이에요"라는 말 대신 "당신이 내가 아무리 말해도 들어 주지 않으면 ~"이라고 문제가 되는 구체적인 행동을 표현하는 것이 바람직하다.

⑩ 풍성한 스킨십으로 대화하라.

부부만의 특권은 사랑을 마음껏 표현할 수 있다는 것이다. 아무하고도 못 해 보는 진한 스킨십을 마음껏 표현하면서 대화하라. 피부는 제2의 뇌이다. 그래서 부부의 스킨십은 치매를 예방하는 행복한 부부 대화방법이다.

출처: 조선일보(2013. 10. 31). 재구성.

06 부부 적응

서로 다른 두 남녀가 만나 행복한 부부 관계를 형성해 가기 위해서는 지속적인 노력이 필요하다. 부부간의 삶은 어쩌면 이와 같이 평생을 통해 이루어지는 적응의 과정일 것이다. 다음에서는 부부 적응의 개념과 부부간 이해의 폭을 넓히기 위한 적응의 영역, 부부 적응의 유형, 그리고 가족생활주기에 따른 적응 과제에 대하여 살펴보고자 한다.

1) 부부 적응의 개념

적응이란 개인의 심리적 요인과 환경적 요인이 작용하여 조화를 이룬 상태를 말한다(한국교육심리학회, 2000). 적응은 인간이 주어진 문화적·사회적 환경에 대하여 수동적으로 순응하는 것을 뜻하는 것이 아니라, 능동적이고도 적극적으로 참여하여 변화시키는 상호작용과정을 의미한다. 따라서 적응과 관련된 개인의 능력 개선이 중요하며, 건전한 적응은 개인의 잠재력 개발이나 자아실현의 과정이라고도 할 수 있다.

부부 적응(marital adjustment)이란 부부가 서로의 심리·생리·사회적 욕구를 충족시키기 위해 부부간뿐만 아니라 부부를 둘러싼 외적 환경에 대해 상호 적응하는 과정을 의미한다. 부부 적응은 결과보다 과정이 강조되는 개념으로 바람직한 방향으로의 변화 가능성을 내포하고 있다. 즉, 부부 적응은 '적응' 또는 '부적응'이라는 질적으로 다른 두 가지의 상태(state)를 의미하는 것이 아니라 적응과 부적응 사이의 연속선상에서 어느 한 횡단적 상태(즉, degree)를 나타내는 것이며, 종단적으로 얼마든지 변화의 가능성을 지니는 개념이다(Spanier & Cole, 1976).

2) 부부 적응의 영역

부부간의 적응은 상대 배우자에 대한 일상생활상의 적응뿐만 아니라 사회적, 인간적, 경제적 환경에 대한 다양한 적응을 포함하는 역동적인 과정이다. 특히 현대사회의 고도화와 복잡한 분화로 인하여 부부간의 적응은 더욱 어려운 과제가 되고 있다. 성공적인 부부 적응을 위해서는 성격, 성, 경제, 친족과 같은 주요 영역을 중심으로 배우자 간 유연성 있는 적응노력이 필요하다(성경원, 2009; 유영주·김순옥·김경신, 2013; 최규련, 2007).

[그림 7-2] 부부 적응의 4가지 영역

(1) 성격적 적응

부부가 이혼하는 첫째 사유가 성격 차이로 보고될 만큼 성격적 적응은 중요하면서도 쉽지 않은 영역이다. 부부는 각자 유전적 특성과 성장 환경의 차이 등에서 비롯되는 고유한 성격적 특성을 지니며, 이는 결혼생활에 직·간접적으로 지속적인 영향을 미친다. 누구든지 성격 차이를 직면하면 상대방의 성격을 문제 삼고 변화시키려 하기 쉬우나, 한쪽의 문제로 치부하여 비난과 변화를 통해 해결하려는 방식은 오히려 갈등을 증폭시킬 수 있다. 부부가 서로의 성격적 차이를 수용하고 조화롭게 적응하기 위해서 고려할 몇 가지 사항을 알아보자(최외선·현은민·전귀연·이기숙·김득성·손낙주 외, 2008).

❶ 부부간의 성격 차이는 당연하고 정상적임을 알고 수용한다

이 세상에는 완벽한 사람도, 무조건 나쁜 면만 가진 사람도 없다. 누구나 장단점을 가지고 있으며 이러한 두 사람이 만나서 부부가 되었을 뿐이다. 따라서 성격 차이는 어느 부부간에든 존재하는 상황이며, 이러한 차이가 부부 관계에서 역기능이 아닌 순기능적으로 작용하여 상보적인 관계를 형성하는 것이 중요하다.

❷ 상대 대우자의 성격과 행동특성을 이해하고 수용하도록 노력한다

모든 행동에는 원인이 있으므로, 상대방이 어떤 행동을 보였을 때 행동의 배경을 이해하고 상대방의 입장에서 생각하려는 태도를 가지는 것이 필요하다.

❸ 상대방의 자율과 독립성을 인정한다

'부부는 일심동체'라는 말이 있다. 그러나 엄연한 두 인격체가 도든 생각과 행동이 일치하는 것은 불가능하며, 자칫하면 잘못된 소유욕이 될 수도 있다. 부부 각자가 발전을 이루기 위해서는 서로의 독립된 사고와 고유한 세계가 존재한다는 것을 기본적으로 인정하는 태도가 필요하다.

❹ 배우자의 자존심을 지켜 주라

아무리 친밀한 관계라 할지라도 상대방의 자존심을 짓밟고는 끝까지 바람직한 상호작용을 주고받기 어렵다. 처음부터 끝까지 독립된 인격체로서 교류하며 서로를 존중하도록 노력해야 한다.

❺ 나와 상대 배우자의 장점이 같이 발전하도록 노력해야 한다

인간은 누구나 단점과 취약점이 있다. 특히 배우자 간 욕구가 상반될 때에는 서로의 장단점이 엇갈릴 때가 있는데, 부부간 서로의 단점과 약점만 보고 비난하면 서로가 가진 장점마저 가치를 잃게 된다. 갈등 상황이 되더라도 서로가 장점을 인정하여 자존감을 높여 주며, 이러한 장점들이 잘 발휘됨으로써 상승효과가 발생하도록 이끌어 가는 것이 바람직하다. 이와 더불어 서로의 단점도 보완되어 상보적이고 기능적인 관계로 적응한다면 더 없이 좋을 것이다.

❻ 습관이나 태도를 변화시켜 적응하는 데 시간이 필요하다는 것을 알고 인내한다

습관이나 태도를 변화시키는 것은 반드시 어느 정도의 시간이 소요되는 과정이다. 바람직하게 조율하고 서로 변화하면 적응될 수 있다는 가능성을 공유하고 서로 격려하면서 기다려 주는 자세가 필요하다.

(2) 성적 적응

부부가 결혼생활에서 정신적·육체적 사랑을 나누는 일은 당연하고 자연스런 일이다. 과거에는 부부의 성이 자녀출산과 종족유지의 의미가 컸으며 개인적 행복을 위한 성생활에 대한 논의는 삼가는 경향이 있었다. 그러나 현대로 오면서 개인의 행복추구 성향이 커지고 성에 대한 논의도 보다 자유로워지면서, 부부간 성적 적응이 보다 중요시되고 있다. 오늘날 성적 적응은 결혼만족도에 영향을 미치는 주요한 요인 중의 하나이며, 성적 부적응은 결혼만족도 저하의 잠재적 문제 요소가 되기도 한다.

부부간 성적 적응을 위해 성생활에 대한 정확한 지식을 갖는 것이 필요하다. 남녀 간, 개인 간 성적 표현에 차이가 있다는 것을 인지하고, 상대방의 만족을 위해 관심을 가지고 노력할 필요가 있다. 특히 부부간의 성생활은 신체적·생리적 요인뿐만 아니라 감정적·인격적 요인을 포함한다. 따라서 성은 기교의 문제가 아니라 사랑과 인격체로서 남편과 아내 간 공감하고 교류하는 것이 중요하다. 또한 다른 측면의 적응과 마찬가지로 성적 적응 역시 만족스럽게 조화를 이루기 위해서는 시간이 필요하므로, 단기간 내에 성적 적응이 잘 안되더라고 불안해하지 말고 서로 협력하여 노력해야 한다.

결혼과 가족

성행위에 대한 고정관념

① 성관계란 삽입에 의한 성교를 의미하며, 키스나 포옹과 같은 그 밖의 신체 접촉은 단지 성교를 위한 준비과정일 뿐이다: 성관계란 단순히 삽입에 의한 오르가슴을 추구하는 행위가 아니며, 키스나 포옹과 같은 신체적 접촉과 다정한 이야기를 나누는 가운데 자연스럽게 사랑을 느낄 수 있는 포괄적 행위이다.

② 성관계를 가지면 항상 오르가슴을 느껴야 한다: 성생활의 만족을 오르가슴의 경험에 국한시키면 부담감을 느끼고 성만족도도 떨어진다. 예를 들어, 아내의 오르가슴 장애에 동정적이면서도 불안감을 느끼던 남편이 오히려 책임감을 느끼고 비관하거나 혹은 자신의 적극적이고 열성적인 사랑의 기술에도 불구하고 아내가 오르가슴을 느끼지 못하는 것을 알게 되어 분노와 배신감을 갖게 될 때 더욱 큰 문제가 된다.

③ 남편과 아내가 항상 동시에 오르가슴에 도달해야 한다: 남성과 여성은 성반응 주기는 차이가 있어 동시에 오르가슴에 도달하지 않을 수 있다. 또한 남성은 한 번의 성행위에서 한 번의 절정감만을 경험하지만 여성은 자극에 따라 여러 번의 절정감을 경험할 수 있다. 일반적으로 남성은 성자극의 강도와 시간에 따라 큰 변동이 없는 데 비해, 여성은 상대에 따라 혹은 같은 상대라도 상황에 따라 성반응의 강도나 시간에 상당한 차이를 보인다.

④ 성행위 중 다른 남성이나 여성을 상상하는 것은 불결하고 비정상적이다: 많은 부부들이 성관계 시 성적 공상을 하는데 이것은 정상적인 일이다. 성적 공상은 성생활의 조미료로써 불감증을 치료하는 데 이용되기도 한다.

⑤ 정상적인 성행위는 일정한 순서와 원칙에 의해 진행되어야 한다. 예를 들어, 성교 시 삽입 이외의 자위행위나 구강성교는 비정상적이다: 상대에게 강요하거나 피해를 주지 않는다면 어떠한 성행동도 정상적이다. 두 사람 모두 다양한 방법의 성행동을 시도할 권리와 자유가 있기 때문에 비정상적이라거나 수치심을 느낄 필요는 없다.

출처: 정현숙·유계숙·최연실(2003).

(3) 경제적 적응

결혼생활은 현실적인 생계의 문제이다. 부부가 되면서 '혼자만의 소비생활'에서 '우리의 소비생활'로 변하기 때문에 부부간의 경제적 적응은 매우 중요하다. 경제적 적응이란 적절한 소득수준과 서로가 인정할 수 있는 소비 지출 패턴, 그리고 합리적 경제 개념을 가지고 있어서 서로가 만족스러운 경제생활을 영위하는 것이다.

부부가 행복한 경제공동체를 이루기 위해서는 공동으로 재정적인 의사결정을 하는 것이 필요하다. 즉, 함께 예산을 세우고 이를 지켜 나가며, 저축 또한 함께 결정하여 안정적인 경제 관리를 하는 것이다. 아울러 돈에 지나치게 집착하여 삶에 있어서 진정으로 소중한 가치를 잃지 않도록 돈이 가져다주는 행복과 경제적 성공의 한계를 명확히 인식하는 것이 중요하다.

(4) 친족 관계의 적응

결혼은 두 남녀의 결합일 뿐만 아니라 각자 원가족과의 결합을 의미하므로, 결혼으로 맺어지는 친족 관계에서의 적응 또한 부부 관계에 영향을 미친다. 특히 고부 관계는 한국사회에서 가장 취약한 가족 관계로 시대에 따라 다양한 유형의 갈등을 경험하며, 때로는 이혼 사유가 되기도 한다. 원만한 고부 관계 형성을 위해서 며느리는 노인의 특성을 이해하고 시어머니 세대의 전통적 경험을 존중하면서 조언을 구하는 태도를 가져야 하며, 시어머니는 세대 차이를 인지하고 며느리를 독립된 인격체로 대우해 줄 필요가 있다. 이와 함께 적절한 고부간의 역할 분담과 남편의 적극적인 중재자로서의 역할 또한 요구된다.

3) 부부 적응의 유형

부부 적응의 유형은 다양한 학자들에 의해 분류되어 왔으나, Cuber와 Harroff(1980)의 5가지 유형이 가장 널리 받아들여지고 있다. Cuber와 Harroff는 이혼이나 별거를 생각하지 않고 10년 이상 한 배우자와 살고 있는 기혼남녀 211명을 대상으로 조사한 결과, 적응된 부부들이라고 해도 모두가 비슷한 결혼생활을 영위하는 것이 아님을 발견하였다. 3가지의 도구적 유형(갈등상존, 비활력, 상호 소극적 유형)과 2가지의 동반자적 유형(생동적, 밀착형)을 포함하여 총 5가지 유형으로 부부 적응 형태를 구분했으며, 동반자적 유형을 바람직한 것으로 평가했다.

(1) 갈등상존 유형(conflict-habituated marriage)

부부간 긴장, 갈등, 언쟁이 계속되며 서로를 비난하는 부부 유형이다. 모든 일에 견해 차이가 있으며 단순히 함께 있는 것만으로 싸움이 일어나게 된다. 혼자라는 것에 대한 두려움에 집착하는 경우가 많으며, 상대 배우자를 화나게 하면서 통제하는 상호작용이 지속적으로 발생한다. 이와 같은 유형의 부부들은 표현하지 않으면 안 되는 많은 적대감정을 가지고 있으며, 이러한 갈등이 결혼을 해체시킬만한 이유가 되지는 않으므로 불안정한 적응이라고 볼 수는 없다. 오히려 갈등 표출을 통해 정서적인 욕구를 충족시키기도 하므로, 때에 따라 부부를 하나로 묶는 기능을 하거나 결혼을 지속시키는 요인이 되기도 한다.

(2) 활력 잃은 유형(devitalized marriage)

결혼 초기에는 부부가 사랑하는 감정으로 적극적인 관계였으나 결혼기간이 지남에 따라 함께 지내는 시간이나 같이 즐기는 활동이 없어지고 서로를 의무적으로 대하게 되는 부부 유형이다. 무감각(numbness), 냉담(apathy)을 주요 특징으로 하는 이 유형은 드러나는 갈등은 없으나 열정도 없다. 결국 법적, 도덕적 구속력과 책임감, 자녀들에 의해 유지되는 동맹 관계라고 볼 수 있다.

이러한 유형의 부부는 의외로 많은데, 다른 부부도 모두 마찬가지일 것이라는 위안의 생각에 특별한 불만이나 활력 없이 부부생활을 영위한다. 특히 중년기 이후에 많이 나타나는 유형이다.

(3) 상호 소극적 유형(passive-congenial marriage)

외형적으로는 활력 잃은 부부와 비슷하나, 결혼 초기부터 부부가 서로 몰입되어 있지 않았다는 점에서 차이가 있다. 즉, 결혼 초기부터 상호 정서적인 열정을 기대하지 않으며, 서로에게 깊이 관여하지 않고 각자의 영역에 충실하기를 원한다. 부부 관계보다는 대외적 활동을 중시하는 유형으로, 이러한 태도에 대해 서운해하기보다는 고맙게 생각한다. 대개의 경우 경제적 안정, 재산 확대, 명예, 출세, 전문성의 성취, 자녀에 관한 희망 등에 더 많은 관심을 두며, 자신의 관심과 창조적인 역량을 직업생활과 사회생활에 몰두하기를 원한다.

그러므로 이 유형의 부부는 갈등이나 분노, 좌절을 그다지 많이 나타내지 않으며 자신들이 흥미, 견해, 직업 등에 대해서 서로 일치하는 면이 많다고 생각한다. 아울러 결혼을 편리하고 안락한 삶의 한 방편으로 생각하는 경우가 많다.

(4) 생동적 유형(vital marriage)

앞에서 살펴본 3개의 유형과는 대조적이다. 생동적 부부는 많은 시간을 함께 보내고 자녀를 사랑하는 등 가정을 소중하게 생각하며 직업활동과 사회활동 등에서도 성공적이다. 또한 부부가 서로에게 친밀감과 공감을 느끼며 심리적인 유대감이 강하다.

생동적 부부 유형에 갈등이 없는 것은 아니다. 갈등 유무가 중요한 것이 아니라 실제적인 문제의 핵심을 파악하고, 가능한 빨리 갈등을 해결하려고 노력하므로 이를 통해 관계를 잘 유지하고 발전시켜 나가게 된다. 이와 같이 생동적 부부는 갈등 발생 시 곧 조정과 적응할 수 있는 능력이 있기 때문에 갈등으로 인한 긴장의 시간이 짧아 바람직하다고 볼 수 있다.

(5) 밀착 유형(total marriage)

일상생활의 많은 측면에서 부부가 공동으로 성실하게 참여하는 유형이다. 예를 들면, 부부가 비슷한 직업, 같은 직장, 공동 운영 사업장에서 근무하는 경우에서와 같이 함께 일하며 생활하는 경우가 여기에 해당한다. 부부의 불일치가 쉽게 해결되기 때문에 긴장도가 낮으며, 부부간의 견해 차이가 있기는 하지만 타협이나 양보에 의해 쉽게 해결하거나 문제해결방법을 도출해 낸다. 이 유형은 모든 일상생활이 부부 중심이어서 깊은 친밀감을 가지게 되므로 자녀나 친구, 이웃, 친척, 동료에게 소외감이나 이탈감을 느끼게 할 수도 있다.

결혼과 가족

배우자 간에 비슷하면 결혼생활에 도움이 되는 50가지 특성들

① 가족의 사회경제적 배경
② 지능
③ 교육수준
④ 언어 능력
⑤ 결혼생활 안에서 두 사람이 서로에게 기대하는 역할
⑥ 가족 내에서의 권력 분담에 대한 견해
⑦ 바라는 자녀 수
⑧ 가족생활을 시작하게 되는 시점
⑨ 아동 양육에 대한 견해
⑩ 정치 철학
⑪ 흡연, 음주, 약물 복용에 대한 견해
⑫ 친정(처가)이나 시댁(본가) 식구들과 어울리는 정도
⑬ 유머 감각
⑭ 시간 약속 등을 잘 지키는 것
⑮ 신뢰할 수 있는 정도
⑯ 언어적 친밀성에 대한 바람과 친밀해지는 능력
⑰ 갈등의 역할과 그것을 해결하는 방법
⑱ 분노를 다루는 방식
⑲ 이성과의 우정을 처리하는 방식
⑳ 기대하는 프라이버시(privacy)의 양과 그것을 이용하는 규칙
㉑ 야망 수준
㉒ 인생 목표
㉓ 체중에 대한 태도
㉔ 종교적·영적 신념과 선호
㉕ 교회참여 정도
㉖ 가족이 영적 활동에 참여하는 정도
㉗ 취미와 관심
㉘ 즐기는 음악의 종류
㉙ 신체 활동을 위한 에너지 수준
㉚ 성 충동과 성적 관심
㉛ 소비 수준과 저축 수준
㉜ 금전 할당 방식(의복, 휴가 등)
㉝ 기부금의 정도와 기부 대상
㉞ 투자에 거는 위험 부담의 정도
㉟ (집, 의복, 신체 등의) 청결에 대한 태도
㊱ 아픈 것을 다루는 방식
㊲ 건강에 대한 표준: 의사를 보러 가는 시점 등
㊳ 사람을 대하거나 어울리는 기술
㊴ 선호하는 사회 활동의 양과 유형
㊵ 사는 장소
㊶ 집의 크기와 양식
㊷ 가구나 장식의 유형
㊸ 여행 정도와 가고 싶어 하는 유형
㊹ 휴가를 보내는 방식
㊺ 명절 등을 보내는 방식
㊻ 함께 보내는 시간의 양
㊼ 취침 시간과 기상 시간
㊽ 주야간 집 안의 실내 온도
㊾ 식사 시간 동안의 활동 (대화, 텔레비전 시청 등)
㊿ 선호하는 텔레비전 프로그램

출처: 정현숙 외(2003).

4) 가족생활주기에 따른 부부 적응

가족생활주기에 대한 개념은 사회학자인 Duvall이 1940년대에 가족발달단계에 적용하면서 도입되었다(권육상, 2001). 가족생활주기는 가족생활이 지속되고 연속된다는 인식에 기초한 장기적인 안목을 취하는 접근으로, 한 가족의 주기상에 나타나는 상이한 국면의 문제와 잠재적인 문제, 취약점과 강점을 시간적 차원과 계속적인 발달의 과정으로 연구하는 데 도움을 준다. 가족생활주기를 표현하는 단계의 수와 기준은 학자에 따라 차이가 있겠으나, 다음에서는 신혼기, 확대기, 중년기, 노년기로 구분하여 각 단계에 따른 부부 관계의 특징과 발달과업을 살펴보고자 한다.

(1) 신혼기

신혼기는 결혼으로부터 시작하여 첫 자녀를 출생하기까지의 기간으로 결혼생활의 기초를 확립하는 시기이다. 대부분 행복하고 이상적인 결혼생활에 대한 핑크빛 기대를 가지고 시작하지만, 싱글라이프에서 배우자와 함께 하는 삶으로 전환하는 신혼기는 여러 분야에 걸친 적응 노력과 상호 협력적 체계 구축이 요구되는 어려운 시기이다. 실제로, 결혼 5년 미만의 신혼기 이혼은 전체 이혼율의 24.7%로 나타나 심각한 사회문제로 대두되고 있다(한겨레신문, 2013). 이는 신혼기 부부가 서로에게 비현실적인 기대를 가지고 결혼을 했지만, 초기 결혼생활에서 겪게 되는 현실적인 문제와 갈등을 극복하지 못하고 이혼을 결심하는 경우가 많기 때문으로 해석된다.

신혼기의 부부는 원가족으로부터 정서적·경제적으로 독립하면서도 배우자의 원가족과 수용적이고 원만한 관계를 형성해야 한다. 또한 배우자와 형성하게 되는 새로운 가족 관계에 있어서 규칙과 경계에 대한 합의를 도출해야 하며, 자녀출산과 자녀양육태도에 대해서도 조정하고 준비해야 한다. 신혼기 부부의 다양한 적응 과제를 정리하면 다음과 같다(최규련, 2007; McGoldrick, 1999).

❶ 부부 정체감 확립

- 결혼에 대한 신화와 비현실적 기대에서 탈피한다.
- 원가족으로부터 심리적으로 독립하며, 개별화와 자율성을 갖춘다.
- 배우자와 나의 다름을 인정한다.
- 배우자를 개별적 인격체로 인정함으로써, 친밀하면서도 독립적인 관계를 형성한다.

❷ 가족규칙 및 역할체계 정립

- 일과 가족의 양립 및 가사분담에 있어서 조화를 이룬다.
- 가부장적 문화를 극복하고 권력과 책임이 평등한 부부 관계를 형성한다.
- 경제생활에 대한 가치관을 공유하고 공동으로 계획한다.

❸ 성적 적응

- 친밀한 애정 - 성적 관계를 발달시킨다.
- 충분한 애정표현을 통해 상대방의 성적 욕구를 충족시킨다

❹ 효율적인 대화체계 정립

- 개방적 의사소통과 바람직한 감정 표현을 통해 정서적 지지와 배려적 의사소통 체계를 구축한다.

❺ 갈등 해결방식 확립

- 문제 발생 시 긍정적 사고, 적절한 분노 표현, 바람직한 갈등 해결방법을 습득한다.

❻ 활력 있는 관계 유지

- 부부 공동의 활동, 여가생활, 공통 관심사를 개발한다.

❼ 인척 관계 적응

- 시가 및 처가와의 관계에 적응한다.

❽ 부모 역할 준비

○ 부모 됨을 공동으로 계획(피임, 임신, 출산 등)하고 부모 역할 공유에 대해 사전에 충분히 논의한다.

(2) 확대기

첫 자녀의 출생에서부터 막내 자녀의 출생까지를 말한다. 자녀의 출생은 결혼생활에서 가족체계의 전환을 가져오는 가장 중요한 사건이다. 이로 인해 부부만의 2인 가족에서 자녀가 생기고 부모가 되는 3인 가족으로 변화하게 된다. 따라서 신혼기의 역할 재조정 및 새로 부여되는 역할 간의 균형적 분담이 요구되는 단계이다.

이 시기에 대부분의 남편은 직장에서의 역할이 커지고 아내들은 자녀양육에 몰두하게 되므로, 부부간 대화나 활동이 이전에 비해 급격히 줄어들게 된다. 이로 인해 부부 관계가 소홀이 되거나 결혼만족도가 감소하기도 한다. 특히 취업여성의 경우 직장과 가사 및 자녀양육을 병행해야 하므로 역할 확대로 인한 역할 과중의 갈등을 경험하게 된다. 부부 관계가 원만해야 부모 역할 수행에도 긍정적인 영향을 미치므로 효과적인 의사소통을 통해 다양한 욕구를 조정하고 역할을 분담하는 것이 필요하다. 또한 부부간 역할 기대의 불일치, 늘어나는 경제적 부담과 시간 할애, 정서적으로 상충된 욕구 등으로 인한 갈등에 대해 효율적으로 해결하려고 노력하는 것이 중요하다.

(3) 중년기

중년기는 자녀의 첫 결혼시점부터 모든 자녀를 결혼시키는 시점까지의 기간으로 자녀가 집을 떠나 부부만 남게 되므로 적막한 둥지(quiet nest) 또는 빈 둥지(empty nest)에 비유되는 시기이다(Carter & McGoldrick, 1996). 막내 자녀가 성인기에 진입하고 독립하게 되므로 다시 부부만의 2인 가족으로 복귀하게 된다.

중년기는 '인생의 황금기'라고 평가되기도 하는 반면, '위기의 시기'라고 평가되기도 한다(정성호, 2006). 중년기를 '인생의 황금기'라고 보는 긍정적인 측면을 먼저 살펴보면, 중년기의 개인은 지금까지의 자기 자신보다 훨씬 다양한 모습으로 인생의 정상을 향하여 능력과 창의성을 발휘하게 된다. 성인기가 개척기에 비유된다면, 중년기는 개척을 계속해 나가며 개척의 부산물인 행복을 향유하는 시기인 것이다. 또한 이 시기의 중년은 개방적이어서 다양성을 받아들이고 흡수하여 자기 확대에 활용하고, 다양한 견해나 가치관의 차이를 인정하는 경우가 많다. 결혼생활에서도 지금까지의 시행착오를 거쳐 서로 잘 적응하고 익숙해지므로, 중년기의 부부는 동반자의식의 결실기에 도달했다고 볼 수 있다. 이전에 적응과 갈등해결에 힘썼다면, 그 과정을 거친 중년기에는 동질성을 더 많이 발견할 수 있는 부부 관계를 이룰 수 있는 것이다. 중년기를 인생의 가장 행복한 시기로 보는 이러한 시각은, 중년기의 경제적 안정, 직업에 대한 열정, 부모의 책임에서 벗어나는 자유 등을 강조한다.

반면 중년기는 흔히 '갈등으로 가득 찬 위기의 시기'라고 일컬어지기도 한다. '중년기의 위기'라는 용어는 정신분석학자들에 의해 처음 소개된 것으로, 평균 수명의 연장과 자녀 수 감소로 인한 양육기의 단축으로 인해 중년기가 길어지면서 급격히 대중화되어 유행어가 되었다(정태기, 2010). 위기의 시기로 보는 견해에 따르면, 중년기에는 신체적, 심리적, 사회적 여러 가지 변화로 인한 갱년기, 실직 및 직업전환, 우울증과 같은 문제에 직면하며, 정체감의 재평가가 이루어지고 그에 수반되는 많은 사회적, 심리적 어려움을 경험하게 된다. 부부 관계에 있어서도 결혼만족도가 최저점에 이르는 반면, 이혼이나 별거, 불륜이나 도피 등도 드물지 않게 일어나는 시기이기도 하다. 2013년 통계청이 발표한 '우리나라의 이혼·재혼 현황'을 보면, '혼인지속기간 20년 이상'인 부부의 이혼이 26.4%인 것으로 조사되어, 그동안 이혼 비중에서 부동의 1위를 유지했던 '혼인지속기간 4년 이하' 부부의 이혼(24.7%)을 추월한 것으로(한겨레신문, 2013) 나타났다.

이와 같은 긍정적·부정적 측면을 결혼생활에 적용해 보면, 중년기 부부는 자녀양육의 책임에서 벗어나 배우자와의 상호작용이 다시 증가하게 되므로, 친밀감이 더욱 커지고 평생 동반자로서 제2의 신혼기를 맞이할 수 있다. 반면 자녀양육기 동안 부부가 거리를 두면서 관계가 유지되어 왔던 경우는 부부만의 시간이 증가하면서 오히려 갈등과 부정적 문제가 드러나게 되어 부적응과 위기를 겪을 수도 있다. 특히 아내가 부모 역할에만 충실했던 경우 상실감을 느낄 수 있으며, 갑자기 외부 활동에 관심이 많아지거나 적극성과 주도성이 증가할 수도 있고 외도에 빠지기도 한다. 남편의 경우 직장에서의 불안정한 위치, 젊음의 상실 경험, 가족 내에서의 권위 약화 등이 작용하여 위축될 수도 있고 존재가치를 확인해 보려는 욕구로 인해 외도를 하기도 한다. 따라서 중년기의 부부는 이 시기의 욕구변화를 이해하고 부부 역할을 재정립하며, 조율하려는 노력을 기울여야 한다. 이를 위한 구체적인 방법을 몇 가지 제시하면 다음과 같다(최규련, 2007).

① 배우자와 함께 하는 시간을 늘리고 부부 공동의 활동을 개발하라.
② 배우자의 장점과 매력을 발견하고 배우자에게 몰입하려고 노력하라.
③ 배우자에게 수용과 연민감을 가지고 정서적으로 지지하고 사랑하라.
④ 자신의 중년을 받아들이고 노년기를 대비하며 자기 개발하라.
⑤ 부부가 함께 하는 성적 즐거움을 모색하라.
⑥ 부부대화 방법과 관계향상 기술을 배우는 기회를 찾아 참여하고 익혀라.

(4) 노년기

노인이 되면 신체능력이 쇠퇴하면서 일상생활에서 배우자와 자녀 등 타인에 대한 의존도가 높아지고 퇴직과 같은 사회적 역할 상실을 경험하게 되어, 심리적으로 위축되고 소외감을 느끼기 쉽다. 이러한 변화로 인해 어느 시기보다도 가족이라는 관계망에서의 지지가 중요하며, 그중에서도 가장 밀접한 부부 관계가 노인기 삶의 안식처의 역할을 하게 된다.

평균수명이 길어지고 개인주의와 핵가족화가 보편화되면서 노년 부부기가 길어지고 있으며, 이 시기의 부부 관계는 삶의 만족도를 결정짓는 중요한 요인의 하나로 자리 잡게 되었다(박선희, 2005). 노년기 부부 관계의 대표적인 변화에는 부부 역할에서의 양성성 발달을 들 수 있다. 즉, 노년기 부부들은 가사에 평등하게 되는 경향이 있으며, 전통적인 성역할의 규범이 유연해지고 서로 의존하게 되며 안정을 느끼게 된다(문아람, 2008). 한쪽 배우자 또는 쌍방이 은퇴를 하게 되고 대부분의 시간을 함께 보내게 되면서 서서히 성역할 전환이 일어나므로, 노년기에 남성은 덜 도구적이고 보다 양육적인 전통적 여성성의 특성이 나타나며, 반면 여성은 더 독립적인 남성성의 기질로 변화하기 시작한다.

한편, 노년기에 경험하는 배우자 상실은 남은 배우자에게 외로움, 슬픔, 고독감의 정서적 응대와 함께 경제적 박탈감이나 사회관계망의 감소와 같은 적응문제를 야기할 수 있다. 생에 대한 재검토를 통해 죽음으로 인한 상실에 대처하고 순응하는 지혜가 요구되며, 이 시기의 경제적 수요를 미리 예측하고 준비하는 것이 중요하다. 또한 노년기에도 부부간 성적 관심과 조화는 만족스러운 부부생활에 또한 도움이 된다. 상대방을 인정하는 감사의 표현과 애정·성적 친밀감을 증진시킬 수 있는 대화는 여전히 부부 관계의 질을 높이기 위해 유용한 전략이다.

결혼과 가족

중년의 위기를 약진의 기회로

1945년 2차 세계대전 직후 출생한 베이비붐 세대가 2005년 이미 환갑 나이에 접어들게 된 미국은 오늘날 '그레이 아메리카'란 애칭을 얻게 됐다. 이들 베이비붐 세대 10명 가운데 1명이 100살을 넘길 것이란 예상이 나오면서 미국에서는 생애주기 전반에 걸친 패러다임의 재구성이 시작되었다.

중년의 위기라 함은 젊은 시절 일에 몰입하고 조직에 헌신하느라 자신을 돌보지 않던 남성들 사이에 상실감 내지 허탈감이 차오르면서 겉보기엔 안정된 가정을 꾸리고 사회적 성취를 이뤘음에도 불구하고 내면적으론 공허감과 무력감에 빠지면서 방황하게 되는 현상을 포괄적으로 지칭한다. 중년의 위기를 지나는 동안 다수는 우울증과 자괴감에 빠지고, 일부는 외도의 유혹에서 헤어나지 못하며, 극소수는 알코올 및 도박 등 중독에 빠져 파멸하기도 한다는 것이다.

최근 중년의 위기 논의가 진전되면서 이는 남성의 전유물만은 아니요, 여성들 다수도 비슷한 격랑을 헤쳐 가는 것으로 나타났으며, 더욱 괄목할 만한 것은 위기를 절호의 기회로 삼아 약진(躍進)에 성공하는 이들이 증가하고 있다는 것이다. 더 이상 잃어버릴 것

없는 중년 여성들이 화려한 성공담의 주인공으로 부상하고 있음도 흥미롭다.
중년의 위기를 약진의 기회로 전환시켜 가는 과정에는 대체로 다섯 가지 유형이 관찰된다고 한다. 첫째는 젊은 시절 감히 추구하지 못했던 과격한 운동에 도전함으로써 스스로 규정해 온 한계를 뛰어넘어 자신감을 회복해 가는 '모험가 유형'이다. 둘째는 규범 및 관습에 충실히 동조하던 것을 멈추고 자신의 진솔한 목소리에 귀 기울이면서 자신만의 스타일을 창조해 가는 '지도자 유형'이다. 셋째는 그동안 뒤곁에 방치해 온 텃밭을 일구며 사계절 꽃 피우는 기쁨을 누리듯 자신이 숨겨 왔던 예술가적 자질이나 생산가적 재능을 다시금 생활 속에 통합시켜 가는 '정원사 유형'이다. 넷째는 끊임없이 종교 문학 사상의 세계를 탐색하며 삶의 풍요로움과 영혼의 성숙을 위해 노력을 아끼지 않는 '구도자 유형', 그리고 다섯째는 사회적 역할과 가족의 의무를 우선하느라 미뤄 두었던 바, 포만감을 느끼는 친밀성 속에서 인생의 의미를 되찾고자 하는 '낭만가 유형'이 그것이다. 이들 각 유형에는 위기를 느끼자마자 서둘러 재빨리 위기 탈출에 성공하는 경우가 있는가 하면, 먹물이 스며들 듯 위기를 서서히 받아들인 후 현명하게 헤쳐 가는 경우도 있다.
중년 시기에 사회적 규범의 강제력 및 구속력에서 벗어나 오히려 자율성과 창의성의 폭이 확대되면서 젊은 시절 못지않은 에너지가 솟구친다는 주장이나 중년 이후 뇌 속에 새로운 인지 구조가 구축되는 사례가 보고되었다는 주장엔 솔직히 귀가 솔깃해 온다. 이제 10년이 채 지나지 않아 60세에 들어서는 한국의 베이비부머들이 사회 무대로부터 소리 없이 퇴장하기보다 중년의 의미를 재정립하고 활력을 재충전하는 데 성공한다면, '젊은 피 수혈' 못지않은 사회적 성장 동력이 될 수 있으리라 희망해 본다.

출처: 한국경제(2006. 10. 15). 재구성.

CHAPTER 08

부모 - 자녀 관계 I

■ 부모 - 자녀 관계는 자녀의 출생과 함께 시작되는 것으로 가장 기본적이고 영구적인 관계이며, 일방적이 아닌 상호 간에 영향을 미치는 쌍방적인 관계이다. 따라서 부모가 자녀에게 미치는 영향은 지대하며 자녀에게 있어서도 부모와의 관계가 매우 중요하다. 이에 본 장에서는 부모 - 자녀 관계를 둘러싼 생태학적 맥락, 부모가 되는 동기 및 부모양육태도 그리고 다양한 가족형태에 따른 부모 - 자녀 관계에 대해서 살펴보고자 한다.

01 생태학 이론

부모 - 자녀 관계는 다양한 변인들의 역동적인 상호작용을 통해 복합적인 영향을 받는다. 따라서 부모 - 자녀 관계를 정확하게 이해하기 위해서는 생태학 이론에 근거한 접근이 반드시 필요하다.

Bronfenbrenner는 인간발달은 인간이 자신의 환경을 지각하고 다루는 방식에서의 지속적인 변화라고 정의하면서 세 가지 기본 전제를 제시하였다. 첫째, 발달하는 개인을 단순히 환경의 영향을 받는 백지상태로 간주하는 것이 아니라 환경을 재구성하는 존재인 성장하는 역동적 실제로 간주한다. 둘째, 환경도 상호 조절과정을 요구하면서 발휘하기 때문에 개인과 환경 간의 상호작용은 상호 호혜성의 특징을 가진 것으로 간주된다. 셋째, 생태학적 환경의 개념은 개인이 직접 참여하는 장면에 국한되는 것만이 아닌 개인이 직접 참여하는 장면들의 상호 연결과 개인이 속해 있지 않은 외부환경으로부터 오는 영향까지 포함한다.

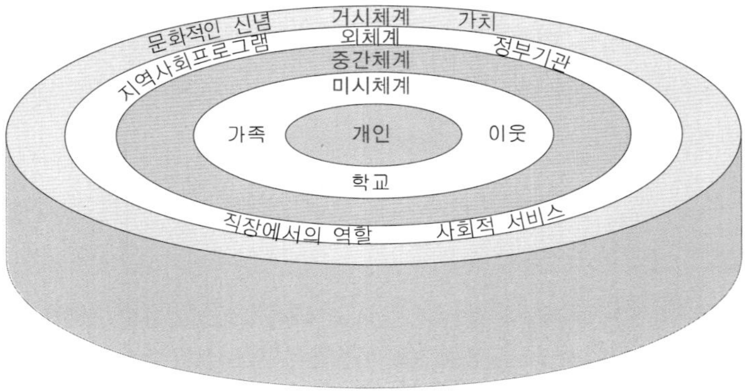

출처: Bigner(2006).

[그림 8-1] Bronfenbrenner의 생태학 이론 모델

Bronfenbrenner가 제안한 생태학 이론은 가족을 둘러싼 여러 환경이 개인과 가족 관계의 기능뿐만 아니라 부모 - 자녀에게 어떻게 영향을 주는지 말해 준다. 또한 서로 연결된 환경에 초점을 두어 개인과 가족체계가 발달상에서 어떤 영향을 받는지, 관계가 어떻게 기능하는지 그리고 어떤 상호작용이 일어나는지 설명한다. 예를 들어, 가족은 자녀가 다니는 학교와 관계를 맺고 상호작용한다. 만일 부모가 우울증에 빠져 있다면 이는 가족체계에서 자녀와의 상호작용에 영향을 주고 자녀의 또래 관계 및 학교생활에도 영향을 준다. 또한 부모가 직장에서 책임이나 업무분야가 달라져 직무스트레스가 증가한다면 가정 내 부모 - 자녀 관계는 영향을 받을 수밖에 없다.

Hoffman(1960)과 Walters(1971) 등은 부모 - 자녀 관계를 결정하는 요인으로 부모가 지니고 있는 자녀양육 관련 태도, 가족구조적 특성, 그리고 현재 가정이 처해 있는 상황 등을 생태학적 관점에서 제시하였다(표 8-1).

〈표 8-1〉 부모 – 자녀 관계를 결정하는 요인

영 역	하위 요인	결과 요인
현재의 가정상황	가정의 기능 가정의 사회문화적 위치 사회계층, 지역적 위치 가족의 병리적 상태	• 자녀의 행동, 성격 및 정신건강 등의 결정 • 부모나 다른 가족원에 대한 태도 및 행동의 결정 • 자녀의 지적 능력, 창의성, 학업성취 등의 결정 • 가정 및 가족성원에 대한 자녀의 인지수준의 결정 • 성취동기 수준의 결정
부모 변인	부모가 성장한 환경 부모의 태도 및 성격 부모의 양육태도 및 행동	
가족구조	가족 구성 가족 관계의 구성	

생태학적 관점의 실천 기법으로 생태도와 가계도가 있다. 이를 구체적으로 살펴보면 다음과 같다.

1) 생태도

생태도(ecomap)란 개인이나 가족을 포함하는 체계가 외부환경체계들과 어떻게 관련되어 있는지를 그림으로 보여 주는 것으로 가족생활, 가족 관계 및 가족의 상태를 전체적으로 조망하도록 도와준다. 특히 생태도는 개인체계보다는 가족체계를 파악할 때 많이 활용되며, 가족원들 사이에 혹은 가족과 외부체계 사이의 에너지 흐름과 자원의 부족, 결핍, 교환 그리고 결속, 지지뿐만 아니라 스트레스나 갈등의 정도를 이해하는 도구가 되며, 체계들 간의 관계를 원활하게 하기 위해 어떤 체계를 어떻게 변화시켜야 할지를 결정하도록 도와준다.

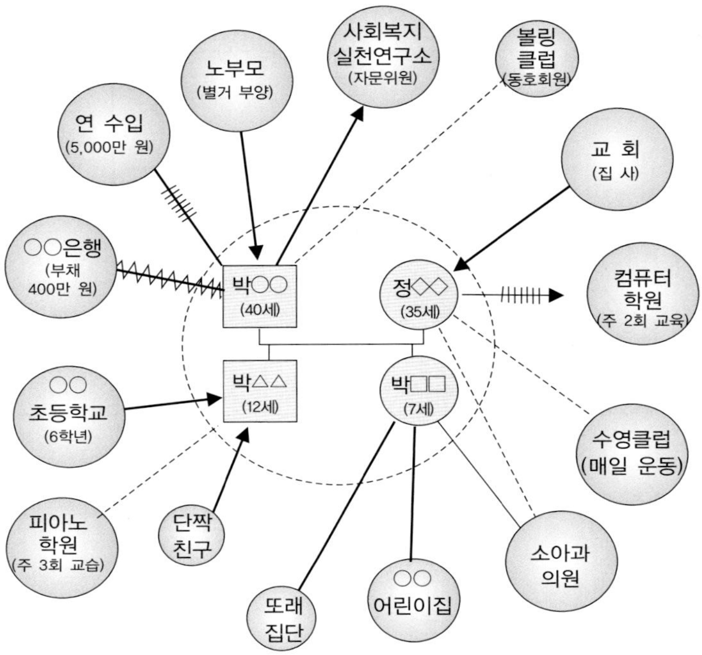

[그림 8-2] 생태도

2) 가계도

가계도(genogram)는 가족체계를 사정하는 방법으로 적어도 3세대 이상의 가족 구성원과 그들의 관계와 관련된 정보를 상징을 사용하여 도표로 나타낸 것이다. 이러한 도식화를 통해 가족구조를 포함한 복잡한 현재 가족유형의 형태를 전체적으로 파악할 수 있으며 현재의 문제와 가족맥락과의 사이의 관련성 그리고 주요 타인의 영향력에 대한 정보, 가족구조, 관계 그리고 기능적 측면이 과거로부터 현재까지 어떻게 발전되어 왔는지 평가할 수 있게 된다.

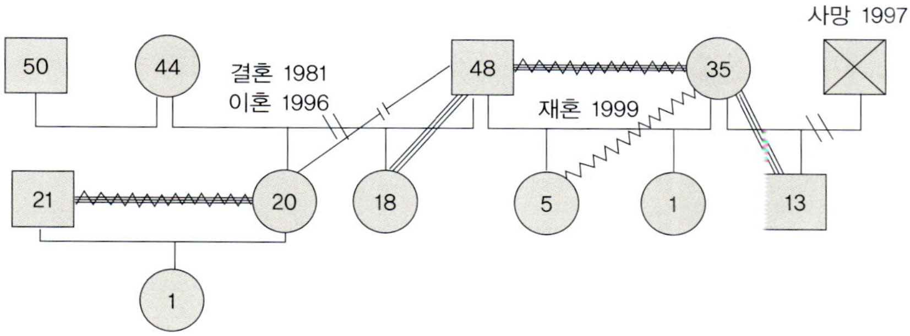

[그림 8-3] 가계도

02 부 모

부모는 자녀의 발달을 위한 일차적인 환경으로 자녀가 한 문화에서 반드시 습득해야 할 보편적인 습관, 기술, 행동, 가치관을 발달시키게 도움을 주고, 심신이 건강한 인간으로 성장하는 데 결정적인 역할을 담당한다. 예를 들면, 온정적이고 민감한 양육태도를 보이는 부모의 경우는 영아와 자주 대화를 나누며 호기심을 자극하는 환경을 제공하여 자녀와 안정적인 애착을 형성하는 데 긍정적인 요소로 작용하는 것이다. 부모가 되는 동기유형은 〈표 8-2〉와 같다.

〈표 8-2〉 부모가 되는 동기유형

동기유형	특 성
숙명적 이유	• 운명에 순종한다는 사고 • 종교적 신념에 따르는 사고 • 자녀를 통해 가계를 잇는다는 사고
이타주의적 이유	• 자녀에 대한 관심과 애정을 위한 비이기적 소원 • 부모가 되고자 하는 기본적 욕구
자기도취적 이유	• 자녀를 가짐으로써 심리적 안정을 얻을 수 있다는 사고 • 자녀를 가짐으로써 성인 대열에 속했다는 심리적 안정유지 욕구
도구적 이유	• 자녀를 통해 대리보상을 충족하고자 하는 욕구 • 부모에게 만족감을 주기 위한 사고 • 부부간의 불화를 방지할 수 있다는 의식

자녀가 태어나면 부부만의 일상생활, 규칙, 역할 등으로 이루어져 있던 부부 중심의 가족체계는 복잡한 상호작용적 관계망으로 변화한다. 이처럼 자녀라는 새로운 가족구성원의 출현은 전체적인 가족체계에 영향을 주게 된다(그림 8-4).

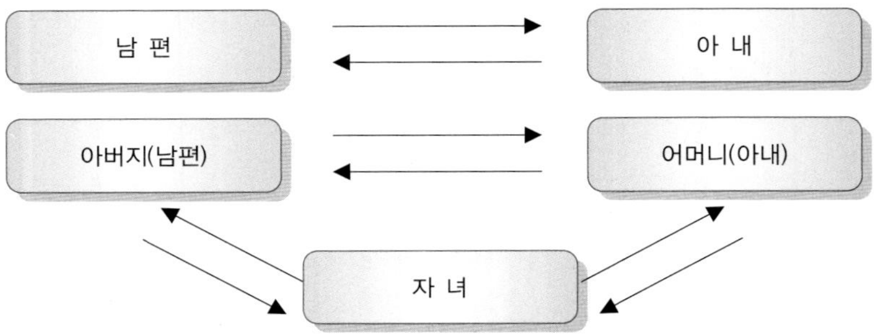

출처: Bigner(2006).

[그림 8-4] 부모 – 자녀 관계

이상과 같이 자녀가 없는 부부상태에서 부모가 되면서 경험하는 역할의 변화 및 어려움에는 여러 가지가 있다(정옥분 외, 2009).

첫째, 다른 역할에 비해 부모로서의 역할을 수행하는 데는 긴 세월이 필요하다.

둘째, 여성은 일차적인 양육책임자의 역할을 담당하기 때문에 부모 역할로 인한 스트레스가 남성에 비해 높고, 특히 취업여성일 경우 이중 역할로 인한 갈등이 훨씬 심하다.

셋째, 첫 자녀의 출산을 통해 가족 관계는 지금까지의 이자체계에서 삼자체계로 전환이 이루어진다. 이러한 전환은 신체적·정신적 에너지와 시간을 상상한 것 이상으로 필요로 한다.

넷째, 오늘날 부모 역할의 어려움은 성장과정을 통해 부모 역할을 학습할 기회가 거의 없다는 점이다.

그러나 부모 역할은 여러 변인들에 따라 상이하게 나타난다(Rogers & White, 1998).

첫째, 부모 역할에 헌신적인 부모는 그렇지 않은 부모에 비해 브다 큰 만족감을 얻는다.

둘째, 여러 가지 역할(어머니, 아내, 직업)을 동시에 수행하는 것은 양육스트레스를 갖게 하며, 결과적으로 부모 역할 만족감을 감소시킨다.

셋째, 남성보다 여성이 부모 역할에서 보다 큰 성취감을 경험하지만 동시에 부모기를 더 부담스럽게 생각하는 경향이 있다.

넷째, 교육수준이 높을수록 부모 역할 만족도는 낮으며, 결혼간족도가 높으면 부모 역할 만족도도 높다.

다섯째, 여성은 자신이 좋아하는 직업적·비직업적 역할이 있는 경우 만족도가 높다.

여섯째, 양친부모, 한부모, 계부모의 순으로 부모 역할 만족도가 낮아지며, 나이가 많고 성숙한 부모일수록 부모 역할 만족도가 높다.

일곱째, 친자녀와 함께 사는 부모는 계부모 가족보다 부모 역할 만족도가 높으며, 계모는 계부보다 부모 역할 만족도가 낮다.

여덟째, 자녀 수가 많고 학령전 자녀가 있으면 부모 역할 만족도는 낮으며, 자녀가 기질적으로 까다롭거나 심한 건강상의 문제를 가지고 있으면 부모 역할 만족도가 낮다.

시대에 따른 사회환경의 변화로 인해 부모 역할에 대한 개념은 변화되어 왔다(표 8-3). 즉, 자녀양육을 부모가 공유하는 방향으로 가고 있고, 권위주의적 부모와 순종하는 자녀의 관계에서 민주적인 관계로 바뀌고 있다. 한편, 급속한 정보화와 대중매체의 영향으로 부모의 자녀에 대한 영향력이 약화되고 부모 - 자녀 간의 대화와 친밀감이 적어져 가족원의 응집성이 약화될 수 있다.

〈표 8-3〉 전통적 부모 역할과 현대적 부모 역할

전통적 부모 역할	현대적 부모 역할
• 자녀양육과 교육은 어머니 책임임. • 아들이 대를 잇고 부모를 부양하므로 아들이 있어야 하고 잘 되어야 함. • 가문의 영광을 위해 자녀를 키워야 함. • 남자는 남자답고 강하게, 여자는 여자답게 키워야 함. • 부모는 부모의 가치관을 자녀에게 잘 전달해야 하고 자녀는 부모에게 복종해야 함.	• 자녀양육과 교육의 책임은 부모가 공유함. • 혈통계승은 중요하지 않음. • 자녀를 키우는 기쁨을 경험하고 자녀의 능력을 개발시켜 좋은 시민으로 독립시키는 것이 부모의 보람임. • 남성다움이나 여성다움보다는 자신의 개성대로 인간답게 살아가게 키움. • 부모는 자녀의 좋은 친구, 안내자가 되어 자녀의 인생을 살도록 도움.

출처: Duvall(1980).

결혼과 가족

부모기의 잘못된 인식

• 자녀 키우는 일은 재미있다.

실제로, 자녀 키우는 일은 재미가 있기도 하지만 결코 재미만 있는 것은 아니다. 많은 부모들이 자녀양육과정에서 보람과 기쁨을 느끼기도 하지만 오히려 이보다 많은 과제와 의무가 수반된다.

• 아동은 사랑스럽고 귀엽다.

아동은 귀엽고 사랑스러운 존재이기도 하지만 때로는 기분을 상하게도 하고 회피하고 싶은 존재이기도 하다.

• 자녀를 둠으로써 부모의 결혼생활을 향상시킨다.

자녀를 둠으로써 결혼생활을 향상시킬 수 있다는 논리를 뒷받침해 주는 연구결과는 없으며 자녀가 부부 관계에 악영향을 주는 경우도 있다는 주장이다.

• 좋은 부모는 어떤 아동도 잘 다룰 수 있다.

좋은 부모가 어떤 자녀이든 잘 다룰 수 있다고 생각하기 쉬우나 특정 아동의 기질이 부모의 역할을 수행하는 데 결정적인 영향을 주게 되기 때문에 좋은 부모라고 해서 어떤 아동이든 잘 다룰 수 있는 것은 아니다.

• 자녀가 없는 부부는 좌절하며 불행하다.

전통적인 대가족제도하에서는 자녀에 대한 가치부여가 높았지만 근래와서는 부모 – 자녀 관계 자체가 선택의 문제로 되어 가고 있다. 따라서 자녀가 없는 부부는 반드시 좌절하며 불행하다고는 볼 수 없다.

• 좋은 부모를 만나면 아이들은 훌륭하게 성장한다.
각 아동마다 개인차가 있을 수밖에 없어 능력이 뛰어난 부모라도 모든 아이들을 훌륭하게 성장시킬 수는 없다.

• 부모가 자녀를 올바르게 양육시키면 자녀는 올바르게 성장한다.
부모가 올바르게 자녀를 양육시키지만 자녀들이 반드시 따르는 것도 아니며 결과가 나타나는 것도 아니다.

• 부모는 성인이다.
근래에 와서는 20세가 넘는 성년만이 부모가 되는 것은 아니며 10대의 미혼모가 증가하고 있는 현상과 함께 사회에 따라서 조혼하는 경향도 있다.

• 부모는 자녀에게 충분한 사랑을 주기만 하면 된다.
부모가 자녀를 양육하는 데 있어서 사랑을 전제로 하여야 하지만 그렇다고 자녀양육에 필요한 지식과 조절이 필요하지 않는 것은 아니다.

• 자녀를 하나만 가져서는 안 된다.
자녀를 하나만 두는 것은 그 나름대로의 장단점이 있다. 부모로부터 충분한 관심과 사랑을 받고 성장할 수도 있는 반면, 과대한 관심과 과보호의 우려가 있다.

• 자녀들은 부모들에게 감사하고 있다.
오늘날 자녀들은 자녀를 양육하는 과정에서의 부모의 희생이나 물질적·정신적 투자는 당연한 부모의 의무라고 생각하기도 한다.

• 문제아는 없다. 문제 부모가 있을 뿐이다.
아동의 양육과정에서 부모의 역할이 중요한 것은 사실이나 자녀의 성장과정에 영향을 주는 요인은 부모 이외에도 많다.

• 젊은 부모들은 예전의 부모들만큼 부모 역할을 수행하지 못한다.
부모의 역할수행도 개인차가 있을 뿐만 아니라 오히려 현대의 부모들은 자녀의 양육과정에서 겪어야 할 문제가 더 많고 기대수준도 높아졌기 때문에 제대로 부모 역할을 수행하기가 어려워졌을 뿐이다.

• 편부모가족은 병적이다.
자녀양육에 있어서 부모 모두가 있고 양부모가 자녀를 양육하는 것은 바람직한 일이다. 그러나 편부모가족이 병적이라는 논리를 일반화시키기에는 무리가 있다.

• 자녀가 성장하면 부모의 임무는 완수된다.
자녀가 성장한다고 해서 부모의 임무가 완수되는 것은 아니다. 부모는 계속 주는 존재이고 자녀는 지속적으로 받는 존재일 경우가 많다.

• 자녀가 성장하여 집을 떠나면 부모들은 허탈감을 가질 수 있다.
부부 관계의 만족도는 자녀의 출생과 함께 급속히 떨어지지만 자녀들이 성장하여 집을 떠난 후 만족도는 상승한다.

출처: 이재연·김경희(1993); LeMaster & DeFrain(1983).

1) 부모양육태도

1960년대 말과 1970년대 초에 걸쳐 이루어진 Baumrind의 양육태도 유형 구분은 Maccoby와 Martin(1983)에 의해 완성되었다. 양육태도의 대표적 학자인 Baumrind는 애정과 통제라는 차원으로 부모의 양육태도를 네 가지 유형으로 나누었다. 즉, 애정과 통제 차원이 둘 다 높은 경우는 권위가 있는 부모, 통제 차원은 높지만 애정 차원이 낮은 경우는 권위적 부모, 애정 차원은 높은데 통제 차원이 낮은 경우는 허용적 부모, 애정과 통제 차원이 둘 다 낮은 경우는 무관심한 부모로 분류하였다.

부모의 양육태도는 매우 권위적인 것에서부터 방임적인 것까지의 연속선상에서 나타난다(그림 8-5).

[그림 8-5] 양육태도의 연속성

(1) 권위가 있는 부모

권위가 있는 양육태도(authoritative style)는 자녀에게 온정적일 뿐만 아니라 자녀의 요구에 대한 수용도가 높고 민감하게 반응하며, 적정한 수준에서 통제를 하는 가장 바람직한 양육방식이다. 또한 합리적인 기대수준을 갖고 일관된 규칙을 명확하게 설명하고 의사표현을 격려하는 등 자율성을 형성할 수 있도록 도와준다. 아울러 부모와 자녀 간에 이견이 있을 경우에는 토론 등의 방법을 통해 함께 의사결정이 이루어지도록 노력한다. 이러한 부모 밑에서 성장한 자녀들은 책임감과 자신감이 있으며, 높은 자존감을 형성하여 사회적, 도덕적으로 성숙된 모습을 보이고 학업성취도에 있어서도 우수하다는 특징을 가진다.

(2) 권위적 부모

권위적 양육태도(authoritarian style)는 자녀의 요구에 대해 비교적 덜 수용적이며 참여 정도 또한 낮고, 자녀의 자율성을 거의 인정하지 않는다. 또한 명령적이고 호통을 치며, 위협적으로 지시하는 경향이 있고, 자녀가 부모의 지시에 복종하지 않을 경우, 체벌이나 강압적인 태도를 보이기 쉽다. 특히 부모가 모든 결정을 시도하며, 자녀에게 부모의 지시에 대해 무조건적인 복종을 강요한다. 이러한 부모 밑에서 성장한 자녀들은 자율성을 상실하여 다른 사람에게 의존적이지만 반항적, 공격적 성향을 보이기 쉬우며, 행복감을 갖지 못하고 항상 불안감을 느끼게 된다. 또한 낮은 수준의 자존감과 자기 신뢰감을 형성하여 학업성취도가 대체로 저조한 경우가 많다는 특징을 가진다.

(3) 허용적 부모

허용적 양육태도(permissive style)는 대체로 온정적이고 수용적이지만 부모가 자녀의 요구에 대해 지나치게 관대하거나, 자녀의 발달수준과 상관없이 모든 결정을 자녀가 하도록 허락하는 등 적절한 통제 및 제지가 거의 이루어지지 않는다. 따라서 아동들은 규칙을 준수하거나 책임과 역할을 수행하는 것에 어려움을 겪게 된다. 이러한 부모 밑에서 성장한 자녀들은 충동적이거나 반항적이고 과도한 요구를 하는 경우가 많으며, 참을성이 없고, 학교생활에도 부적응을 많이 나타낸다. 또한 규율을 무시하고 제멋대로 행동하며, 자기중심적이고 공격적이며, 독립심이 부족한 경향이 있다는 특징을 가진다.

(4) 무관심한 부모

무관심한 양육태도(uninvolved style)는 자녀양육에 대한 참여 의지도 희박하고 애정 및 자녀의 요구에 대한 수용 정도도 낮으며, 부모는 정서적으로 자녀와 분리되어 있거나 우울증에 빠져 있는 경우가 많다. 또한 아동의 기본적인 신체적 욕구와 정서적 욕구에 드물게 반응하는 등 가장 바람직하지 않은 양육방식이다. 따라서 개입과 조정, 지도와 보호가 필요한 경우에 그 상황을 회피하고 모면하려고 하며, 최악의 경우에는 아동학대의 유형 가운데 하나인 방임의 단계에 이르기도 한다. 이러한 부모 밑에서 성장한 자녀들은 애착 관계, 인지발달, 놀이, 사회성 개발 등 거의 모든 발달영역에 부정적 영향을 주게 되며, 학업 수행 능력이 떨어지고, 공격적, 적대적, 자기중심적 경향을 보인다. 특히 청소년기에 이르러서는 일탈 행동을 보이는 특징을 가진다.

〈표 8-4〉 부모양육태도의 유형별 특성

양육태도	허용과 참여	통제	자율성의 인정
권위가 있는 부모	자녀의 요구에 대해 민감하게 반응하고, 관심이 있으며, 참을성을 갖고 자녀와 관계를 형성	자녀에게 합리적 요구를 하고 부모의 지시에 대해 설명하며 일관된 입장과 태도를 유지	자녀 스스로 결정하도록 기회를 제공하고 자녀의 생각, 감정 욕구를 표현하도록 지지하며 의견이 불일치하는 경우에는 함께 의사결정
권위적 부모	자녀에 대해 냉담한 태도를 보이고 거부적으로 행동하며 빈번하게 자녀를 비난	체벌과 권력을 이용해 자녀에게 강압적으로 요구하고, 자녀의 자율성을 인정하지 않으며, 사랑을 회피	자녀를 대신하여 부모가 모두 결정하고 드물게 자녀 입장에서 의견을 고려
허용적 부모	자녀에게 따뜻하게 반응하지만 지나치게 관대하고, 자녀와 건성으로 관계를 형성	자녀에게 요구 자체가 거의 없음	발달단계상 자녀가 충분히 준비되지 않은 상태에서 많은 것을 결정하도록 함
무관심한 부모	자녀와 정서적으로 분리, 고립된 관계를 유지	자녀에게 요구 자체가 거의 없음	자녀의 의사결정이나 입장에 대해 무관심

출처: 권민균·문혁준·권희경·성미영·신유림·안선희 외(2012).

많은 연구들(박성연·박응임·한세영, 2009; 신희이·문혁준, 2009; 정현정·문혁준, 2011)은 부모의 합리적 지도, 적절한 한계 설정, 온정적 양육태도 및 개방적 의사소통 등 긍정적인 양육태도가 자녀의 높은 사회적 능력이나 자아존중감과 관련이 있는 것으로 보고하였다. 반면에 부모의 과보호, 허용, 그리고 강압적 태도는 자녀의 낮은 사회적 능력과 관련된다고 밝혀졌다. 또한 긍정적 정서표현을 많이 할

수록 자녀의 자기조절능력이 향상되는 반면, 정서적 학대나 방임적 태도를 보일수록 자녀의 자기조절능력이 저하되는 것으로 보고되었다. 이외에도 부모가 자녀의 일상생활에 대해 많이 아는 것은 자녀의 일탈행동을 예방하며, 문제행동이나 반사회적 행동을 통제하는 데 효과적이라고 보고하여 감독행동(monitoring)의 중요성을 강조하고 있다.

양육태도를 예측하는 변인으로는 대체로 부모의 특성(양육신념, 양육스트레스, 양육효능감 등), 아동의 특성(아동의 성, 연령, 발달단계, 형제 및 장애 유무 등) 및 기타 맥락적 특성(부부 관계, 어머니의 취업 여부, 사회계층, 사회적 관계망 등)이 있다. 아동의 특성 중 대표적인 것이 기질이다. 기질이란 일찍부터 뚜렷한 개인차를 나타내는 영아 개인의 특성이며, '어떻게 행동하는가'에 대한 행동 방식이다. 기질은 부모의 반응을 유발시키는 중요한 요소로서 특히 부정적인 기질적 특성과 관련된 정서성은 일반적으로 부모의 부정적인 양육태도와 밀접한 관련이 있는 것으로 보고되었다(문혁준, 2001). 아동의 기질을 고려한 양육태도는 〈표 8-5〉와 같다.

〈표 8-5〉 아동의 기질을 고려한 양육태도

융통성 있는 아동	• 규칙적으로 아이의 생리적 현상 점검하기 • 가끔씩 아이에게 다가가 특별한 관심을 보여 주기
까다로운 아동	• 다른 아이가 갖고 노는 장난감을 뺏으려 하면 관심을 다른 곳으로 전환시키기 • 아이의 변덕스런 기분이나 예측하기 어려운 행동에 어른이 융통성을 가지기 • 아이가 예측하고 마음의 준비를 할 수 있도록 앞으로 일어날 일을 미리 알려 주기 • 활발하게 움직이고 싶어 하는 것을 발산할 수 있는 기회 주기
겁 많은 아동	• 강요하지 않기 • 혼자서도 할 수 있다는 것을 천천히 격려하기 • 자기만의 특별한 공간을 주어 안정감을 느끼게 하기

출처: California State Department of Education(1990).

2) 아버지의 역할과 중요성

현대사회에서 아버지는 자녀양육에서 어머니 못지않게 중요한 존재로 인식되고 있으며, 가정 내 아버지의 양육참여 요구 및 역할에 대한 관심 또한 높아져 왔다. 과거에는 경제적 책임자로서의 아버지의 역할이 주로 강조되었으나 산업화 이후 부인의 취업, 이혼과 같은 가족구조상의 변화로 인하여 아버지는 거칠고 어머니는 부드러운, 아버지는 엄격하고 어머니는 양육적인 전통적 역할구분이 이제 변화하고 있다. 즉, 생물학적 아버지로서의 역할비중은 점차 감소하고, 사회학적 아버지로서의 역할비중은 점차 증가하고 있는 등 어머니와 아버지의 뚜렷한 역할구분이 점차 줄어들고 있는 추세이다.

또한 실제 양육능력 면에서 볼 때에도 영아에 대한 아버지의 반응성이나 민감성은 어머니와 별 차이가 없으며, 신체적 돌봄 위주인 어머니와 달리 아버지는 활동적인 놀이를 주로 하여 자녀의 건강한 발달에 있어 아버지 역할의 중요성이 강조되어 왔다. 특히 이러한 영향력은 자녀가 성장하여 성인이 될 때까지 지속되어 부모가 양분된 역할을 감당하는 것보다 동등하게 부모 역할을 수행하는 것이 바람직한 모델로 인식되는 것이 일반적이다.

구체적으로, 아버지가 자녀에게 미치는 영향을 살펴보면, 아버지가 다정하고 자녀를 격려해 주며 잘 도와주는 경우 자녀의 인지능력은 높고, 민주적이면서 친숙한 양육태도를 보이는 아버지의 자녀는 명철하고 창조적이며 융통성과 상상력이 풍부하며 높은 학업성취와 관련이 있었다. 이에 반해, 거리감이 있고 독재적이며 처벌 위주인 아버지는 자녀의 성취동기를 저하시키고, 권위적인 양육태도를 가진 경우 아동의 지적 능력이 떨어졌다. 특히 자녀의 성역할 발달에서 아버지는 어머니보다 큰 영향을 미치는 것으로 나타났으며, 여아보다 남아의 발달에 큰 영향을 미치고, 시기별로는 동일시가 강하게 이루어지는 남근기(phallic stage)에 가장 큰 영향을 미치게 된다(Parke, 1995). 아울러 아버지가 자녀의 행동에 한계를 설정함과 동시에 온정성과 양육성을 보일 때 아동의 창의성, 독립성, 관대함, 민감성의 발달은 촉진되었다(Mussen, Conger, Kagan, & Huston, 1990).

〈표 8-6〉 좋은 아버지 상의 변화

전통적인 좋은 아버지	현대적 좋은 아버지
• 자녀를 위해 목표를 세운다. • 자녀를 위해 일하고 무엇인가를 주는 것을 강조한다. • 자녀에게 무엇이 옳은 것인지를 안다고 생각하여 부모가 자녀의 규칙을 정한다. • 아버지는 항상 옳고 강하며 권위적이다. • 자녀에게 지시·명령을 하고 순종하기를 요구한다. • 아버지로서 책임의식이 강하고 자녀를 관리한다. • 자녀에게 엄격하고 과묵하다.	• 자녀의 자율성과 실패할 자유를 허용한다. • 자녀에 대해 비현실적 기대를 갖지 않고 잠재력을 개발하도록 돕는다. • 자녀의 특성과 기질, 생각과 감정을 이해하고 규칙을 정할 때 자녀의 의견을 존중해 준다. • 아버지도 실수할 수 있고 잘못을 사과할 수 있다. 자녀의 권리뿐만 아니라 부모의 권리도 존중된다. • 자녀를 인격체로 대하고 지적, 사회적, 정서적 발달을 자극시킨다. • 아버지가 되는 것을 선택하고 자녀와 함께 하는 시간을 즐긴다. • 칭찬과 격려를 잘한다.

출처: Duvall(1980).

결혼과 가족

일본 교육문화전문기업 베네세코퍼레이션의 베네세 차세대 육성연구소는 영유아 자녀를 둔 동아시아 3개국 4개 도시(서울·도쿄·베이징·상하이) 아버지 6,248명을 대상으로 육아실태 설문조사를 했다. 이상적인 아버지상을 묻는 질문에 4개 도시에서 공통적으로 '존경할 수 있는 아버지'나 '의지할 수 있는 아버지'라는 답변이 대다수를 차지했다. 특이한 점은 이상적 아버지 상이 친구 같은 존재라고 답한 아빠가 서울에서 특히 많았다는 것이다. 1,046명 가운데 62.4%나 차지했다. 도쿄 아빠 1,602명 중에선 6.2%, 베이징과 상하이 아빠 각 1,800명 중에선 22.9%와 19.9%에 불과했는데 말이다.

서울 아빠는 휴일에 아이와 함께 특히 많은 시간을 보내는 것으로 나타났다. 10시간 이상~거의 하루 종일 아이와 지낸다는 응답이 48.4%, 베이징(34.0%), 상하이(30.8%) 아빠보다 눈에 띄게 많았다. 서울 아빠는 자녀 문제를 아내와 상의하는 빈도도 높다. 아이에 대해 아내와 매일 이야기한다는 응답이 서울에선 50.7%에 달했다. 도쿄와 베이징, 상하이에선 각각 35.3%와 38.6%, 38.2%에 그쳤다. 또 아이와 어울리는 일에 자신이 없다고 느낄 때가 있느냐는 질문에 '자주 있다'고 응답한 서울 아빠는 3.5%에 불과했다. 중국 아빠들은 10%를 훌쩍 넘었다. 조사 결과 여러 가지 육아활동에 참여하는 빈도를 거의 매일 또는 주 3~5회라고 답한 비율은 한국과 일본에 비해 중국이 전반적으로 높았다. 아이 목욕시키기를 거의 하지 않는다고 답한 아빠가 서울이 24.9%로 도쿄(7.4%)와 베이징(18.5%), 상하이(14.9%)에 비해 월등히 많았다. 또 아이를 거의 매일 직접 재워주는 서울 아빠는 18.5%, 아이에게 거의 매일 공부를 가르쳐 주는 서울 아빠는 6.2%에 불과했다. 중국 아빠들이 25% 안팎으로 높게 나타난 데 비해 대조적이다. 특히 교육과 관련된 육아활동에선 한국 아빠들의 역할이 상대적으로 미미했다. 아이 책이나 과외학습 프로그램을 선택하는 주체가 누구냐는 질문에 '주로 내가 한다'고 답한 서울 아빠는 3.7%. '주로 아내가 한다'는 응답은 60%를 넘었다. 도쿄도 비슷한 양상이다. 이에 비해 중국 아빠들은 책이나 과외학습을 자신이 직접 고른다는 응답이 25%에 가까웠다. 자신과 아내가 결정하는 비율이 같다고 답한 경우도 47~62%로 서울이나 도쿄와 차이가 컸다. 아빠가 아이의 학습이나 교육에 엄마 못지않게 적극 개입한다는 뜻이다.

[그림 8-6] 아버지의 배려

03 양육스트레스

경제적인 부담, 급변하는 사회·경제 환경, 여러 가정문제 등 현대의 부모는 과거에 비해 많은 스트레스를 받는다. 개인이 과도한 스트레스를 받게 되면 자신의 능력을 충분히 발휘할 수 없고 부모 - 자녀 관계도 부정적인 영향을 받게 된다.

효율적이지 못한 부모의 양육방식이나 태도는 자녀의 반항적, 공격적 행동, 품행문제와 깊이 연관되어 있다. 자녀의 문제는 그 자체가 부모에게 스트레스를 주게 되고 부모 역할을 어렵게 해서 자녀의 행동문제를 악화시키는 등 악순환을 일으키게 된다. 즉, 부모의 스트레스, 부모 역할의 붕괴, 그리고 자녀의 행동문제가 서로 영향을 주고받게 되는 것이다(그림 8-7).

현대사회에 이르러 나타난 특성 중 하나인 이혼의 증가로 과거에 비해 더 증가되리라 예상되는 한부모가족은 자녀양육과 경제활동 부담이 한부모에게 집중됨으로써 양육스트레스가 증가하는 원인이 되기도 한다.

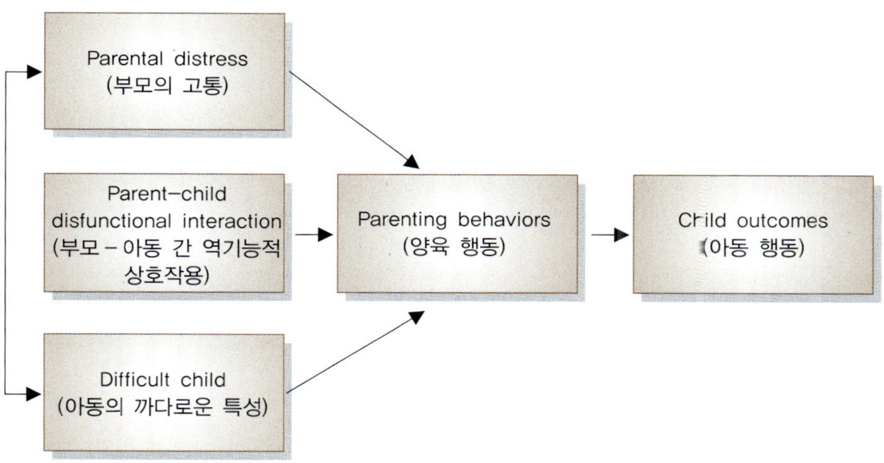

출처: Abidin(1990).

[그림 8-7] 양육스트레스 모델

결혼과 가족

스트레스를 받는 부모의 모습들

다음 내용에 당신이 해당되는지를 표시해 보십시오. 표시된 것이 여럿일 수록 당신은 스트레스를 받고 있을 가능성이 높습니다.

- 아이들, 가족, 가사, 또는 일상생활에 대한 열의가 줄었다.
- 외로움이 늘어났다.
- 반복적인 행동이나 나태한 행동이 많아졌다.
- 다른 사람의 잘못을 찾아내는 모습이 늘었다.
- 대인관계에서 갈등이 많아졌다.
- 말할 때 목소리가 커지거나 흥분하는 경우가 많다.
- 자주 꽥 소리를 지른다.
- 화를 참으려고 하다가 도리어 지나치게 흥분하는 경우가 있다.
- 불안한 마음이 많다.
- 대화 도중에 참지 못하고 다른 사람 말에 끼어들기를 잘한다.
- 쉽게 놀란다.
- 신경질이 나거나 안절부절못한다.
- 갑작스럽게 화가 나거나 울음을 터뜨리기도 한다.
- 지나친 흡연, 음주, 진정제나 약물 남용을 한다.
- 잠이 들기 어렵거나 자주 깨기, 혹은 아침에 일어나는 데 어려움이 있다.
- 계속적인 체중의 증가나 감소가 있다.
- 감기, 설사, 변비, 자주 소변보기 등 가벼운 질병이 자주 발생한다.
- 만성적인 두통이나 현기증이 있다.
- 건망 증세가 있다.
- 될 대로 되라는 식의 자기 파괴적인 경향이 생겼다.

04 다양한 가족형태

지난 30년간 우리 사회에 두드러지게 나타난 현상과 경향 중에서 부모-자녀 관계에 영향을 준 대표적인 사회적 현상으로 출산율 감소, 돌봄의 사회화 증가, 아버지 양육참여의 증가, 가족구조의 변화, 저소득계층의 증가 등을 들 수 있다.

현대 가족의 형태는 과거보다 상당히 다양해졌다. 즉, 단순히 핵가족, 대가족의 구분이 아니라 맞벌이가족, 이혼, 재혼으로 인한 모자가족, 부자가족이나 양부 혹은 양모가족, 조손가족 등 다양한 가족 형태가 있다. 이러한 가족구조의 변화에 따라 각 가족유형 내의 부모-자녀 관계에 변화가 일어나고 있다. 예를 들면, 부모가 별거, 이혼, 사별 등의 문제에 직면할 때 자신의 심리적 고통으로 인해 자녀의 요구에 둔감하고 합리적이지 못한 양육태도를 보일 수 있다. 이 위기는 자녀의 정서적 불안정과 문제행동 그리고 부모의 불합리한 양육방법이 상호작용하여 서로를 불행하게 만드는 악순환으로 연결될 수 있다.

1) 맞벌이가족(취업모)

맞벌이가족은 산업사회적, 도시적 개념으로서 부부가 함께 직업을 가지고 사회활동을 하는 가족형태이다. 예전에는 단순히 경제적인 이유로 맞벌이를 하는 경우가 많았으나 점차 무보수의 가사노동보다는 보람 있는 일에 대한 욕구, 또는 여성의 자아실현과 같은 개인적 동기가 커지고 여성취업에 대한 긍정적 인식과 사회적 지원이 확산되면서 맞벌이가족의 수도 꾸준히 증가하는 추세이다.

일반적으로 맞벌이가족의 부모는 자녀와 함께 지내는 시간이 부족하기 때문에 영유아기 자녀가 정서불안과 애정결핍증에 걸리고 성격에 문제가 생기는 등 성장과 발달에 부정적인 영향을 미칠 것이라고 생각하기 쉬우며, 맞벌이부모가 생각하는 좋은 부모에 대한 기준 때문에 부모 역할에 대해 부담감을 느끼고 죄책감을 가질 수도 있다. 또한 취업모의 역할과중으로 인한 피로 누적, 양육스트레스, 정신건강상 문제 등의 이유로 어머니 - 자녀 상호작용의 저하가 우려되고 있다.

부모 - 자녀 관계에 있어 취업모들은 자녀와의 상호작용의 양보다 질을 더 중요하게 여기는 경향이 있고(박영호·박미정, 2003), 부모 - 자녀 간 효율적인 의사소통방법(한경순, 2004), 부모교육 및 양육에 필요한 정보에 관심이 많아지고 있으며, 가정보다 어린이집에서 더 많은 시간을 보내는 아동들이 늘어나면서 어린이집과의 연계성을 중시하는 맞벌이부모가 많아졌다. 한편, 모성취업의 증가와 함께 아버지들의 자녀양육 참여가 늘고 있으며 과거에 비해 엄모자부형 가족이 늘어나는 등 아버지 - 자녀 관계가 보다 친밀해지고 있는 것은 긍정적인 측면이라고 볼 수 있다.

맞벌이가족(취업모)이 자녀에게 미치는 영향을 구체적으로 살펴보면, 주 양육자인 어머니의 취업으로 맞벌이가족의 자녀는 자기 보호를 해야 하는 상황에 놓이기가 쉽고 심리적으로 부적응 상태, 외부로부터의 위험 상황에 놓일 수 있다(김혜금, 2006). 또한 모성취업으로 인한 모 - 자녀 간 상호작용 질의 저하는 아동, 청소년의 정신건강 및 행동문제와 직결된다는 보고가 있다. 예를 들면, 취업모 자녀가 비취업모 자녀보다 과잉행동을 더 많이 보였고, 특히 취업모의 자녀가 어릴 경우 과행동성, 걱정, 불안, 산만한 정도가 높은 것으로 나타났다(이혜상, 2003). 반면 맞벌이가족 자녀는 자립심과 독립심이 길러지고 어린이집 등에서의 또래 관계 등을 통해서 사회성 발달이 촉진되며 가사를 함께 하는 아버지를 통해서 성역할에 대한 유연한 생각을 갖게 되는 등 어머니의 취업이 부모 - 자녀 관계에 긍정적인 영향을 미치는 측면이 있는 것으로 보고되고 있다. 예를 들어, 취업모 자녀의 경우 비취업모 자녀에 비해 자녀가 지각하는 모성애가 더 높게 나타나고 있다(박영호·박미정, 2003). 이처럼 모성취업 여부 자체보다는 어머니가 느끼는 양육 및 가사 스트레스, 양육태도, 부모효능감, 부부 관계 질, 상호작용의 질 등 다양한 변인들이 맞벌이가정(취업모)의 부모 - 자녀 관계에 영향을 미친다(이혜상, 2003).

2) 한부모가족(이혼)

한부모가족의 경우 부모와 자녀 모두 경제적, 심리적 어려움에 처할 가능성이 크고, 이러한 어려움은 부모-자녀 관계의 갈등 요인으로 작용하게 된다. 특히 자녀의 연령이 증가할수록 긍정적인 부모-자녀 관계의 유지가 더 어려워지는 것으로 알려져 있다(조성연, 2003). 한부모가족의 어머니와 자녀 간 의사소통 방식은 양부모가족에 비해 덜 긍정적이고 덜 개방적인 경향이 있으며, 이는 한부모가족의 자녀, 특히 중·고등학생의 소외감, 무력감, 사회적 고립 등과 관련이 있다(민하영·이윤주·김경화, 2008).

이혼은 하나의 생활사건이 아니라 모든 가족원에게 일련의 갈등 상황을 경험하게 한다. 특히 부모의 이혼으로 인해 실질적으로 한쪽 부모와의 관계를 상실하게 된 아동이 새로운 환경에서 건강한 삶을 살 수 있기 위해서는 많은 어려움을 안게 되며 부적응의 위험이 커진다. 예를 들면, 이혼한 부모의 아동이 성인이 되었을 때에도 이혼의 영향은 여전히 존재하여 결혼에 부정적인 태도를 가지는 경향이 있으며 부부 갈등도 많고 이혼하는 경향도 많다. 또한 이들은 삶에 대한 만족이 낮으며, 우울해하는 경향이 있다(Hetherington & Kelly, 2002; Segrin, Taylor, & Altman, 2005).

이혼 전 부부간 갈등 상황에 지속적으로 노출됨으로써 자녀는 친구 및 형제간에 적개심이나 공격적 상호작용을 빈번하게 보이게 된다(Cummings & Davies, 1994; Davies & Cummings, 1998). 그 결과 분노와 공격성, 후회와 감정억제, 죄책감 그리고 부정적인 자아개념 등과 같은 정서적인 문제를 갖게 되며 학업성적의 저하나 대인관계의 기피나 탈선행동 같은 행동상의 문제도 초래할 수 있다. 또한 이혼이 아동의 적응에 부정적인 영향을 미치는 것으로 보고하고 있다(김영미, 1999; 박병금, 1997; 양연순, 1994; 주소희, 1991). 구체적으로, 이혼 가족의 아동이 이혼하지 않은 가족의 아동에 비해 자아지각과 자존감이 더 낮고, 문제행동을 더 많이 보이는 경향이 있으며, 더 공격적이고 충동적이며 반사회적인 경향이 있으며, 부모나 권위 있는 인물 혹은 또래와의 관계에서 더 많은 문제를 보인다고 보고하였다(김승경, 2004; 한준아·박경자, 2008). 특히 부모의 양육행동에서 친권자인 부모가 독재적, 방임적일 때 보다 적응상의 문제를 많이 경험하며 민주적일 때 가장 잘 적응한다고 한다. 또한 자녀의 까다로운 기질은 보다 위협적인 양육태도를 유발시키는 요인이 되기도 한다(Hertherington & Clingempeel, 1992).

그러나 한편으로 부모의 이혼으로 인해 아동이 경험하는 문제의 수준은 아동의 대처기술, 가족의 상호작용 특성이나 인구학적 변인에 따라 상이하며, 부정적인 영향을 미치는 경우에도 일시적인 것으로 보인다는 연구결과도 제시되고 있다.

〈표 8-7〉 아동들이 부모의 이혼에 잘 적응하도록 돕기

돕는 방법	이유
아동들을 갈등으로부터 보호한다.	아동들이 부모들의 격렬한 갈등을 보는 것을 아주 해롭다. 한쪽 부모가 계속적으로 적대감을 표현할 때 다른 부모가 비슷하게 반응하지 않는 것이 아동들에게 더 좋다.
아동들에게 가능한 지속성, 친숙성, 예측 가능성을 제공한다.	이혼이 진행되는 동안 아동들의 삶이 안정되면, 예를 들어, 학교, 침실, 돌보는 사람, 노는 친구와 일과에 변화가 없으면 더 적응을 잘한다.
이혼을 설명하고, 아동들에게 기대하는 바를 말해 준다.	아동들이 부모들의 이별에 준비되어 있지 않으면 버림받는 데 대한 두려움이 생길 가능성이 커진다. 아동들에게 아버지와 어머니가 더 이상 같이 살지 않는다는 사실, 어떤 부모가 이사를 나가는지, 그 부모를 언제 볼 수 있는지를 말해 주어야 한다. 부모들은 아동들이 이해할 수 있도록 가능하면 어머니와 아버지가 같이 이혼하는 이유를 말해 주고 또 아동들에게는 책임이 없음도 말해 주어야 한다.
이혼의 영구성을 강조한다.	부모들이 다시 같이 살게 되는 헛된 꿈 때문에 아동들이 현재의 삶을 받아들이기 어렵게 된다. 아동들에게 이혼은 최종적이고 변할 수 없음을 말해 주어야 한다.
아동들의 감정에 공감을 표현한다.	아동들은 자신들의 슬픔, 공포 및 분노의 감정이 지지받고 이해받기를 원한다. 아동들이 잘 적응하려면, 그들의 고통스러운 감정을 인정해 주어야 하고 거부하거나 회피해서는 안 된다.
권위적 양육방법을 사용한다.	아동들을 사랑하고 수용해 주어야 하지만 동시에 성숙하게 행동할 것을 요구하고 일관성 있고 합리적으로 키워야 한다. 부모들이 권위적 양육방법을 사용하면 이혼 이후에 아동들이 적응하지 못할 위험성을 크게 감소시킬 수 있다.
양쪽 부모와 지속적으로 관계를 유지하게 한다.	부모들이 배우자에 대한 자신의 사라지지 않는 적대감과 아동들에게 다른 부모와 지속적 관계가 필요하다는 사실을 잘 분리하여 생각할 때 아동이 잘 적응한다. 조부모와 다른 확대가족의 구성원들이 한쪽 부모의 편을 들지 않는 것도 도움이 된다.

3) 다문화가족

다문화가족이란 다양한 문화적 배경을 가진 사람들이 포함된 가족을 통칭하는 말이며, 국제결혼에 따른 이주여성 및 외국인 노동자의 유입, 탈북자 출신의 새터민의 증가 등 한국사회 내에 대한민국이 아닌 다른 문화권으로 이루어진 가정의 생성을 의미한다. 다문화가정 아동은 이러한 가족 사이에서 출생한 아동을 말한다.

이미 우리나라 농촌지역은 1/3쌍이 국제결혼 부부이고, 인구전문가들에 의하면, 2020년에 출생하는 신생아의 32%가 다문화가족 2세대일 것이며, 10~20년 안에 정치·경제·사회 등 전 분야에 큰 변화가 올 것으로 전망하였다.

국제결혼한 부부의 부적응에 대한 우려와 함께 동일한 맥락에서 제기되는 또 다른 문제는 2세대 자녀의 적응문제이다. 실제로, 국제결혼가정의 경우 대부분 외국인 어머니가 결혼과 동시에 입국하고 출산과 양육, 가정교육의 상당부분을 차지하고 있기 때문에 외국인 어머니들은 한국사회의 언어와 문화에 제대로 적응하지 못한 상태에서 자녀를 키우고 있다(오성배, 2005). 특히 다문화가정의 어머니들은 일반 가정의 어머니들보다 더 우울하며, 비관적이고 양육스트레스 수준이 높으며, 양육태도에 있어서도 더 거부적인 경향인 것으로 나타났다. 또한 다문화가정 어머니 - 아동 간의 상호작용의 질적인 측면에서 일반 가정의 어머니보다 수동적이며 무관심한 태도를 보였으며 과제에 대한 적절한 지도와 자극을 덜 제공하였으며, 아동의 자율성을 존중하기보다는 강압적으로 자신의 기대를 전달하는 것으로 나타났다(곽금주, 2008).

다문화가정의 아동들이 가진 가장 큰 문제는 기초학습능력이 낮다는 것이다. 다문화가정 초등아동의 교과학습에서 나타나는 공통적인 특징은 국어, 수학, 사회, 과학 등 4대 교과목에 대해서 어려움을 갖고 있다는 것이다. 특히 국어과목이 언어문제로 인해 매우 뒤떨어짐을 보인다고 한다(오성배, 2007). 국어사용능력 부족은 전반적인 교과학습 결손을 가져오게 하여 고학년으로 진급할수록 학업성취가 낮아져 일반 가정 학생들과 격차가 더욱 벌어질 수 있다는 우려로 이어진다.

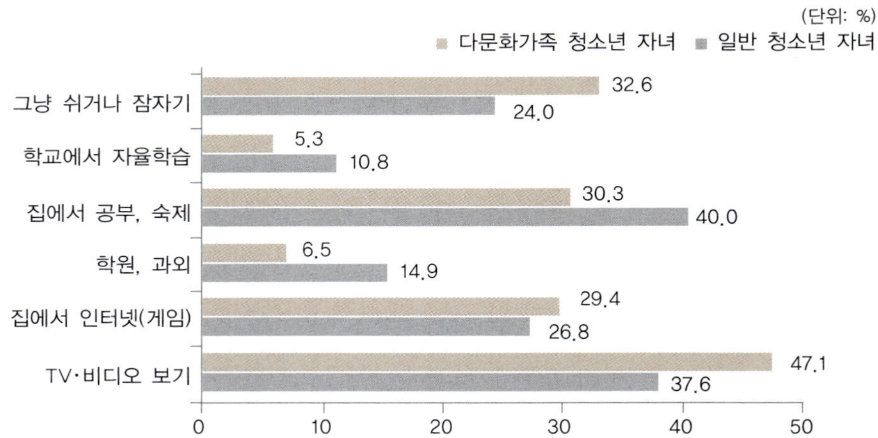

출처: 여성가족부(2011).

[그림 8-8] 다문화가족 자녀의 학습 관련 활동 저조

4) 조손가족

이혼과 재혼율이 증가하며 조손가족의 숫자 역시 늘어나고 있다. 조손가족은 부모와 동거하지 않고 조부모가 손자녀와 함께 살며 손자녀의 기본적인 의식주 및 생활 전반을 책임지고 있는 가족의 형태로 빈부의 양극화와 고공행진을 하는 이혼율 등을 감안하면 이 같은 추세는 더욱 심화할 것으로 보인다. 특히 조손가족은 다른 가족의 형태와는 다른 특성을 지니고 있기 때문에 조손가족에 대한 관심이 필요하다.

조손가족의 일반적 문제점을 살펴보면, 첫째, 조부모의 양육부담 문제이다. 즉, 손자녀로 인한 양육으로 인해 다양한 신체적, 정신적 건강이상을 경험한다. 둘째, 경제적 문제이다. 우리나라의 조손가구는 대부분 경제적 형편이 어려워 손자녀의 양육에 대한 경제적 부담이 매우 크다. 셋째, 양육기술의 부족 문제를 들 수 있다. 즉, 전통적인 방식대로 손자녀를 양육하며, 권위적이고 통제적이면서 애정 수용적인 양육태도를 많이 보여 정서적으로 따뜻한 관계를 형성하면서도 잔소리와 간섭 등으로 아동의 독립성을 인정하지 않는 경우가 많다(송정애·이양훈·정해은, 2009).

조손가족 아동의 경우 아버지와의 접촉은 지속적으로 이루어지는 반면, 어머니와의 관계는 끊긴 경우가 많다. 또한 우리나라의 조부모는 아직 손자녀양육을 당연한 의무로 받아들이나, 손자녀가 성장하면서 둘 간의 관계가 소원해 지는 경향이 있다고 보고되었다(이영·전혜정·강민주, 2009).

C•H•A•P•T•E•R 09

부모 - 자녀 관계 II

▪ 부모 - 자녀 관계는 자녀가 성장함에 따라 끊임없이 변화한다. 한편, 부모 역할은 다른 역할에 비해 준비 기간이 짧아 바람직한 부모 - 자녀 관계를 위해 부모 역할에 대한 준비는 반드시 필요하다. 이에 본 장에서는 발달단계에 따른 부모 역할 및 효율적인 부모 - 자녀 관계를 위한 부모교육 프로그램에 대해 살펴보고자 한다.

01 발달단계별 부모 - 자녀 관계

가족구조가 단순해지고 가족형태가 다양해지면서 가정 내의 아버지 권위약화, 개인주의 촉진, 가족생활을 이끄는 가치나 규범의 변화, 가족의 응집력 약화 등으로 부모 - 자녀 관계가 불안정해지는 경향이 있다. 이를 극복하기 위해 발달단계별로 부모 역할을 살펴보면 다음과 같다.

부모의 어려움은 부모 역할이 아동의 성장과정에 맞추어 변화해야 한다는 데 있다. Galinsky(1987)는 자녀의 성장 발달에 따라 부모의 역할을 6단계로 분류하였다. 1단계는 임신에서 출산까지 이미지 형성단계(the image-making stage)로 이전의 부부만의 관계에서 예비 엄마, 아빠로서 출산과 부모기에 대한 자신들의 이미지를 스스로 형성하게 되며, 어떠한 부모가 될 것인지를 서로 의논하게 된다. 2단계는 출생 후부터 만 2세까지 이미지와 현실을 적응하며 양육하는 단계(the nurturing stage)로 부모로서의 현실을 인정하고 돌봄의 과정을 통해 실제로 자녀와 적응한다. 애착과 기본적 신뢰감이 형성되는 중요한 시기이다. 3단계는 만 2세에서 5세까지 권위를 형성하는 단계(the authority stage)로 이 시기의 자녀들은 부모만의 관계에서 벗어나 또래 또는 다른 사회적 관계의 범위를 넓혀 나가게 된다. 따라서 부모는 권위의 범위와 허용되는 한계를 설정하고 자녀가 이를 따르게 하는 것이 중요하다. 4단계는 설명하는 단계(the interpretive stage)로 아동이 초등학교에 입학하게 되면서 주변 세계에 대한 넓은 관심과 탐구활동이 시작된다. 따라서 이 시기 부모는 주로 정보제공자, 자녀의 다양한 의문이나 요구에 대한 해설자, 세상과 사물에 대한 설명자로서의 역할을 해야 한다. 5단계는 청소년기인 상호 의존하는 단계(the interdependent stage)로 이 시기는 자녀들에게 자아정체감이 형성되고 아울러 뚜렷한 신념, 논리, 가치관이 형성되는 시기로 부모는 이전과 다른 부모 - 자녀 관계관을 정립해야 한다. 또한 자녀와의 의사소통 방식도 기존의 방식이 아닌 새로운 방식으로 시도해야 하며, 자녀의 합리성과 논리성을 객관적으로 수용해 주고 지지하는 자세를 준비하는 것이 필요하다. 6단계는 성인기에 떠나보내는 단계(the departure stage)로 이 시기는 자녀가 부모의 직접적인 보호와 돌봄으로부터 벗어나 혼자만의 자율적인 생활을 시작하는 시기이고 자연스럽게 부모의 곁을 떠나는 시기이다.

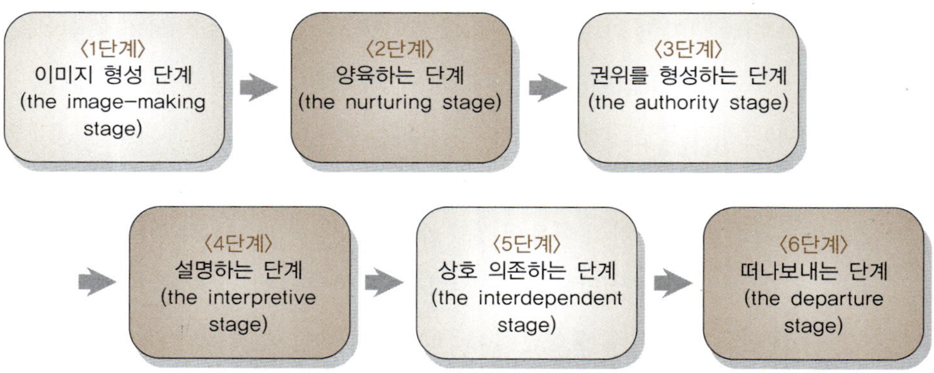

[그림 9-1] 발달단계별 부모 – 자녀 관계

〈표 9-1〉 발달단계에 적합한 부모 역할

발달단계	발달과업 (Erikson)	주요 위기	촉진요인	부모 역할
영아기	신뢰감/불신감	영아기의 방임, 학대, 일관성 있고 적절한 사랑의 결핍, 가혹하거나 너무 이른 이유	부모가 아이의 욕구를 충족시켜 주면 아이는 강한 신뢰감을 발달시킴.	보육자 (caretaker)
걸음마기	자율성/수치심	아이가 자신이 적절하다는 느낌을 갖지 못하게 하거나, 말하기 같은 기술을 습득하지 못하게 하는 조건들	부모가 아이의 성공적인 행동에 보상을 주고 실패(예: 방광 통제 실패)를 부끄럽게 여기지 않도록 해 주면, 아이의 자율성이 자기회의/수치심/죄책감을 넘어설 것임.	보호자 (protector)
유아기	주도성/죄책감	아이의 자발성과 현실 검증력을 훼손하는 지나치게 엄격한 훈육, 경직된 윤리적 태도의 내면화	부모가 아이의 호기심을 받아들일 뿐만 아니라 알고 싶어 하는 아이의 욕구를 억누르지 않으면, 아이의 주도성은 향상될 것임.	양육자 (nurturer)
학령기	근면성/열등감	실패를 겪게 하고 열등감과 좋지 못한 공부습관을 갖게 하는 지나친 경쟁, 개인적 한계 등의 조건들	아이가 가정과 학교에서 실패보다 성공을 더 많이 경험하게 되면 열등감보다는 근면감을 갖게 될 것임.	격려자 (encourager)
청소년기	자아정체감 형성/자아정체감 혼미	사회가 분명하게 규정된 역할과 기준을 제시하지 못함. 분명하되 바람직하지 못한 역할과 기준을 제시하는 파벌 형성	젊은이가 다양한 역할, 능력, 가치를 조화시킬 수 있게 되고 자신의 과거와 미래의 연속성을 보게 되면 자아정체감이 발달하고 확고하게 자리잡을 것임.	상담자 (counselor)

출처: Hamner & Turner(2001); Herbert(1991).

이상과 같이 각 발달단계마다 상이한 부모 역할 기술을 요구하기 때문에 부모는 자녀의 변화하는 욕구와 행동에 맞추어 양육행동을 변화시켜야 한다. 각 발달단계별로 부모의 역할을 보다 구체적으로 살펴보면 다음과 같다.

1) 영아기의 부모 역할

자녀의 출산은 모든 부부에게 만족스러운 경험이 되는 것은 아니며 하나의 위기로 인식되기도 한다. 이들은 배우자로서 부부 관계의 재정립을 필요로 할 뿐만 아니라, 가사노동자나 양육자로서의 과중한 역할부담으로 인해 스트레스를 경험하게 되며, 이에 대한 적응이 이루어져야 한다. 동시에 영아기의 부모 - 자녀 관계는 이후의 발달에 초석이 된다는 점에서 부모 역할의 중요성에 대한 인식과 아울러 적절한 역할수행이 필요하다.

영아기는 출생에서부터 18개월이 될 때까지의 단계로 이 시기의 부모 - 자녀 관계는 이후의 발달에 초석이 된다는 점에서 부모 역할의 중요성에 대한 인식과 아울러 적절한 역할수행이 필요하다. 이 시기에 부모는 영아의 발달적 특징을 알고 기본적 신뢰감을 형성하는 것이 무엇보다 중요하다.

결혼과 가족

영아기의 주요 발달

[신생아]

- 호흡기능이 어느 정도 원활해짐.
- 체온을 어느 정도 조절하게 됨.
- 신생아 반사가 나타남.
- 일정한 수면양상을 갖게 됨.
- 탯줄 대신 폐로 순환하게 됨.
- 소화와 배설이 원활해짐.
- 빛과 소리에 적응함.

[영아기]

- 움직임(걷기), 조작(손), 고형식을 혼자 먹기 등 자기조절기술을 획득함.
- 잠자기 – 깨어 있기 주기를 유지함.
- 말하기 위한 준비로 소리내기를 함.
- 기본적인 감각운동 도식을 형성하고, 대상영속성을 획득함.
- 부모 또는 주 양육자에게 정서적 애착을 형성함.
- 의사소통을 위한 수단으로 영아기와 관련된 기본적인 정서적 상태를 경험함. (사회적 웃음이나 울음)
- 기본적 신뢰감이나 불신감을 형성함.

Hamner와 Turner(2001)는 영아기의 부모 역할을 수행하는 중요한 지침으로 다음과 같은 제안을 하였다.

첫째, 신체접촉의 중요성에 비추어 볼 때 자주 안아 주고 신체적 접촉을 해 주는 것이 필요하며, 부모의 이러한 행동이 자녀를 버릇없게 만들지 않는다.

둘째, 감각운동기의 특성에 비추어 이야기를 많이 해 주고 노래를 불러 주는 것과 같은 자녀의 발달상황에 적절한 자극을 충분하게 제공해 준다.

셋째, 자녀가 울 때 즉각적이고 지속적으로 반응을 해 주면 자라면서 점차 울음이 줄어든다.

넷째, 식사, 취침, 놀이시간은 자녀의 상태를 고려하여 예측할 수 있는 시간표를 작성해서 실행한다.

다섯째, 하루일과에서 상호작용놀이와 환경탐색활동의 균형을 맞추어 준다.

여섯째, 일상적인 활동(목욕, 옷 입기, 수유)에서 언어학습경험을 할 수 있도록 활용한다.

〈표 9-2〉 영아기 자녀를 둔 부모의 행동

	바람직한 양육행동	바람직하지 않은 양육행동
출생~6개월	• 발달적 과제를 수행하려는 영아의 시도를 도와줌. • 사랑을 주고, 끊임없이 돌봄. • 영아의 행동단서에 적절히 반응함. • 영아 대신 생각하여 영아의 욕구를 예상함. • 수유 시 사랑스럽게 안고 눈을 맞춤. • 쓰다듬고 보고 말하고 노래하면서 애정적인 행동을 보임. • 무엇을 해야 할지 모를 때, 도와주고 정보를 줌. • 영아에게 신뢰를 주는 행동을 함.	• 영아의 행동단서에 반응하지 않음. • 영아를 많이 안아 주거나 접촉하지 않음. • 영아에게 엄격하고 화를 내거나 흥분하면서 반응함. • 배고파하지 않는데도 먹이는 행동 • 영아의 행동에 벌을 줌. • 건강에 좋은 물리적 환경을 제공하지 않음. • 해롭거나 위험한 것으로부터 보호하지 못함. • 영아가 한 행동을 비난함. • 영아의 요구를 무시함.
6~8개월	• 발달적 과제를 수행하려는 영아의 시도를 도와줌. • 애정, 안전, 보호에 신경을 씀. • 아이에게 안전한 환경을 제공함. • 해로운 것과 위험에서 영아를 보호함. • 음식을 주고 애정적인 접촉 및 격려를 함.	• 해로운 것이나 위험으로부터 영아를 보호하지 못함. • 제 마음대로 움직이지 못하게 함. • 자율성과 환경을 탐색하는 행동에 대해 비난이나 벌, 수치심을 줌. • 영아가 무엇이든 단지지 않기를 바람.

	바람직한 양육행동	바람직하지 않은 양육행동
	• "안돼"라는 말을 하는 만큼 "그래"라는 말을 함. • 다양한 경험을 제공함. • 영아의 행동에 대해 피드백을 줌. • 영아의 말이나 행동을 방해하지 않음. • 영아가 놀자고 할 때 놀아 줌.	• 대소변 훈련이 빨리되기를 바람. • 영아의 기본적 발달과업이나 욕구를 방해하는 행동
13~18개월	• 발달적 과제를 수행하려는 영아의 노력을 도와줌. • 끊임없는 사랑을 주고 안전하게 보호해 줌. • 사고력을 격려함. • 정보를 기초로 결론에 이르도록 격려함. • 해야 하는 것과 하면 안 되는 일에 대한 규칙과 이유를 설명함. • 긍정적 또는 부정적인 정서표현을 받아들임. • 부정적인 감정을 표현하는 방법을 가르침. • 가능한 한 미리 의논하여 합리적인 제한을 설정하고 지켜감. • 아이의 격한 정서적 표현에 대해 침착하게 대응함.	• 간단한 선택일지라도 어떻게 해야 하는지 가르치지 않음. • 어떤 것에 대해 수치심 느끼게 함. • 훌륭한 부모로 보이도록 무조건 순종하는 아이로 만들려고 함. • 아이에게나 다른 사람에게 '못된 두 살'이라는 말을 함.

출처: Clarke & Dawson(1989).

2) 걸음마기의 부모 역할

영아기에 이어 생후 18개월경이 되면서 아동은 걸음마기에 들어간다. 이 시기의 아동은 스스로 걸어 다닐 수 있는 능력이 생기면서 더욱 활발하게 주변 환경을 탐색하기 시작하며, 능동적이고 호기심이 많은 특성을 지닌다. 특히 이 시기의 특징 가운데 하나는 의사소통의 기본인 언어의 급속한 발달이다. 이처럼 보다 자율적인 모습을 갖추게 되면서, 아동은 점차 자신의 주장을 강하게 하여 때로는 고집 센 행동을 자주 보이게 된다.

결혼과 가족

걸음마기의 주요 발달

- 자기조절기술이 더욱 발달함.
- 초기 언어발달 양상을 보임.
- 기본적인 감각운동 도식이 더욱 정교화되며 초보적인 논리와 추리력을 갖게 됨.
- 대소변을 가리게 됨.
- 자율성이나 수치심 및 의심을 형성함.
- 분화된 자아 및 자아경계를 갖게 됨.
- 초보적 양심이 발달함.

Hamner와 Turner(2001)는 걸음마기의 부모 역할을 수행하는 중요한 지침으로 다음과 같은 제안을 하였다.

첫째, 자율성이 발달되는 시기인 만큼 자녀가 식사나 옷 입기 등을 혼자 힘으로 하도록 함으로써 자립심을 갖게 해 준다.

둘째, 간단한 것을 선택할 수 있는 기회를 준다.

셋째, 자녀가 준비가 되었다고 여겨질 때 배변훈련을 시키도록 하며, 실수를 하더라도 혼내지 말고 잘했을 때 격려해 준다.

넷째, 본격적인 걸음마가 이루어지는 시기이므로 놀이와 탐색을 위해 안전한 공간과 장난감을 제공해 준다.

다섯째, 호기심을 억누르기보다는 격려한다.

여섯째, 반복, 확대, 모델 제시 등의 방법을 통해서 언어발달을 도와준다.

일곱째, 자녀와의 힘겨루기는 가급적 피한다.

〈표 9-3〉 걸음마기 자녀를 둔 부모의 행동

바람직한 양육행동	바람직하지 않은 양육행동
• 걸음마기 아이에게 간단하고 분명한 지시를 함; 성과에 대해 격려하고 칭찬함. • 자신이나 다른 사람의 감정에 대해서 생각하도록 함. • 걸음마기 아이를 '못된 두 살'로 보는 태도를 갖지 않음.	• 걸음마기 아이의 행동에 대해서 '하지 말 것'을 너무 많이 말함. • 걸음마기 아이와 힘겨루기를 함. • 걸음마기 아이의 행동에 대해서 제한설정을 하지 않음. • 걸음마기 아이에게 더 큰 아이나 할 수 있는 행동을 기대함. • 걸음마기 아이가 다른 아이들과 잘 놀 것을 기대함. • 걸음마기 아동을 무시하는 행동을 함.

출처: Clarke & Dawson(1989).

3) 유아기의 부모 역할

만 2세경부터 초등학교 입학 전까지의 단계이다. 이 시기에 유아들은 신장과 체중이 급격히 증가하고 신체기술, 언어능력, 인지능력이 현저하게 발달함에 따라 부모와 상호 협조적으로 행동할 수 있으며, 독립적으로 기능할 수 있다는 특징을 가진다. 이 시기에는 부모의 역할 수행에 따라 발달적 과업성취 정도가 좌우되므로 긍정적 자아개념 형성 및 사회성 발달을 위한 환경을 마련해 주고, 유아 자신의 감정과 정서를 정확하게 표현하고 통제할 수 있는 능력을 길러 주도록 노력하여야 한다.

결혼과 가족

유아기의 주요 발달

[신체적]

- 체중 및 신장의 성장 속도 저하
- 식욕 저하: 까다롭게 먹는 아동일 수도 있음.
- 선호하는 손 사용
- 모든 유치들이 돋아남.
- 주요 대근육운동 기능을 습득함(예: 달리기, 기어오르기): 소근육운동 기능들이 생김.(예: 미술 작업)
- 상기도(코에서 후두까지의 부분) 질병들이 유행
- 높은 에너지 수준

[심리사회적]

- 자신, 타인, 사물들에 대한 인식 확대
- 독립성 및 어느 정도 자기 조절 습득
- 주도성 대 죄책감 발달
- 높은 호기심 수준
- 사회화 경험 시작(예: 적절한 사회적 성역할 행동들)
- 직접 하면서 배우고, 실수로부터 배움.
- 놀이가 본질적으로 더 사회적이고 창조적으로 됨.

[인지적]

- 사고가 전조작적이면서 직관적이고, 지각에 역동적으로 연관되어 있으며, 본질적으로 주로 전논리적임.
- 세상에 대한 정보 데이터베이스를 형성함.
- 분류 및 사물의 범주화에 심취함.
- 어휘력 증가
- 기억력 향상
- 사고상의 결점으로는 자기중심성, 물활론, 결과 속단, 중심화 등이 있음.

Hamner와 Turner(2001)는 유아기의 부모 역할을 수행하는 중요한 지침으로 다음과 같은 제안을 하였다.

첫째, 자녀의 주도성을 침해하지 않으면서 한계를 설정해 준다.

둘째, 주도성의 발달을 위해 자발적인 행동과 환경을 탐색하는 행동을 격려해 준다.

셋째, 권위 있는(authoritative) 양육방법을 사용한다.

넷째, 처벌보다는 자연적·논리적 결과의 방법을 사용한다.

다섯째, 언어발달을 촉진시키기 위해서 자녀의 끊임없는 질문에 귀를 기울이고 반응해 준다.

여섯째, 자녀에게 날마다 책을 읽어 준다.

일곱째, 긍정적인 자아개념의 발달을 촉진시킨다.

여덟째, 학습을 촉진시켜 줄 수 있는 적절한 놀잇감을 제공한다.

아홉째, 또래와 놀고 상호작용할 수 있는 기회를 제공한다.

〈표 9-4〉 유아기 자녀를 둔 부모의 행동

바람직한 양육행동	바람직하지 않은 양육행동
• 유아의 발달적 과제 성취를 지지함. • 안전, 보호 및 사랑의 요구를 지속적으로 충족시킴. • 사람 및 사물 환경 탐색을 지지함. • 성정체감 수용을 격려: 양성(性) 수용에 대해 가르침. • 느낌에 대한 표현 격려 및 느낌과 행동을 연관시킴. • 최대한 정확한 정보 제공: 잘못된 정보 수정함. • 행동에 대한 적절한 긍정적, 부정적 결과 제공함. • 분명하고 정확한 지시를 제공함. • 환상과 현실 구분을 촉진함.	• 유아를 놀림. • 비일관적 행동을 함. • 유아가 생각하고 독립적 선택을 하는 것을 허용하지 않음. • 질문에 대한 정보, 또는 직접적 해답을 제공하지 않음. • 빈정거림 및 조롱으로 대응함. • 혼합된 의미를 지닌 메시지를 사용함. • 유아를 무시함.

출처: Clarke & Dawson(1989).

결혼과 가족

육아를 하다보면 아이를 훈육해야 할 일이 생기게 마련이다. 모로토미 요시히코 교수가 설명하는 훈육 시 하지 말아야 할 여섯 가지 원칙에 대해 알아보자.

① 소리치지 않는다.

아이를 훈육할 때면 아무래도 목소리가 커지게 되기 쉽다. 큰 소리로 말하면 아이가 말을 들을 것이라고 생각하기 쉽지만, 그것은 다른 형태의 폭력이다. 아이는 공포를 느끼면 위축되어서 부모가 하는 말의 내용을 이해하거나 수긍하지 못하고, 따라서 자기의 잘못이 무엇인지도 알지 못한 채로 남게 되는 경우가 많다.

② 감정적으로 되지 않는다.

몇 번이나 지적하는데도 아이의 행동이 고쳐지지 않는다면 화가 나는 것이 인지상정이다. 하지만 화를 내는 것은 그저 자신의 감정을 아이에게 표출하는 것이고, 훈육하는 것은 교육으로 둘은 엄연히 다르다. 분노의 감정은 쉽게 아이에게 전달되고 아이는 자신이 부모에게 미움받고 있다고 믿어 버린다. 꾸짖기 전에 한차례 감정을 정리하고 차분히 아이에게 말을 하도록 하자.

③ 이유를 말하지 않고 꾸짖지 않는다.

"너 바보 아냐?!", "뭐 하는 거야!"하고 막무가내로 화를 내는 것도 좋지 않다. 이유를 정확히 설명하지 않으면 아이는 잘못에 대해 이해하지 못한다. 하지 말아야 할 이유를 이해할 때까지 반복해서 설명하는 것이 훈육이자 교육이다. "왜 엄마가 화가 났는지 스스로 잘 생각해봐!"하고 말하는 것은 사태를 악화시킬 뿐이다.

④ 많은 사람 앞에서 꾸짖지 않는다.

아이에게도 자존심은 있으므로, 다른 사람 앞에서 꾸짖게 되면 아이는 자존심이 상해 반발심만 생길 수 있다. 잘 알지 못하는 사람들 앞에서도 그렇지만, 오빠를 동생 앞에서 꾸짖거나 하게 되면 형제 관계가 미묘해지고, 아이들은 그런 변화에 매우 민감하다. 될 수 있으면 부모와 자식 둘만 있을 때 훈육하도록 한다.

⑤ 시간이 지나고 나서 꾸짖지 않는다.

꾸짖을 때는 잘못을 한 그 자리에서 하는 것이 좋다. 역으로 칭찬도 마찬가지이다. 특히 많은 칭찬을 해 주면 자기에게 긍정적인 이미지를 갖는 자신감 있는 아이로 자라게 된다.

⑥ 체벌을 반복하지 않는다.

체벌은 물론 피하는 것이 좋고, 무심결에 손이 나갔다 해도 아이에게 이유를 잘 설명하고, 모멸감을 느끼게 할 정도로 체벌하지 않는다. 특별한 이유도 없이 체벌을 반복하는 것은 아이에게 증오를 품게 한다. 부모가 싫어 하는 일을 일부러 하거나 부모를 경멸하게 되어 버릴 수도 있다.

4) 아동기의 부모 역할

만 6세에서 12세까지의 초등학교 생활로 특징되는 이 시기 아동들은 논리적으로 사고하게 되며, 학교에서의 성공이나 실패경험이 자아개념 형성에 중요한 영향을 미친다. 따라서 부모는 발달과업을 완수해 가는 자녀의 노력을 안내하고 지지하고 격려하는 것이 필요하며, 의사결정능력과 문제해결능력을 발달시킬 수 있도록 빈번한 기회를 제공해 주어야 한다.

다음은 아동기의 부모 역할을 수행하는 데 중요한 지침이 된다(Hamner & Tuner, 2001).

첫째, 근면성의 발달을 위해 가정 안팎에서 풍부한 학습경험과 기회 제공하기

둘째, 성취를 위한 압력보다는 자녀의 노력에 지지와 격려 보내기

셋째, 부모의 관심이나 기분을 강요하기보다 여가활동에 대한 자녀관심 지지해 주기

넷째, 많은 어른과 또래집단에 노출된 시기이므로 자아개념이 쉽게 손상될 수 있음을 인식하기

다섯째, 지지적 양육방법과 귀납적 훈련방법, 효율적 의사소통 방법 사용하기

여섯째, 자녀의 또래 관계에 관심가지고 지도하며 또래집단의 규준이나 수용의 중요성 인정하기

〈표 9-5〉 학령기 자녀가 있는 부모의 행동

바람직한 양육행동	바람직하지 않은 양육행동
• 발달과업을 이루려는 자녀의 노력에 대해 인정해 줌. • 개인적인 학습방식을 자녀가 수립하도록 인정해 줌. • 학습기술을 획득하도록 긍정적인 강화를 많이 해 줌. • 다른 사람, 세계, 그리고 성적인 문제에 대한 자녀의 질문에 신뢰할 만한 자원으로서 행동함. • 자녀가 자신의 행동에 대해 대안과 결정을 고려하도록 돕기, 원인－결과를 추론하도록 촉진함. • 타협이 가능한 규칙뿐만 아니라 불가능한 규칙도 수립하고 강화함.	• 비일관적으로 규칙을 강화함. • 모든 측면에서 자녀에게 완벽을 강요함. • 적절한 가르침이나 도움 없이도 자녀가 모든 것을 배우기를 기대함. • 자녀의 개인적인 흥미를 탐색하거나 규칙들의 타당성을 학습할 수 있는, 자녀와 함께 하는 비구조화된 시간을 제공하는 데 실패함. • 자녀가 감정적인 기간을 경험하도록 허락하는 데 실패함.

바람직한 양육행동	바람직하지 않은 양육행동
• 자녀가 부모에게 동의하지 않을 때에도 사랑받고 양육받는다는 것을 확인시킴. • 개인적인 행동에 대해 책임감을 갖고 자녀도 책임감을 갖도록 격려함. • 모델과 본이 되어 주는 훈련된 사람으로부터 교육받는 경험을 제공하여 개인적인 흥미를 발달시키도록 격려함.	• 경직되고 융통성이 없는 규칙을 지속하기 또는 행동을 지배하는 규칙을 제공하고 강화하는 데 실패함. • 타협 없는 많은 규칙을 유지함. • 개인적인 가치를 검증하는 데 실패함. • 자녀가 스스로 자신을 감독하기를 기대함. • 자녀를 깎아내림.

출처: Clarke & Dawson(1989).

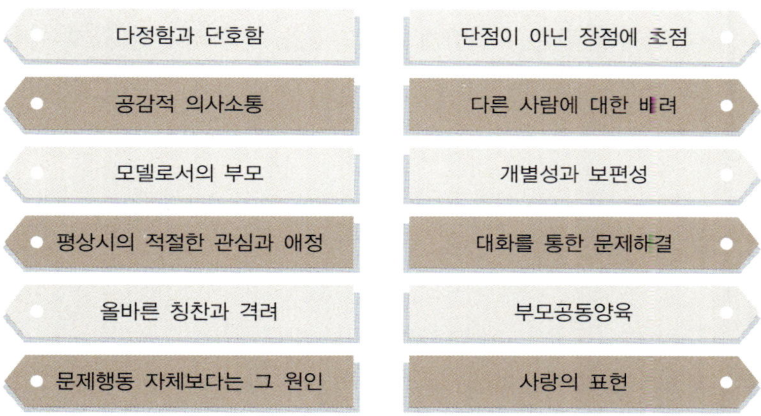

출처: 도현심(2008).

[그림 9-2] 부모존경과 자녀존중 자녀양육의 기본 개념

5) 청소년기의 부모 역할

청소년기는 아동기로부터 성인기로 옮아가는 과도기이다. 청소년기(adolescence)는 '완숙을 향해 성장하는' 비교적 짧은 기간이다. 서구사회의 기준에서 볼 때 청소년기는 아동기가 끝나는 12, 13세로부터 20대 초반인 21, 22세까지를 말한다.

청소년기는 생식기능과 성기능이 급격히 성숙되고 급격한 생리적 성장이 이루어지는 '사춘기'이다. 이 시기에는 성에 대해 관심을 갖게 되며 '자아'에 대한 의미를 추구하기 위해 갈등을 겪게 되는 자아정체감의 위기의 시기이기도 하다.

이 시기의 청소년들은 부모보다 친구로부터 더 큰 정서적 지원을 얻으려 하며, 아동에서 성인으로 가는 과도이이기 때문에 여러 가지 적응상의 문제를 겪는다. 이러한 이유로 청소년기 부모 역할은 매우 어렵게 느껴진다. 특히 사춘기에 접어들어 혼란스러운 자녀에게 부모는 대화를 통해 그들의 감정을 수용하고 이해하려는 시도가 끊임없이 이루어져야 한다. 따뜻하고 지지적인 부모와 청소년들의 관계는 자율성을 길러 주고, 자기 의존감, 직업 적응, 학업 역량, 그리고 자존감이 높을 것으로 예측된다(Slicker & Thornberry, 2002; Vazsonyi, Hibbert, & Snider, 2003). 반대로 강압적이고 심리적으로 통제하는 부모들은 자율성 발달을 방해한다. 청소년기를 통해서, 부모-자녀 관계의 질은 유일하게 정신건강을 가장 일관성 있게 예측해 준다(Steinberg & Silk, 2002). 좋은 가정 분위기에서 자란 10대들은 부모와 애착되어 있고 부모의 충고를 듣고 싶어 한다.

결혼과 가족

청소년기의 주요 발달

- 역할 혼돈에 반대되는 것으로 개인적 정체감을 확립함.
- 남자, 여자 또래들과 새롭고 더 성숙한 관계를 확립함.
- 사춘기에 나타나는 신체적 변화를 받아들임.
- 개인의 성적인 성향을 결정하고 자신의 성을 받아들임.
- 부모와 다른 가족구성원들로부터의 정서적인 독립이 시작됨.
- 개별화의 과정이 시작됨.
- 경제적인 독립이 시작됨.
- 직업이나 진학을 선택하고 준비하기 시작함.
- 건전하고 친밀한 관계를 맺기 위한 기술을 학습하기 시작함.
- 사회적으로 책임감 있는 행동이 나타남.
- 행동을 다스릴 수 있는 가치와 도덕적 체계를 결정함.

Freud(1933) 이론에서 청소년기는 성기기(genital stage)에 해당한다. 청소년기에는 신체적 변화와 호르몬 분비의 영향으로 잠복기에서 내면에 잠재해 있던 심리적 에너지가 외부로 표출되어 신체적 관심이나 이성에 대한 성적 관심으로 표출된다.

〈표 9-6〉 청소년 성행동과 관련된 요인

사회적 변인	심리적 변인	성태적 변인
• 낮은 종교적 신념 • 허용적 사회적 규범 • 빈곤과 인종주의 • 이민 • 한부모가정 • 또래집단의 압력	• 약물과 알코올 사용 • 낮은 교육수준 • 허용적 부모 태도 • 부모와의 대화의 부족 • 위험부담을 감수하려는 태도 • 사랑을 받기 위한 생각이나 지속시키기 위한 생각 • 낮은 자아의식, 수동적 태도, 의존성 • 공격성, 남성(이성)과의 높은 대인관계 기술	• 16세 이상 • 조숙한 사춘기

출처: Chilman(1980).

다음은 청소년기의 부모 역할을 수행하는 데 중요한 지침이 된다(Hamner & Tuner, 2001).

첫째, 온정, 수용, 이해의 분위기를 유지한다.

둘째, 자녀와 긍정적이며 개방적인 의사소통을 유지한다.

셋째, 자녀가 당신에게 중요한 존재라는 사실을 알려 준다.

넷째, 자녀의 사생활에 대한 존중과 동시에 적절한 감독과 관심을 유지한다.

다섯째, 청소년의 자아정체감 형성은 다양한 이념적 탐색을 통해 보다 명확해질 수 있음을 인식한다.

여섯째, 또래집단의 범죄행동과 약물사용으로 나타날 수 있는 경고신호에 민감해야 한다.

일곱째, 성에 대한 지식, 조기 성행위를 예방하기 위한 정보 및 이에 대한 부모의 생각을 솔직하게 말해 준다.

〈표 9-7〉 청소년 자녀를 둔 부모의 행동

바람직한 양육행동	바람직하지 않은 양육행동
• 발달과업을 성취하기 위한 10대들의 노력을 인정함. • 사랑, 안전과 보호를 지속적으로 제공함. • 10대들의 감정을 받아들이고 10대와 감정 이입을 하기 위하여 사춘기에 관한 자신의 과거 느낌을 공유함. • 10대들의 행동, 느낌 그리고 자세를 무시하지 않음. • 개별화되기 위한 10대들의 요구를 이해하고 그렇게 하기 위한 노력들을 지지함. • 10대들이 성장하여 독립하는 것과 성인의 지위를 얻으려는 것에 대하여 축하함. • 10대들의 최근 개인적 정체감을 격려하고 지지하며 받아들임. 부모들이 10대들을 위해 바라는 것들과 다른 것에 대해서도 받아들임.	• 부주의한 방식으로 10대들에게 반응함. • 사랑과 애정 깊은 접촉을 피함. • 10대들의 성적인 발달에 대하여 부적절한 대응을 함. • 엄격한 규칙을 적용하거나 혹은 규칙이 없거나 규칙들을 자주 변경하고, 규칙에 대하여 협상하지 않음. • 10대들이 문제의 해답에 대한 이유를 생각하는 것을 기대하지 않음. • 10대들의 최근 성적문제, 관심, 옷차림, 친구들과의 이상주의에 대하여 부정적으로 반응함. • 10대들의 약물복용과 같은 자기 파괴적인 행동을 직면하려 하지 않음. • 10대들이 가족으로부터 개별화되려는 노력을 방해하거나 못하게 함. • 10대들의 광범위한 감정 표현과 느낌을 받아들이지 않음. • 10대들의 행동, 느낌과 자세를 무시함.

출처: Clarke & Dawson(1989).

결혼과 가족

예민한 시기를 보내는 10대 청소년에게 소리를 지르는 것이 체벌만큼이나 큰 상처를 준다는 연구결과가 나왔다고 월스트리트저널(WSJ)이 보도했다.

미국 피츠버그 대학교와 미시간 대학교 연구진은 10대 자녀에게 "게으르다"거나 "어리석다"며 소리를 지르는 등의 언어폭력은 물리적 체벌과 동일하게 부정적 효과를 낳는다고 밝혔다.

연구진은 13~14세 자녀를 키우는 976곳의 가정을 상대로 설문조사를 한 결과 자녀에게 가혹한 발언을 한 적이 있다고 응답한 부모는 어머니의 경우 45%, 아버지는 42%에 달했다고 말했다. 아울러 연구진은 평소 부모 – 자녀 간 친밀도와는 관계없이 부모로부터 가혹한 발언을 들은 아이들은 그렇지

> 않은 아이들에 비해 비행을 저지르는 경우가 더 많았다고 밝혔다. 이들은 자녀의 비행이 부모의 언어폭력 사용 빈도도 늘게 했다며 자녀의 비행과 부모의 가혹한 발언은 악순환을 낳는다고 덧붙였다.
> 피츠버그 대학교 교육심리학부 조교수이자 이 논문의 공동저자는 "청소년기는 자녀가 자아를 형성하는 매우 예민한 시기"라며 "악담을 들은 아이들은 자신들이 능력이 없거나 가치 없는 존재라고 느낄 수 있다"고 분석했다.

6) 성인기의 부모 역할

자녀가 성인초기에 해당하는 나이일 때의 일반적인 인식은 부모로서의 할일은 끝났다는 것이다. 자녀는 더 이상 미성숙한 사람으로 생각되지 않으며 그들 자신의 복지를 책임지는 것, 결정할 수 있는 것, 자신의 행동에 대해 책임지는 것으로 생각된다. 그러나 양육적인 관계는 형태는 달라지지만 계속된다. 이 시기의 부모 역할의 특성을 살펴보면 다음과 같다(정옥분 외, 2009).

첫째, 부모와 성인자녀 사이의 관계는 이전에 경험했던 관계와는 다르다. 그 관계는 성인이라는 새로운 발달적 상태를 반영하기 때문에 특성상 더욱더 성숙하다. 독립과정은 보편적으로 성인초기에 완성되고 부모들은 여러 방법으로 이 과정을 지지한다. 부모, 성인자녀 또는 둘 다 서로에 대한 의존을 줄여 가는 상황에서 문제를 경험할 때 어려움이 발생한다.

둘째, 다시 집으로 자녀가 돌아오는 가족구조는 간헐적으로 성인자녀의 욕구를 충족시키기 위해 나타나기 때문에 가족 형태에 변화를 일으킬 수 있다. 성인초기 자녀가 재정이나 결혼상태의 변화로 인한 개인적 위기를 겪게 되면 다시 집으로 돌아오게 된다.

셋째, 부모는 아들과 며느리, 딸과 사위의 독립된 부부 관계를 인정하고 지나친 간섭이나 기대에서 탈피하는 것이 필요하다. 성장한 자녀들이 집을 떠나서 성공적으로 자기들의 생식가족을 구성하도록 도와주는 것은 이 시기 부모의 발달과업이다.

넷째, 많은 부모들은 그들의 성인 자녀가 스스로 부모가 되는 시기 동안 조부모 역할을 하게 된다. 조부모는 전형적으로 이 역할을 손자녀 중심의 스타일로 발전시켜 간다.

다섯째, 성인자녀는 종종 노인 부모를 돌본다. 노인부양으로 일컬어지는 이런 유형의 부양은 특성상 비공식이지만 부양자의 시간과 에너지를 많이 요구한다. 많은 부양자들이 도움에 대해 형제와 배우자에게 많이 의존하고 있지만 이것이 항상 유용한 것은 아니다. 성인자녀 부양자와 부모 사이의 관계는 보통 시간이 지남에 따라 긴장된다. 부양자의 스트레스가 증가함에 따라 노인학대를 유발하기도 하며 지쳐서 소진하는 일이 증가한다.

7) 조부모 역할하기

어느 시점에 자녀가 성인이 되었을 때 많은 부모들은 조부모가 될 것이다. 조부모 양육의 5가지 스타일은 〈표 9-8〉과 같다. 이 중 영향력 있는 조부모와 지지적인 조부모는 손자녀의 발달에 가장 관여하는 형태이다. 또한 조부모가 손자녀와 가까이 살고 있을 때 그리고 손자녀가 많은 경우보다 적은 경우일 때 더 참여적이며, 조부모가 손자녀의 생각(조부모의 참여를 긍정적으로 생각하는)을 알고 있을 때 더 관여하는 것으로 밝혀졌다(Mueller & Elder, 2003).

〈표 9-8〉 조부모의 유형

유 형	내 용
영향력 있는 조부모 (influential grandparents)	아동과 매우 친밀하며 빈번히 훈육을 포함한 부모의 역할을 수행한다.
지지적 조부모 (supportive grandparents)	친밀하다는 면에서 영향력 있는 조부모와 비슷하지만 부모의 역할을 수행하지는 않는다.
권위지향적 조부모 (authority-oriented grandparents)	아동을 훈육하지만 아동의 삶에 아주 특별히 적극적인 것은 아니다.
수동적 조부모 (passive grandparents)	아동발달에 관여는 하지만 영향력 있는 조부모나 지지적 조부모의 모습은 아니다. 부모의 역할을 맡고 있지는 않다.
분리된 조부모 (detached grandparents)	손자녀발달에 관여하지 않는다.

출처: Mueller & Elder(2003).

[그림 9-3] 조부모의 역할

조부모와 손자녀와의 관계는 다양한 형태로 나타난다. Neugarten(1977)은 이를 공식적 유형, 기쁨 추구형, 대리부모형, 지혜 전수형, 원거리형으로 분류하였다.

우리나라의 연구에서는 조모역할이 훈계자 역할, 물질제공자 역할, 대리모 역할, 가계역사의 전수자 역할, 손자녀 후원자 역할, 생활간섭자 역할인 것으로 나타났다(서동인, 1989). 이러한 역할 가운데 여성 취업률의 증가로 점차 대리부모로서의 역할이 증가하는 경향을 보이고 있다.

〈표 9-9〉 조부모 역할 방식

방 식		특 성
대리 부모로서의 조부모	➡	기본적인 양육, 자녀양육에 적극적으로 참여
관계가 적은 조부모	➡	손자녀와 자주 접촉하지 않음, 특별한 날이나 행사 때만 만남
재미를 추구하는 조부모	➡	손자녀와 여가 활동에 초점을 맞추는 재미를 추구하는 관계
지혜의 원천으로서의 조부모	➡	엄한 권위로 엄격한 경계를 유지, 가족 역사와 정보를 전승해 줌.
형식적인 조부모	➡	전형적인 조부모 역할하기, 부모와 조부모 역할 사이의 분명한 경계를 만듦.

조부모와 손자녀 간의 관계가 어떠한 유형이건 조부모는 부모보다 자녀양육 경험이 많으므로 손자녀에게 정서적 안정감을 제공해 줄 수 있으며, 손자녀에 대한 직접적인 의무감이나 책임감이 없기 때문에 순수하게 애정적인 관계에서 유대감을 형성할 수 있다. 또한 조부모는 손자녀에게 노화에 대한 긍정적인 태도를 심어 줄 수 있고, 조부모의 무릎학교를 통해 문화가 전수되기도 한다

조부모와 손자녀의 관계는 손자녀에게만 일방적으로 긍정적인 영향을 미치는 것이 아니라 이를 통해 노인인구 증가로 인한 노인소외나 고립을 방지하는 긍정적인 효과를 기대할 수 있다. 또한 손자녀와의 관계를 통해 조부모 세대도 자신의 존재가치를 확인하고 상실감을 극복하고 삶에 대해 보다 의욕적인 자세를 가질 수 있으며, 자녀양육에 대한 부담을 감소시켜 줄 수 있는 긍정적인 측면도 있다. 그러나 손자녀와의 관계가 항상 긍정적인 것만은 아니며 양육방법에서 자녀세대와 갈등을 경험하기도 한다. 동시에 조부모의 여가나 노후생활을 침해한다는 부정적인 측면도 고려해야 할 것이다.

02 부모교육 프로그램

부모 - 자녀 상호 간의 수용결여, 부모의 권위주의적이고 독단적인 태도, 부정적인 대화방법 등의 원인으로 부모 - 자녀 간에 갈등이 발생한다. 이는 급격히 변화되는 사회에서 부모교육의 필요성을 더욱 인식하게 한다. 따라서 부모 - 자녀 간의 조화로운 관계를 모색하고자 대표적인 부모교육 프로그램을 살펴보면 다음과 같다.

1) 체계적 부모효율성 훈련 이론 (Systematic Training for Effective Parenting: STEP)

STEP 프로그램은 1976년 Dinkmayer와 Mckay에 의해 개발된 것으로 Adler와 그의 제자 Dreikurs의 이론과 Gordon의 부모효율성 훈련 이론을 토대로 개발되었다. 우리나라에는 '당신도 유능한 부모가 될 수 있다'(Dinkmeyer, 1985)로 번역, 출간되어 STEP이 소개되었고 널리 사용되고 있다.

결혼과 가족

STEP의 특성

- 민주적인 부모-자녀 관계를 강조하였다. Adler와 Dreikurs는 격려, 상호 존중, 행동과 일치하는 훈육, 확실한 한계 등에 근거한 민주적인 가정 분위기와 사회적 평등이 존중되도록 하기 위해 가정 내에서 민주적인 학습이 이루어져야 한다고 강조하였다. 잘못된 행동의 네 가지 목표의 자연적·논리적 결과의 방법은 Dreikurs의 이론을 반영하고 있다.
- 의사소통을 위한 대화기법, 환경을 계획하는 기술, 부모 자신의 변화기법, 자녀를 변화시키는 기법을 강조한다. 이러한 의사소통방법에서 반영적 경청, 대안 찾기나 부모의 생각과 느낌을 표현하는 나-전달법은 Gordon의 이론을 반영하고 있다.

2) 적극적 부모훈련(Active Parenting Today: APT)

적극적 부모훈련(Active Pareneting Today: APT)은 Adler, Dreikurs와 Rogers의 이론, Carkhuff와 Gordon의 의사소통 기법, Ginott, Allis와 Erikson의 연구결과를 근거로 개발된 프로그램이다. 이 프로그램은 비디오를 통한 훈련법을 사용하며, 비디오 내용으로는 다양한 민족과 인종 그리고 다양한 가족유형의 가족 화목활동, 생활에 필요한 기술, 가족회의 방법을 담고 있다.

결혼과 가족

APT의 특성

- 부모의 권위가 존중되면서 자녀에게 민주적 지도자로 임한다.
- 가족 화목활동을 통해 효도의 습관을 길러 준다.
- 생활기술교육을 통해 자녀에게 자아존중감의 생활능력을 길러 주고 자녀로부터 존경받는 부모가 된다.
- 세계 속의 민주적 지도자로서의 자질을 길러 준다.
- 비디오 시청과 역할극을 통한 유익하고 활기찬 교육이 이루어진다.

3) 부모효율성 훈련 이론(Parent Effectiveness Training: PET)

Gordon에 의해 개발된 프로그램으로 부모 - 자녀 간의 의사소통기술을 향상시키는 데 초점을 두었다. PET 프로그램은 Rogers의 인간중심 치료기법, Dewey의 문제해결을 위한 과학적 절차와 단계, Ivey의 의사소통기법, Carkhuff의 조력기술을 바탕으로 하였다.

Gordon의 효율적인 의사소통이 이루어졌을 때 부모 - 자녀 간에 원만한 인간관계가 이루어진다고 보고, 부모와 자녀가 효과적으로 의사소통할 수 있는 방법, 문제가 발생했을 때 해결하는 방법을 집중적으로 다루고 있다. 대부분의 부모들은 다음과 같은 장애요인적 언어표현을 하기 때문에 자녀들과는 관계가 원만하지 못하다고 보았다(이태영·황영자 역, 1986).

〈표 9-10〉 장애요인적 언어표현

구분	내용	예
명령, 지시	자녀에게 어떻게 하도록 명령하거나 지시한다.	"문 닫아라, 숙제해라."
주의, 협박	자녀에게 어떤 행동을 하면 어떤 결과가 될 것이라는 것을 말한다.	"다시 한 번 더 그렇게 말하면 아빠에게 얘기할 거야."
훈계, 설교	자녀에게 해야 할 일과 해서는 안 되는 일을 일러 준다.	"웃어른에게는 언제나 정중하게 대해야 해."
강의, 이론의 전개	사실, 정보, 논리, 부모 자신의 의견 등으로 자녀의 판단에 영향을 주려 한다.	"얘, 내가 너처럼 어렸을 때는 너보다 훨씬 많이 일했었지."
비판, 비난	자녀에 대해서 부정적 판단, 평가를 내린다.	"너는 아직 어려서 잘 몰라."
칭찬, 동의	긍정적 평가, 판단을 보이고 동의한다.	"너는 할 수 있는 충분한 실력을 갖고 있어."
욕설, 조소, 수치감	자녀에게 욕을 하거나 조소를 한다.	"이 말썽쟁이야!"
분석, 진단	자녀에 대해 자녀 자신의 동기가 무엇인가를 해석한다. 또는 왜 자녀가 그런 말을 하는지 원인을 분석한다. 자녀의 기분을 알거나 혹은 자녀의 진단을 끝냈다는 것을 전달한다.	"동생이 미워서 그러는 구나."

구분	내용	예
격려, 동정	자녀의 기분을 맞추려 한다. 자녀가 가진 지금의 기분을 풀어버리려 든다. 자녀의 지금 감정은 강경한 것이 아니라고 부정한다.	"어릴 때는 누구나 그런 경험을 하는 거야."
질문, 탐문	원인, 동기, 이유를 알고자 한다. 부모가 자신의 문제를 해결하는 데 필요한 정보를 자녀로부터 얻으려 한다.	"왜 너는 유치원이 싫다는 생각을 하는지 말해 봐."
중지, 주의를 다른 데로 전환	문제에서 자녀를 다른 데로 이끌려 한다. 부모자신이 문제에서 도피한다. 농담으로 돌린다.	"학교에 불이라도 질러서 태워버리는 게 어때."

이상에서 제시된 부모교육 프로그램의 참여 효과는 다음과 같다(김민정, 2008; Lyndia, Ann, Gail, Renee, Richard, & Varzi, 2005).

부모 측면

- 긍정적 양육행동↑
- 온정 수용↑
- 자녀와의 의사소통 기술↑
- 각 연령에 적합한 아동발달과 행동에 대한 지식↑
- 어머니의 양육스트레스↓
- 자기효능감↑
- 부모 역할과 책임에 대한 지식↑

↔

아동 측면

- 공격성↓
- 힘 행사하기, 앙갚음, 무능함 보이기↓
- 가족의 지지 지각↑
- 위험한 행동↓

[그림 9-4] 부모교육 프로그램의 참여효과

끝으로, Smith, Cudaback, Goddard, 그리고 Myers-Walls(1994)는 "상냥하고 유능하며 건강한 자녀들의 발달을 촉진하기 위해 필요한 결정적인 부모양육행동 모델을 개발하였다. 연구자들은 아동의 긍정적인 결과와 관련되는 양육행동 29가지 목록을 연구결과로부터 얻었고 이를 다시 6개의 범주로 분류하였다. 연구자들은 이

목록을 전국부모교육모델(the National Extension Parent Education Model: NEPEM)로 명명했다. 구체적인 내용은 〈표 9-11〉과 같다.

〈표 9-11〉 전국부모교육모델

아이콘과 범주	우선시되는 실제행동
자기관리	• 개인적 스트레스를 다루라. • 가족 자원을 관리하라. • 다른 부모들을 지지하라. • 필요할 때 다른 사람들에게 지지를 요청하고 받아라. • 자신의 개인적인 장점과 부모양육행동의 장점을 인지하라. • 자녀양육의 목적을 설정하는 목표인식을 가져라. • 자녀양육 파트너와 협력하라.
이해	• 자녀들과 그들의 발달을 관찰하고 이해하라. • 자녀들이 그들 주변에서 일어나는 일에 어떻게 영향을 미치고 어떻게 반응하는지를 인지하라.
아동지도	• 바라는 행동에 대해 적절한 모델이 되라. • 합리적인 제한을 설정하고 유지하라. • 자녀들에게 책임감을 학습할 기회를 발달적으로 적절하게 제공하라. • 기본적인 예의범절에 깔려 있는 근본적인 가치를 전달하라. • 문제해결 기술을 가르쳐라. • 자녀들의 행동을 모니터하고 또래 및 성인들과 접촉하도록 격려하라.
양육	• 애정과 연민의 감정을 표현하라. • 자녀들의 자기존중과 희망을 키워라. • 자녀들의 감정과 생각에 주의를 기울이고, 경청하라. • 친절함을 가르쳐라. • 자녀들의 영양, 거주할 곳, 입을 옷, 건강, 안전의 욕구를 채워 줘라. • 자녀들과 인생을 찬미하라. • 자녀들이 가족사와 문화적 유산에 연결되어 있다고 느끼도록 도와라.
동기부여	• 자녀들에게 자기 자신과 타인들과 그들을 둘러싼 세상에 대해 가르쳐라. • 호기심과 상상과 지식에 대한 탐구를 자극하라. • 유익한 학습 조건을 만들어라. • 자녀들이 정보를 관리하고 처리하도록 도와라.
지지	• 자녀들과 자녀들의 지역사회에 유익이 되는 지역사회의 자원을 발견하고, 사용하고, 창출하라. • 자녀들과 가족들에게 지지적인 환경을 만들기 위해 사회적인 변화를 자극하라. • 가족, 이웃, 지역사회집단과의 관계를 형성하라.

C•H•A•P•T•E•R **10**

친족 관계

■ 현대사회의 산업화와 도시화로 핵가족화가 가속되면서 친족 관계의 유대는 약화되는 추세이다. 개인주의와 능력주의의 강조로 오늘날 친족 관계의 영향력 또한 축소되었다. 그러나 법률상 인정되는 친족 관계는 부양 관계, 상속 관계 등 여러 가지 법적 권리 및 의무를 해석할 때 사용되므로, 핵가족화 중심의 현대사회에서도 친족은 여전히 중요한 의미를 가진다. 또한 도구적 기능의 수행과 정서적 유대감의 공유와 같은 친족 관계의 역할은 가족 관계를 공고히 해 준다. 본 장에서는 친족의 개념과 현대사회의 친족 관계에 대하여 살펴보고, 가족 관계에 영향을 미치는 주요한 친족 관계로서 고부 관계, 장서 관계, 조부모 – 손자녀 관계에 대해 알아볼 것이다.

01 친족의 개념

친족(親族)이란 혈연관계에 있거나 혼인으로 맺어진 사람 중에서 일정한 범위 내의 사람을 말한다. 남녀가 결혼을 하면 상대방의 '배우자'가 되는 친족 관계가 발생하며, 상대 배우자의 친족과의 사이에는 '인척'이라는 친족 관계가 형성된다. 또한 부부가 자녀를 출산하면 수직으로는 친자 관계, 종횡으로는 형제자매 관계라는 '혈연'이 성립한다. 이러한 친족 관계는 시간이 흐름에 따라 반복·확장된다. 역으로 생각하여 아버지의 아버지, 그 아버지의 아버지를 거슬러 뿌리를 찾다보면 우리 민족은 모두 '단군'의 자손이며, 더 넓게는 세계인들 모두가 최초 인류의 후손이다. 즉, 친족 관계를 계속 확장할 경우 그 한계를 파악하거나 인식할 수 없게 된다.

따라서 친족제도는 동시대에 같은 사회에서 생활하는 것을 기본 전제로 한다. 그리고 대부분의 국가에서는 배우자를 포함하여 인척이나 혈연관계 중 일정한 범위를 규정하여, 그 범위 내에 포함되는 사람만을 '친족'이라고 하고, 그 범위에서 벗어나는 사람은 가까운 관계가 이어진다고 하더라도 '친족'으로 간주하지 않는다. 이와 같은 친족에 대한 개념은 각 사회에서 사회적·법률적으로 규정한 한계에 의해 다양하게 정해진다.

한국사회에서 친족은 혈족, 인척, 배우자로 규정되며, 범위로는 8촌 이내의 부계·모계 혈족, 4촌 이내의 인척, 배우자로 정하고 있다(민법 제777조)(그림 10-1).

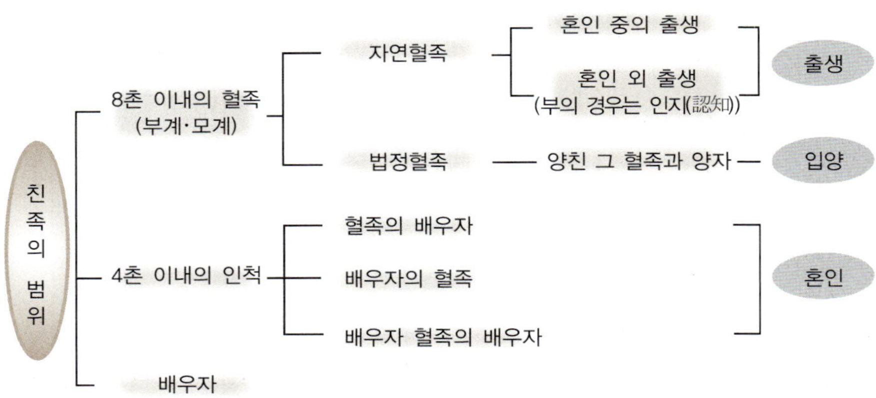

[그림 10-1] 친족의 범위

1) 혈족

혈족은 혈통을 공유한 관계의 사람들을 말한다. 부모와 자식 간을 1촌으로 놓고 촌수를 따져서 8촌 이내이면 혈족에 포함된다. 예를 들어, 내게 동생이 있다고 할 때, 나와 아버지 사이가 1촌이고 아버지와 동생 사이가 1촌이므로, 나와 동생은 2촌이 된다(그림 10-2).

혈족은 다시 자연혈족과 법정혈족(또는 준혈족, 인위혈족)으로 구분된다. 자연혈족은 사실상 혈연관계가 있는 사람으로 부모와 자녀, 형제자매, 숙질 등이 포함된다. 자연혈족 관계는 출생에 의해 발생하는데, 단 혼인 외 출생자의 경우 모와의 관계는 출생에 의하여 생기지만, 부와의 관계는 인지(認知)에 의하여 혈족관계가 생긴다. 자연혈족 관계는 사망으로 인하여 소멸하나, 사망한 사람으로 인하여 생존자와의 혈연관계가 소멸되지는 않는다.

법정혈족이란 사실상 혈연관계가 없지만 입양과 같이 사실에 입각하여 자연혈족과 같은 관계를 인정한 경우를 말한다. 예컨대, 양자로 들어가면 양부모와 법정혈족이 된다. 또 다른 예로, 동생의 아들을 양자로 삼으면 삼등친(三等親)이라는 혈연이 있기는 하지만 새롭게 친자 관계라는 법정혈연관계가 부여된다(민법 제772조).

2) 인척

인척의 계원(係員)은 혈족의 배우자, 배우자의 혈족, 배우자 혈족의 배우자이며(민법 제769조), 인척의 범위는 4촌 이내이다(민법 제777조 제2항). 인척 관계는 혼인에 의해 발생하며, 혼인의 무효·취소 또는 이혼, 배우자 사망 후의 재혼에 의하여 소멸한다(민법 제775조). 인척의 예를 들면, 형제자매의 배우자(형수, 제수, 매제, 매부, 올케, 형부 등), 배우자의 형제자매(처남, 처제, 처형, 시누이, 시동생 등), 배우자 형제자매의 배우자(처남댁, 동서 관계 등), 이모부, 고모부, 외숙모, 큰어머니, 작은어머니 등이 있다.

3) 배우자

배우자란 혼인으로 결합된 남녀를 서로에 대해 부르는 말이다. 민법상 배우자는 친족이지만 촌수는 무촌이다. 배우자의 신분은 혼인(신고)에 의하여 취득되므로 사실상의 부부나 내연관계 등과 같이 혼인신고가 되어 있지 않으면 배우자가 아니다. 또한 배우자 관계는 당사자 일방의 사망, 혼인의 무효·취소 또는 이혼과 같은 혼인의 해소에 의해 상실된다.

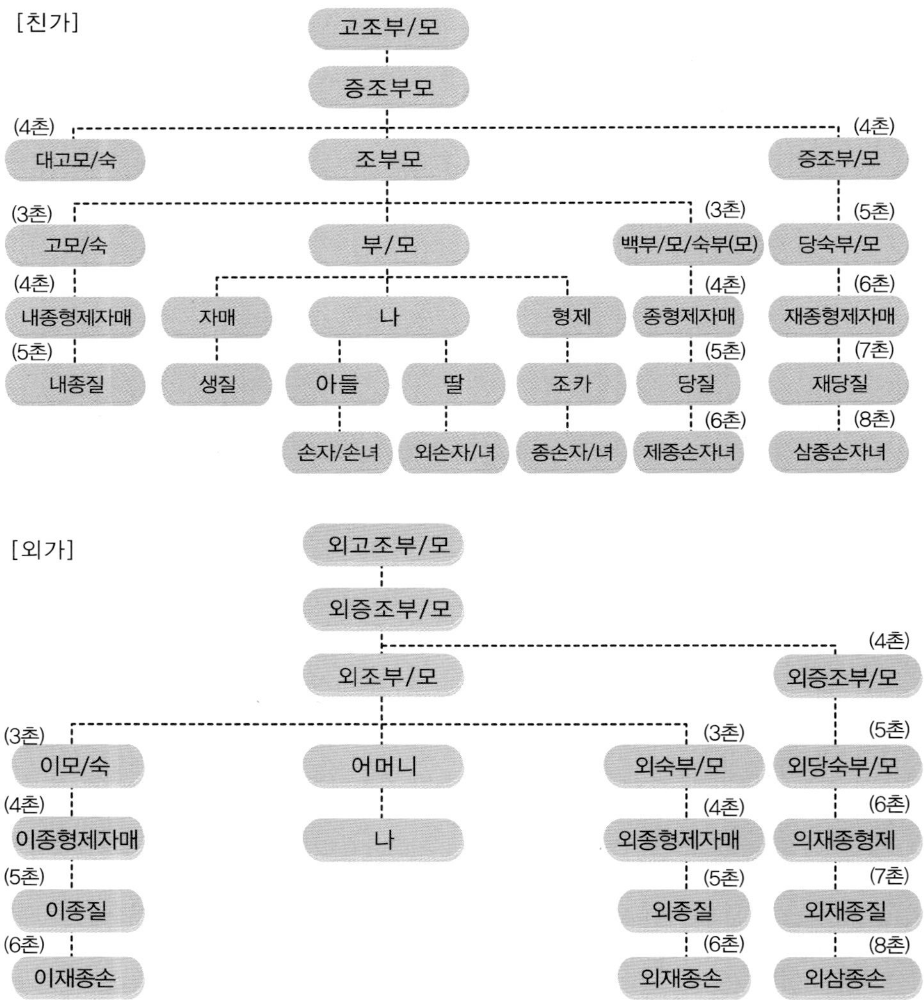

[그림 10-2] 친족 관계 도표

결혼과 가족

국민 68.6% "4촌 이내라야 친족"

국민 10명 가운데 7명은 친족의 범위를 4촌 이내라고 생각하는 것으로 조사됐다. 전국경제인연합회가 전국 성인남녀 800명을 대상으로 조사한 '친족범위에 대한 국민인식'에 따르면, 응답자의 68.6%가 4촌 이내를 친족으로 여겼다. 4촌 이내를 친족으로 생각하는 연령별 비율은 19~29세는 61.5%, 30대는 50.2%, 40대는 45.3%, 50대는 40.9%, 60대는 29.6%여서 젊을수록 4촌까지를 친족으로 생각하는 비율이 높았다. 반면 60대는 6촌까지를 친족으로 생각하는 비율이 30.6%, 그 이상까지도 친족으로 생각한다는 비율이 16.7%에 이르러 친족의 범위를 넓게 봤다.
4촌 이내 혈족이 1년에 만나는 횟수는 평균 2회 이하가 44.1%, 3~4회가 29.4%, 5~6회가 12.7%로 조사됐다. 또 응답자의 86.4%는 이번 추석에 4촌 이내의 친척끼리 모여 차례를 지내겠다고 밝혔고, 6촌과 함께 차례를 지내겠다는 응답자는 11.1%였다. '친척이 경제적 어려움에 처해 있어 월 소득의 10%를 1년 정도 도와줘야 한다면 누구까지 도와줄 것인가'라는 질문에는 부모·형제(53.4%), 4촌까지(19.1%), 도와줄 여력이 없다(16.5%), 6촌까지(5.6%), 기타·무응답(5.4%) 순이었다. 세법과 상법, 공정거래법 등에서는 '경제적 이해관계를 같이하는 친척'의 범위를 6촌 이내 혈족과 4촌 이내 인척으로 규정하고 있지만, 응답자의 89.0%는 4촌까지만 돕겠다고 밝혔다.

출처: 복지로(www.bokjiro.go.kr). (2010. 9. 20). 재구성.

02 현대사회의 친족 관계

현대사회 변화에 중요한 변수로 작용한 산업화와 도시화 현상은 핵가족화를 통해 친족체계에도 지대한 영향을 미쳤다. 핵가족화로 친족 관계 유대가 약화되고 개인주의화로 가족 관계의 중요성이 감소되어 점차 고립된 핵가족이 증가할 것으로 예측된다(옥선화 외, 2006). 그러나 친족 관계는 여전히 법적·실제적으로 지속되며, 변천하는 현대사회에 적응하면서 새로운 기능을 발휘하고 있다. 1991년 가족법의 개정을 통한 전통적인 부계제로부터 탈피와 양가와의 친족 관계에 선택적인 기능을 부여하는 현대사회의 친족 관계 특성을 살펴보면 다음과 같다.

1) 가족법 개정을 통한 친족 관계의 변화

1991년 가족법이 개정되기 전까지는 호주인 남성을 중심으로 8촌 이내의 부계혈족, 4촌 이내의 모계혈족, 배우자의 부모(즉, 장인과 장모), 배우자만이 법적으로 인정되는 친족이었다. 이에 따르면, 처남과 처제 등은 친족의 범위에서 제외된다. 이는 모계보다 부계를 중시하는 전통적 가부장제를 기반으로 하며 남녀 간 차별을 포함하는 것이다.

1989년 친족의 범위를 부계 중심으로 규정하는 것에 대한 이견이 제시되어 민법의 개정이 추진되었다. 그리고 앞에서 살펴본 바와 같이, 1991년 개정된 가족법에서 부계와 모계, 남편과 아내를 구분하지 않고 친족의 범위를 8촌 이내의 혈족, 4촌 이내의 인척, 배우자로 정하게 되었다. 이와 같은 변화는 부계친 일변도의 친족 관계에서 벗어나, 오늘날에는 양계적 친족 관계(bilineal kinship)를 취한다고도 해석할 수 있다. 그러나 이는 법제상의 친족 범위에 제한되며 실생활에서는 아직도 부계 혈통을 통한 가계 계승의 관념이 잔존한다. 예컨대, 한국사회에서는 성(性)과 본(本)을 부계 혈통을 근간으로 규정하며, 조상 봉제사 등의 의례적 관계 또한 부계혈통을 중심으로 유지된다. 따라서 오늘날의 한국사회는 제한적인 형태의 양계제를 취한다고 할 수 있다.

결혼과 가족

부계 중심 친족제도의 탄생은 언제?

아직도 한국사회에서 잔존하고 있는 부계 중심의 친족제도는 언제쯤 어디에서 유래한 것일까? 신라시대 이후로 고려시대까지는 현재와 같이 부계 중심사회가 아니라 부계와 모계 어느 쪽으로든 귀속이 자유로운 사회였다고 한다. 따라서 부계친과 모계친이 동등한 대접을 받았으며, 재산상속에 있어서도 자녀균분상속이 원칙이었다. 그리고 고려 말기까지만 하더라도 집안에서 제사를 지내는 일은 찾아보기 어려웠는데, 그 이유는 당시

지배적인 종교가 불교였던 까닭에 사람이 죽으면 절에서 화장하고 제사 또한 절에서 지냈기 때문이다.

그런데 고려 말 주자학의 도입과 함께 중국의 종법제가 수입되어 국가적으로 장려되면서부터 우리나라에 부계 중심의 친족제도가 정착되기 시작했다. 종법제는 남자혈통으로 혈족을 연결·유지하는 '남계혈통계속주의'와 동족 아닌 이족의 여성을 배우자로 취하는 '족외혼주의'를 근간으로 한다. 여기에서 종(宗)이라고 하는 것은 조상의 제사를 받들기 위한 후손들의 집단을 말하는 것으로서, 공동조상인 남자로부터 갈라진 남계혈통질서를 상징하는 말이다. 그리고 이러한 종법제는 조선의 건국세력인 신진사대부에 의해 면면히 이어져 경제육전과 경국대전에 법제화되었고, 특히 임진왜란 이후인 17세기 이후에 더욱 두드러져 동종(同宗)에 의한 동족부락의 형성이나 종중·문중의 형성과 같은 결과를 가져왔다. 결국 조선후기 번성하였던 종법제 문화는 일제강점기까지 이어져 내려와 1960년 제정민법에 반영되어 현재까지 이르게 된 것이다.

출처: 충남넷(2010. 9. 19). 재구성.

2) 친족 관계 기능의 변화

친족제도의 사회적 기능은 사회에 따라 다르며, 동일 사회라 할지라도 시대적 상황에 따라 달라진다. 전통사회에서는 친족제도가 정치·경제적 기능까지 포섭하였다. 그러나 사회의 다양한 기능이 분화되어 각각 독립적 영역으로 발달하는 현대사회에서는 친족제도의 사회적 의미 내지 기능이 제한적이다.

현대사회에서 친족제도는 크게 조상의례 기능, 정서적 연대감 제공 기능, 친족원 간의 상부상조 기능 등을 수행하고 있으나(홍성대, 2007), 친족 관계의 기능은 과거에 비해 축소된 것이 사실이다. 특히 부모의 생시에는 잦은 교류가 있더라도 부모가 타계할 경우 왕래가 눈에 띄게 소원해지는 경우가 많다. 본인 가족생활에 몰입과 경쟁사회로 인한 바쁜 생활 등으로 과거에 비해 친족 관계가 점차 약화되는 추세라 하겠다.

한편, 도시 가족은 친족 관계의 기능에 따라 부계친족과의 관계와 모계친족과의 관계를 차별화하는 모습을 나타낸다. 즉, 실제 생활면에서 볼 때 여권 신장과 함께 모계(처계)의 영향이 커짐으로써 본가(시가)와는 의무적이고 형식적인 관계를 갖는 반면, 처가(친정)와는 자발적이고 친밀한 관계를 갖는 경향이 두드러진다. 특히 처계의 인척들이 가까운 거리에 모여 살면서 일상생활에서 다양한 도움을 주고받으면서 경제적·정서적·복지적 기능을 하는 경우를 많이 접할 수 있다. 이와 같은 현상을 통해 한국사회가 법적으로 부계적 입장에서 벗어나 양계적 입장을 취하고 있으나, 실제적으로는 부계적 전통이 선별적으로 남아 있으며, 실생활에 있어서는 사회적 환경의 변화에 대한 적응 전략으로 양계적 친족 관계를 형성하는 것으로 평가할 수 있다.

결혼과 가족

결코 아버지만의 자식이 아닙니다

1989년 12월, 가족법 개정안이 국회 본회의를 통과했다. 개정안의 골자는 친족범위의 재조정 및 적모서자 관계와 계모자 관계 시정, 이혼배우자의 재산분할청구권 신설, 모의 친권규정 개선 등으로 여성의 법적 지위와 권한을 대폭 허용했다. 개정 전에는 여성이 이혼을 하면 위자료 말고는 재산권을 요구할 수 없었다(민법 제839조의2 재산분할청구권, 1990년 신설). 전업주부에 대한 재산분할 비율이 지나치게 낮게 결정되는 관행은 당연시되었으며, 여성은 이혼 후 6개월 내에는 재혼을 하지 못했다(민법 제811조, 2005년 삭제). 또한 이혼 시 친권은 오직 아버지만이 가질 수 있는 것으로 되어 있어 어머니는 자녀를 만날 수 없거나 자녀를 양육하면서도 권리가 없어서 고통을 받았다. 어머니가 자녀를 맡아 기르더라도 친권자가 아닌 '동거인'으로 권리를 행사할 수밖에 없었다.

개정된 '어머니의 친권 인정'은 부부가 협의하여 친권을 갖도록 정하고 만약 협의가 안 될 경우 가정법원이 심판하도록 하는 등 이혼했을 때 실제로 자식을 기르게 되는 여성에게 친권을 갖게 했다. 또한 이혼 시 재산의 균등 분배는 그동안의 '가사노동이란 무보수 노동'이라는 인식을 불식시키고 가사노동의 경제적 가치를 인정했다는 점에서 '여성의 권익신장'이라고 볼 수 있다. 완벽하지 않았지만 불평등한 사회에서 평등 사회로 나아가는 밑거름이 된 것이다. 당시 개정된 가족법에 대하여 "친족의 범위를 남녀 간에 동일하게 설정했다는 것은 하나의 '혁명'이다"라는 찬성론과 함께 "개정가족법이 우리 고유의 미풍양속을 해친다"는 뒷말도 무성했다.

이후 2005년 3월 2일. 가족법에 남아 있는 마지막 차별제도인 호주제 폐지를 골자로 하는 민법개정안이 국회 본회의를 통과했다. 여성신문의 보도와 여성단체들의 운동에 힘입어 드디어 2008년 민법상 가(家)를 규정함에 있어 '호주'를 중심으로 가족을 구성하는 제도인 호주제가 폐지된 것이다. 개정안에는 호주제 관련 규정 삭제 외에도 동성동본금혼제도 폐지와 여성 재혼금지기간(6개월) 조항이 삭제되고 부성 원칙이라도 부부 협의하에 어머니의 성을 따를 수 있도록 조항(민법 제781조 1항)을 개정하는 등의 내용이 포함됐다.

출처: 여성신문(2013. 12. 13). 재구성.

결혼과 가족

인류학자가 보는 세상: 한국가족은 모계화되고 있는가?

요즈음 주변에 외손주를 돌보는 할머니들이 늘어나고 있다. 직장생활을 하는 딸을 돕기 위해 친정어머니가 사회복지사로서 두 팔을 걷고 나선 것이다. 외할머니 손에 양육된 아이들이 성장한 뒤에 친할머니보다 외할머니와 더 강한 정서적 관계를 형성하리라는 것은 예측 가능한 일이다. 추석을 앞두고 벌초를 하고 있는 한 가정. 여성들도 함께 벌초에 참여하고 있다. 필자가 초등학생을 대상으로 친족 관계를 조사하기 위해 어떤 친척과 자주 만나는지를 물었을 때 많은 아이들이 이모, 외할머니 등 어머니 쪽 친족들을 얘기했고, 외가 쪽 사람들과 훨씬 친하다고 했다. 이러한 경향은 대학생의 조사에서도 비슷하게 나왔다.

모든 사회는 태어난 아이를 어느 집단에 소속시킬 것인지에 대한 규칙을 가지고 있으며, 이러한 출계의 규칙에 따라 아이는 부계집단의 아이 또는 모계집단의 아이로 인식되었다. 출계의 규칙과 함께 각 사회는 새로이 결혼하는 부부가 어디에 그들의 거처를 정할 것인가에 대한 거주규칙을 가지고 있으며 이러한 규칙은 가족성원의 거주화와 일상적 상호작용의 범위를 결정하는 데 중요한 영향을 미친다. 출계와 거주의 문화적 규칙에 따라 지구상에 흩어져 있는 많은 부계사회에서 태어난 아이는 아버지집단의 성원이 되고, 신혼부부는 남자 쪽에 가서 거주한다. 이에 비해, 아프리카나 뉴기니아 등에 흩어져 있는 모계사회에서는 태어난 아이는 어머니집단의 성원이 되고, 신혼부부는 신부의 집에서 거주한다.

조선 중기 이후의 한국사회는 결혼한 부부가 남자의 아버지 집에서 신혼살림을 시작했고, 그들 사이에 태어난 아이들은 남자집단의 아이로 간주되는 부계사회였다. 즉, 큰아들은 결혼 후에도 부모의 집에서 동거하며 부모가 사망할 때까지 부모를 돌보며 지냈고, 차남 이하의 아들들 역시 신혼 초에는 부모와 동거하다 가까운 지역으로 분가를 했다. 이러한 가족유형하에서 아들들은 결혼 후에도 부모의 생활권에서 벗어나지 못한 상태로 생활해야 했으며, 같은 공간에서 생활하는 조부모와 손자녀는 자연히 친밀한 관계를 형성할 수 있었다.

이에 비해, 딸들은 출가외인으로 간주되어 결혼과 함께 친정을 떠나 시집에서만 생활해야 했다. 딸이 낳은 자식들은 사위의 집단성원으로 간주되었으며, 서로 분리된 공간에서 생활하는 외조모와 외손자녀는 소원한 관계를 형성할 수밖에 없었다. 손자녀를 나의 집단성원과 남의 집단성원으로 구분하는 이러한 문화는 할머니들 스스로 "친손자는 업고 가고 외손자는 걸려서 간다"는 식으로 친손자와 외손자를 차별하게 만들었다.

그러나 최근의 가족유형은 결혼과 함께 분가하는 핵가족의 형태로 바뀌고 있으며, 대부분의 결혼한 부부는 독립된 공간에서 그들의 신혼생활을 시작한다. 이와 같은 거주에서의 독립은 성인자녀와 노부모 관계뿐만 아니라 조부모와 손자녀의 관계를 변화시키고 있다. 직업을 갖는 젊은 기혼여성이 많아지면서 태어날 아이를 누가 키울 것인가 하는 것은 현실적인 문제로 대두된다. 선거철이 될 때마다 대통령후보를 비롯한 정치지망생들은 앞다투어 육아를 책임지겠다는 공약을 내건다. 그러나 이들의 약속이 피부로 와 닿을 만큼 실행되었다는 느낌은 없다. 여전히 육아는 한 개인의 집안문제로 남아 있으며 육아의 상당 부분은 직장생활로 어머니 역할을 충분히 할 수 없는 딸을 대신한 외할머니의 몫이 되고 있다.

이처럼 손자녀 키우기에서 외할머니의 역할이 커지면서 외가와의 관계가 점차 밀접해지고 있으며, 전통적으로 내려오는 고부 관계의 불편함이 외가와의 친밀감을 부추기고 있다. 손자가 보고 싶어도 시어머니는 며느리 눈치가 보여 불쑥 아들집을 방문할 수 없는 것이 오늘날의 실정이다. 이러한 상호작용에서의 변화로 인해 부계 중심의 일상생활이 그 무게 중심을 모계로 옮겨 가고 있다.

우리들의 가치와 우리들의 일상이 변화하듯이 가족의 형태 역시 물이 흘러가듯 변화한다. 이러한 변화의 흐름을 거스르기는 쉬운 일이 아니다. 우리가 할 일은 그 변화를 어떻게 수용하고 적응할 것인가이다.

출처: 경향신문(2006. 9. 29). 재구성.

03 고부 관계

여성이 결혼 후 상호작용하는 대표적인 인척이 배우자의 혈족인 시부모이다. 특히 며느리와 동성인 시어머니는 여성으로서의 가사권을 둘러싼 역할이 중복되므로, 고부 관계는 아내가 경험하는 대표적인 인척 관계로 관심을 받아 왔다. 고부 관계란 결혼에 의하여 시작되는 가족 내 인간관계로 기존 세대로서의 시어머니(姑)와 혼입세대로서의 며느리(婦)의 새로운 상호작용 관계를 의미한다. 이러한 고부 관계는 혈연의 관계가 없는 두 여성이 한 남성을 매개로 인위적 관계를 맺는 것이므로 가족 내 인간관계 중에서 상대적으로 갈등의 소지가 크다. 고부 관계에 갈등이 발생할 경우 당사자뿐만 아니라 각자의 배우자와 자녀에게 부정적인 영향을 미치므로 갈등을 해결하고 원만한 관계를 유지하는 것이 가족의 행복을 위해 중요하다. 다음에서는 고부 갈등의 원인과 해결 방안을 중심으로 고부 관계에 대해 살펴보고자 한다.

1) 고부 갈등의 원인

'지구가 멸망해도 고부 갈등은 없어지지 않는다'라는 말이 있다. 가족 내 시어머니와 며느리는 부모 - 자녀 관계처럼 혈연도 아니며 배우자처럼 공통적인 경험이나 친밀감에 기초하여 선택한 것도 아니다. 단지 '사랑하는 남편의 어머니', '사랑하는 아들의 아내'라는 이유로 결혼과 함께 발생한 가족 관계이다. 따라서 서로 이해의 폭이 좁을 수밖에 없으며, 갈등 관계에 놓일 확률이 큰 것은 동서양을 막론하고 어쩔 수 없는 상황이다.

드라마에서 등장하는 전통가족에서의 고부 갈등은 산업화와 도시화로 대별되는 현대사회에서 많이 사라졌다. 확고한 부계직계의 전통가족에서는 며느리의 지위가 노동의 공헌과 가계 계승할 아들의 출산여부에 따라 성취되며, 시어머니는 며느리에게 아들을 빼앗긴 것에 대한 원천적인 불만을 혹독한 시집살이를 통해 표출한다. 여성은 출가외인이라 친정에 시집살이의 고통을 토로할 수 없으며, 남녀유별의 윤리로 남편 또한 아내의 바람막이가 되어 주지 못한다.

한편, 남녀평등과 민주적 의사소통으로 대별되는 현대사회에서는 가족의 의식 측면에서도 큰 변화를 가져왔다. 그러나 이러한 사회적 변화가 고부 관계에 긍정적 영향을 미치기도 하지만 과도기적 혼란으로 고부간 기대와 역할에 차이를 과중시키기도 한다. 예컨대, 현대사회에서는 분가나 며느리의 취직으로 고부 갈등이 감소되기도 한다. 반면 시어머니의 권위가 상대적으로 약화되고 며느리의 불만 표현이 공공연해졌으며, 친정과의 접촉이 보다 자유로워지고 가족 관계가 부부 관계 중심으로 변화하면서, 과거 며느리가 일방적으로 인내하여 노출되지 않았던 고부간의 문제가 표면화되는 측면도 있다. 현대의 가족구조에서 경험하는 고부 갈등의 원인을 살펴보면 다음과 같다(유영주·김순옥·김경신·2013; 정현숙 외, 2003).

(1) 권력구조로 인한 갈등 요인

고부간에는 경제권, 가사처리권, 제사를 비롯한 집안 대소사주도권, 자녀양육권 등을 내포하는 주부권을 둘러싼 갈등이 발생할 수 있다. 전통사회에서는 주부권이 시어머니에게 있었으나 '시모지배 자부복종'의 관계가 사회적으로 규범화되어 있었고 시어머니와 며느리 모두 이를 수용했으므로, 권력구조로 인한 고부간의 갈등이 존재하더라도 크게 표면화되지는 않았다.

현대사회로 오면서 시어머니의 권한이 쇠퇴하고 며느리의 주부권 행사비율이 높아짐에 따라 보다 협력적인 관계로 전환되고 있다. 그러나 시어머니와 동거할 경우 며느리에게 주부권이 이양되더라도 시어머니의 입장에서 가능한 한 활동하며 계속 권한을 행사하고자 하므로 양측 모두 주부의 입장을 가지게 되어 고부간의 갈등이 사라지기는 어렵다. 또한 이전과 달리 며느리도 본인의 불만을 정당하게 표현하는 민주주의적 의사소통이 증가하므로 권력구조로 인한 갈등이 표출될 확률은 더 증가했다고 볼 수 있다.

가계의 주도권에 있어서 시어머니 우위형에서 며느리 우위형으로 변화되고 있는 것이 현대 고부 갈등의 보편적인 양상이라 하겠으나, 경우에 따라서는 세력 관계의 역전현상이 일어나 시어머니가 '며느리살이'를 하는 상황도 접할 수 있다. 맞벌이 부부라 어쩔 수 없이 시어머니가 자녀양육을 도와주는데 가사까지 도맡는 것을 당연시 취급하는 경우, 분가하여 생활하다가 시어머니가 건강을 잃게 되어 며느리가 원치 않음에도 불구하고 아들집에서 돌봄을 받는 경우 등에서는 시어머니가 어려움을 호소하는 신(新)고부 갈등이 벌어지기도 한다.

(2) 애정구조로 인한 갈등 요인

밀착된 모자 관계는 전통 부계사회에서뿐만 아니라 현대사회에서도 고부 갈등의 원인이다. 아들이 사랑하는 여자가 생겨 결혼을 하면 어머니에 대한 관심이 줄어드는 것이 당연하다는 것을 알면서도 시어머니 입장에서는 왠지 서운한 맘이 드는 것이 인지상정일 것이다. 특히 남편과의 관계가 소원하여 자녀양육에 매진한 시어머니, 일찍 남편을 잃고 아들에게 심적으로 크게 의지해 온 시어머니, 젊은 시절 경제적으로 고생하면서도 헌신적인 뒷바라지로 아들을 성공시킨 시어머니 등과 같은 경우는 각별히 밀착된 모자 관계가 형성되어 갈등의 소지가 증가한다. 이러한 경우 시어머니에게 며느리는 경쟁자로 인식될 수도 있으며 고부 갈등이 심화될 수 있다. 부부 중심의 핵가족을 이상적으로 여기는 현대 여성이 아들에게 애정적으로 밀착된 시어머니의 입장을 진심으로 배려하여 상호작용하기는 어려운 일이다.

(3) 세대 차이로 인한 갈등 요인

여자에게는 결혼과 동시에 아내와 며느리의 역할이 부여되며, 출산과 함께 어머니의 역할이 부여된다. 그리고 아들이 결혼할 때 시어머니의 위치가 된다. 이렇게 한 여성이 결혼주기에 따라 며느리의 역할에서 시어머니의 역할로 변화하므로 어떻게 보면 시어머니와 며느리는 같은 여성의 입장에서 서로를 충분히 이해할 수 있을 것으로도 보인다. 그러나 실제로는 세대 간격을 두고 상반된 역할을 수행하게 되므로 동일인에게 상호 수행하는 것이 아니며, 이로 인해 자신의 세대에서 보편적인 역할수행을 상대방에게 기대하게 되어 고부 갈등이 발생하게 된다.

두드러진 세대 차이 중의 하나는 시어머니와 며느리 사이의 역할기대에 대한 불일치이다. 중년기의 시어머니는 아직도 부모부양이 자식의 의무라고 생각하여 며느리가 부양에 소홀하다고 지적하지만, 신세대인 며느리는 이보다 훨씬 강도 높게 시부모 부양에 대한 부담을 호소한다(김명자·안선영·한정화, 1996). 전통사회에서 부모부양이 자식의 당연한 도리였고 아들에게 노후를 의존하는 것이 어머니의 특권으로 인식되었으나, 현대사회에서는 부모부양을 선택이라고 생각하므로 상호 기대하는 역할에 차이가 크다.

또한 시어머니와 며느리는 각기 다른 시대에 태어나 생활했으므로 가치관과 경험에서 차이가 있을 수 있다. 구체적인 역할수행에 있어서 대부분의 시어머니 세대는 가사와 집안 대소사, 자녀양육 등을 경험주의적·전통적 방법으로 처리하려 하지만, 며느리 세대는 현대문명을 활용한 편리한 방법과 신세대 정보를 통해 논리적으로 접근하고 싶어 한다. 예를 들어, 명절 음식은 후손의 정성이 깃들어야 하므로 무조건 직접 만들어야 한다거나, 세탁기는 때가 잘 지워지지 않으니 손빨래가 낫다거나, 일회용 키친타월을 빨아서 여러 번 쓰는 것이 경제적이라고 여기는 시어머니의 생각에 현대적 사고방식을 가진 며느리가 동의하기는 쉽지 않을 것이다.

결혼과 가족

며느리가 시어머니에게 가장 서운할 때는?

여전히 시댁의 '시'자만 들어가도 싫다는 기혼 여성들이 많은 편이지만, 전통적인 고부 관계에 조금씩 변화의 바람이 일고 있는 것으로 나타났다. 한 백화점에서 기혼여성 1,000명에게 고부 갈등에 대하여 설문조사하였다. 설문 결과 가장 눈길을 끄는 것은 며느리가 보는 자기 시어머니 스타일이다. 예상과 달리 '권위주의형'(32%)보다 '민주주의형'(40%)이라는 응답이 가장 많았다. 그 다음은 '자유방임형'(28%)이었다. 응답자 자신도 '민주주의형 시어머니가 되고 싶다'(73%)를 가장 많이 선택했다.

자유롭게 '시어머니'의 정의를 내려 달라는 질문에 '엄마', '바다', '기둥' 등 긍정적 답변과, '몰래 카메라', '필요악' 등 다소 부정적 답변이 고루 나왔다. 처음에는 차갑지만 나중에는 따뜻하고 포근해진다는 의미의 '가죽 소파', 자녀들이 뭘 해도 예쁘게 본다는 의미의 '고슴도치' 등 재치 있는 답변도 많았다.

현재 시어머니가 자신을 부르는 호칭은 'OO엄마'(45%)가 가장 많았지만, 며느리들이 듣고픈 호칭은 이름(52%), OO엄마(34%), 기타(14%) 순이었다. 며느리들이 시어머니에게 가장 고마울 때는 '친딸처럼 대해 줄 때'(25%), '따뜻한 말을 건넬 때'(18%) 순이었다. 가장 서운할 때는 '남편 편애'(54%), '딸과 며느리 차별'(18%), '동서 간 차별'(16%) 순이었다. 고부간 갈등 시 요구되는 남편의 역할은 '적당히 내 편을 들어야 한다'(43%), '합리적인 중재'(33%), '엄정중립'(14%) 순이었다. 시어머니와 동거하는 경우 가장 큰 이유는 '불가피한 선택'(57%), '육아 및 자녀교육 도움'(18%), '경제적 이유'(14%) 등이었다.

출처: 머니투데이 뉴스(2006. 10. 25).

결혼과 가족

고부간 적응을 위한 결혼 전 요건 6가지

① 부모님의 원만한 결혼승인은 고부간 갈등을 줄여 준다.

부모가 반대하지 않고 기꺼이 받아들인 며느리는 일단 시어머니의 사전 탐색과정에 통과했음을 의미한다. 거슬리는 점이 적다는 뜻이므로 다소 불만이 있더라도 그것을 아들이나 며느리에게 터뜨릴 명분이 적어진다. 그러나 아들이 기대에 충족되지 못하는 며느리와 임의로 결혼한 경우 고부 관계는 처음부터 매우 원만하지 못한 차 시작되게 된다.

② 결혼 전에 장래 가족이 될 사람과 긴밀하게 접촉하라.

예비 며느리는 약혼 등의 기간 동안 시댁의 가풍과 시댁 식구들의 개성 및 시부모의 취향 등을 면밀히 살피고 이에 대응한 마음의 준비를 한다. 남남인 시집 식구들과 결혼 전 교류과정을 가질 경우 훨씬 부드럽게 고부 관계가 시작될 수 있다.

③ 시부모는 자녀세대의 독립된 생활을 최대한 보장한다.

분가나 경제적 독립 등의 외면적 독립뿐만 아니라 두 세대 간의 정서적 독립은 고부 갈등을 확 줄일 수 있다.

④ 결혼에 대한 혼전지식을 갖추어라.

아무런 준비 없이 결혼생활을 시작할 때 시집살이의 어려움에 부딪치기 쉽다. 혼전에 가사나 생활에 대한 지식을 습득하면 시어머니의 잦은 책망에서 벗어날 수 있다. 또한 의사소통, 인간관계에 대한 기술도 습득하여 새로운 가족 관계에 원만하게 적응하도록 노력한다. 그러나 지나치게 지식을 내세워 시어머니가 이미 수립해 놓은 생활방식을 수정하려 한다면, 오히려 더 큰 갈등을 초래할 수 있으므로 유의해야 한다.

⑤ 유사한 사회문화적 배경을 가질 경우 고부 갈등이 감소한다.
고부간 교육수준, 경제적 계층, 문화적 특성이 비슷한 경우에 화목할 가능성이 높다. 예를 들면, 시어머니의 연령층이면 종교에 대한 믿음이 확고해져 모든 가정생활에서도 종교의 이념을 실현시키려 하므로 며느리가 다른 종교를 가질 경우 문제 발생의 소지가 크다.

출처: 유영주 외(2013). 재구성.

2) 고부 갈등의 해결 방안

고부간의 갈등문제는 시어머니와 며느리 당사자들의 삶의 질을 저하시킬 뿐만 아니라 전반적인 가족 관계의 문제로 확대되는 경우가 많다. 시어머니나 며느리는 대개의 경우 아들이자 남편에게 불만을 토로하며 대신하여 해결책을 찾아 주기를 호소한다. 이에 남편이 중간에서 적절한 중재역할을 수행하는 과정에서 좌절과 무기력을 경험하기 쉬우며, 이로 인해 부부 관계 또는 모자 관계에서 직간접적으로 갈등이 파생되는 경우가 발생한다. 나아가 조부모 - 손자녀 관계의 단절, 며느리의 우울증, 시어머니의 가출이나 방황, 형제자매 간의 갈등 등 가족 전체에 부정적 결과를 초래할 수 있다.

따라서 고부간의 갈등을 가족구성원의 일부인 당사자들만의 문제로 국한하여 등한시하기보다는 고부 갈등의 본질을 이해하고 원인과 양상을 파악함으로서 가족구성원이 함께 노력하여 해결해 나가는 것이 바람직하다. 또한 고부 갈등은 가족 내에 한정된 문제가 아니라 다수의 여성들이 직면하는 문제이므로 사회적 차원의 지원 또한 이루어져야 한다. 고부간의 갈등을 해결하고 관계를 증진시키기 위한 방안을 개인적·가족적·사회적 측면에서 제시하면 다음과 같다(옥선화 외, 2006; 유영주 외, 2013; 최규련, 2007).

(1) 개인적 해결 방안

❶ 시어머니의 입장

① 아들 가족을 하나의 독립체로 받아들이고 자녀의 부부 관계에 간섭하지 않는다. 정서적으로 자녀에게 의존하는 자세를 버린다.

② 며느리에게 가사주도권 및 경제권, 자녀양육권을 양도하고 협조하는 입장에 선다. 역할 분담이 필요할 때는 권위보다 상황과 편의에 따라 분담하는 자세를 갖는다.

③ 오늘날의 젊은 세대는 교환적인 대인관계에 큰 비중을 두므로, 현재 처한 상황에서 자녀 세대를 위해 해 줄 수 있는 일이 무엇인지를 모색한다. 삶의 지혜나 가사, 손자녀양육 등에서 도움이 될 역할을 수행하며, 부담 주는 사람이 되지 않도록 한다.

④ 칭찬에 인색하지 않은 시어머니가 되도록 한다.

⑤ 노인대학이나 경로당, 평생교육 프로그램 등에 참여하여 가치변화를 인식하고 재사회화되는 과정에 마음을 열고 적극 동참한다.

⑥ 세속적인 가치로부터 벗어나 종교 등에 귀의하여 마음의 평화와 안정을 도모하여 성숙한 노인이 되도록 자신을 계발한다.

❷ 며느리의 입장

① 시어머니는 며느리를 시집살이시키고 괴롭히는 사람이라는 부정적인 선입관을 버리고 보다 긍정적인 인식과 태도를 갖도록 한다.

② 집안의 어른으로 대우하는 경로사상은 과거의 유물이 아니며 오늘의 보배이다. 시어머니의 경험을 존중하여 집안의 중요한 행사는 물론 일상생활에서도 의논하여 조언을 구한다.

③ 세대 차이란 필연적으로 있을 수밖에 없다는 것을 인정한다. 나도 언젠가는 '요즘 젊은 사람들은…….'이란 표현을 하게 될 것이다.

④ 시어머니는 노인이므로 노인의 특성을 갖고 있다는 점을 인식한다. 즉, 노인의 특성인 옛것에 대한 애착, 주장, 정서적 의존성, 반복적인 얘기, 고집, 관념

등을 비판하고 바꾸려 하기보다는 유연성 있는 며느리가 되어 수용하고 넘기는 요령을 터득하도록 노력한다.

⑤ 기념일이 될 만한 때, 예를 들어, 생신, 어버이날, 명절 등에는 작으나마 즐거움을 줄 수 있는 선물이나 용돈을 드려 사회적인 교류에 도움이 되도록 한다.

⑥ 동거 시에는 시어머니의 생활습관 존중 및 적절한 역할 마련에 유의하고, 분거 시에는 전화·방문 등 문안인사를 소홀히 하지 않도록 한다.

⑦ 손자녀를 매개로 고부 사이가 가까워질 수 있다. 시어머니가 손자녀와 좋은 관계를 유지하고 조부모 역할에 보람을 느낄 수 있도록 유도한다.

❸ 남편(아들)의 입장

① 고부 관계의 당사자가 아니므로 자신은 방관자라고 인식하기 쉽다. 남편(아들)은 고부 관계를 조정하는 가장 중요한 역할자라는 사실을 유념한다.

② 아내와 어머니 각각의 불만에 대해 동정하고 위로해 주면서 동시에 그들의 특성, 과거의 배경 등을 이해시켜 서로에 대한 오해와 마찰을 없애는 등 융통성을 지니고, 중립적인 입장을 견지함으로써 고부 관계를 원만하게 유도한다.

③ 평소에 아내에게는 신뢰와 애정으로 결합된 동반자로서의 역할을, 어머니에게는 부모에 대한 존경심을 표함으로써 섭섭한 마음이 들지 않도록 배려한다.

④ 가족여행이나 외식 등 가족구성원 전체가 모일 수 있는 기회를 마련하여 공동체 의식을 갖도록 하며 화목을 도모한다.

(2) 가족적 해결 방안

① 모든 가족원들이 고부 관계도 인간관계의 하나이기 때문에 갈등이 발생할 수 있음을 자연스럽게 받아들이고, 고부지간이 모녀지간과 같아지기를 바라는 환상은 버린다.

② 거주형태를 반드시 동거로 제한하면 고부간의 갈등이 더 악화될 수 있다. 필요한 경우 대안적 거주형태로서 각자가 자유로운 생활을 하면서 유대관계를 유지하는 수정핵가족이나 수정확대가족과 같은 준 동거형태를 고려한다. 수

정핵가족 형태는 같은 주택에 살면서 식사는 따로 마련한다든지, 위층과 아래층, 시부모님이 사시는 공간 분할 등을 통해 독립적으로 가정을 운영하는 방법이다. 즉, 같은 공간에 함께 살면서도 서로의 가사 및 경제권은 따로 가짐으로서 그로 인한 갈등영역을 없애는 것이다. 그럼에도 불구하고 가까이 있음으로써 정서적·심리적으로 교류하고, 자녀양육에 도움을 주고받으며 손자녀의 귀여움을 볼 수 있다. 또 다른 형태는 수정확대가족으로 부모와 자녀세대가 가까운 아파트 구역이나 같은 동네에 살면서 빈번한 접촉과 교류를 유지하는 것이다. 기본적으로 함께 거주하지는 않지만 필요할 경우 아침, 저녁으로 문안이 가능하며 함께 식사도 하고 도움을 주고받을 수 있다.

③ 장남이 시부모를 모셔야 한다는 선입견에서 벗어날 필요가 있다. 장남 이외의 자녀들과의 동거에 대해서도 개방적으로 선택할 수 있어야 한다. 특히 딸과의 동거는 점차 증가하고 있고 앞으로도 더욱 증가할 것으로 예상된다. 피차 남인 고부간의 동거보다는 보다 친밀한 관계가 유지되고 있는 딸과 동거 시 갈등이 적을 수 있다.

④ 유료양로원의 이용에 대한 개방적인 관점을 갖는다. 어차피 아들이나 딸과의 동거가 정서적으로 서로 부담이 된다면 쾌적한 유료양로원에서 나름대로 노후를 설계하며 정서적으로 편안한 상태에서 자녀와 교류하면서 여생을 보내는 것도 나쁘지 않다.

⑤ 융통성 있게 가족역할을 배분한다. 특히 동거하는 고부간에는 민주적인 역할 배분과 가사분담이 중요하다. '시어머니 - 며느리'의 전통적인 역할 영역에 근거하여 구분하는 대신 시간과 능력, 경험, 상황에 따라 적절하게 역할을 배분한다. 예컨대, 친인척과의 교제와 제사를 비롯한 대소사 등 가풍과 경험이 요청되는 영역은 시어머니가 주도하며, 일상적인 소비생활과 가사 운영은 며느리가 하고, 자녀교육권은 며느리가 갖되 아이는 시어머니와 같이 돌보는 등 각자의 독자적 영역에 대해 책임과 권한을 갖도록 한다. 역할 수행에 있어서도 서로 관심을 가지되 간섭하지 않도록 하면서 상호 협조의 관계로 나아갈 때 화목할 수 있다.

⑥ 각종 가족 관계 증진 프로그램에 참여함으로써 가족원 모두가 효과적인 의사소통 기술을 습득하고 보다 성숙된 가족 관계를 갖도록 노력한다.

(3) 사회적 해결 방안

① 시어머니들의 여가생활과 평생교육에 관한 시설 및 프로그램의 활성화를 위한 사회적인 지원이 필요하다. 노인정이나 노인대학의 활성화를 통해 효율적인 교육프로그램을 제공함으로써 노인 자신의 독자적인 생활세계를 갖도록 도와주고, 현대사회의 가치관이나 세대 차이에 대한 이해 등을 지도함으로써 고부 관계를 개선시킬 수 있다.

② 지역사회복지관이나 상담소 등에서 고부 관계의 갈등을 해소하는 데 실질적인 도움이 되는 의사소통 교육 프로그램이나 상담 프로그램을 제공하여 역기능적 요소를 제거하고 고부 관계를 회복시키는 데 도움을 줄 수 있다.

③ 노인의 경제적 독립과 노후소득을 보장해 주는 제도적 지원이 필요하다. 즉, 국민연금 제도의 활성화와 퇴직연령의 연장 및 노인을 위한 재취업의 기회 확대 방안이 국가적 차원에서 강구되어야 한다. 이와 함께 노부모를 부양하는 자녀가족에게 주거·경제·교육 혜택의 확대 및 다양한 면세조치 등이 확대·실시될 때 노부모 부양부담을 완화시킬 수 있으며, 고부 관계의 개선을 가져올 수 있다.

04 장서 관계

사위는 '백년손님'이라는 말이 있다. 전통사회에서 딸을 시집보낸 친정 부모에게 사위는 딸의 일생을 들었다 놓았다 할 수 있는 사람이요, 모진 시집살이에서 바람막이해 줄 딱 한사람도 바로 사위였다. 그렇기 때문에 사위는 한집 식구이면서도 어려워하고, '김 서방 왔는가, 박 서방 왔는가?'하면서 말도 함부로 놓지 못하는 것이 한국의 전통관념이다.

그러나 최근 들어 부부 중심 가족화와 실리적인 양계화 경향이 부상하면서, 처갓집과 본가 사이의 개념이 유사하게 혼용되고 전통적인 관습에 변화가 생기기 시작했다. 현대사회에서 남편이 경험하는 인척 관계의 가장 큰 변화는 처계친과의 상호작용의 증가이다(박시라, 1999). 친족의 유지·관리 기능이 여성의 역할이라는 점은 과거나 지금이나 다름이 없다. 그러나 부계직계가족에서 부부 중심가족으로 변화하면서 실질적인 친족유지·관리기능을 맡고 있는 여성이 자신의 성장과정상 더 가깝고 편한 친부모님과의 관계를 선호하면서 남편의 입장에서 인척에 해당하는 처가와의 상호작용이 증가한 것이다. 따라서 남성들이 자발적으로 처계친과의 잦은 상호작용을 선택했다기보다는 현대사회의 변화에 따라 어쩔 수 없이 상호작용이 증가된 것으로 해석할 수 있다. 사회적으로도 남녀평등의식의 확산되어 남편과 처계친의 친밀한 상호작용이 과거에 비해 자연스럽게 받아들여지는 추세이다.

남편의 인척 관계인 처계친과의 상호작용이 증가하면서 장모 - 사위 관계의 갈등을 뜻하는 장서 갈등이 새로운 형태의 가족문제로 주목 받게 되었다. 장서 갈등은 여성의 발언권이 세지면서 장모의 발언권도 동반 상승한 결과로도 볼 수 있으며 아내의 취업으로 장모가 자녀를 돌봐 주는 경우에 더욱 빈번해진다. 한 결혼정보업체에서 기혼남성 300명을 대상으로 한 설문조사 결과(엠이크노미, 2012)에 따르면, '장서 갈등을 겪고 있는가'에 대해 34%가 '그렇다'라고 응답했으며, 무려 43%가 '분명히 문제가 있음에도 불구하고 자주 대면하지 않는 것이 최선이다'라고 답했다. 또한 '장서 갈등이 부부 사이에도 영향을 미치는가?'라는 질문에 절반이 넘는 55%가 '사이가 나빠졌다'라고 답해 장서 갈등 또한 고부 갈등과 마찬가지로 부부 관계에도 부정적인 영향을 미치는 것으로 드러났다.

아직은 부모세대의 전통적인 사위에 대한 거리감과 자녀세대의 실리추구가 맞물려 장서 갈등이 표면화되지 않았다고 볼 수 있다. 그러나 향후 양계주의의 지속적인 확산으로 사위에 대한 기대 수준 또한 높아지고 일방적인 제공의 관계에서 보답을 바라는 관계로 변화하면서, 장서 갈등 또한 고부 갈등처럼 심화될 수 있다(옥선화 외, 2006). 따라서 장서 갈등을 단순하고 일시적인 가족 문제로 간주하기

보다는 고부 관계와 같이 과학적이고 체계적으로 연구하고 접근할 필요가 있다(김익균, 2008).

05 조부모 - 손자녀 관계

한국사회에서 핵가족화가 보편화되면서 조부모와 손자녀의 접촉 빈도나 공유 시간은 점차 줄어들고 있다(정영미, 2006). 그러나 한국사회는 서구사회에 비해 여전히 가족 단위의 응집력이 강하고 조부모와의 의례적 유대 관계가 유지되고 있으므로, 우리나라에서 조부모 - 손자녀는 아직도 중요한 가족 관계 중의 하나이다. 또한 평균 기대수명이 길어지면서 조부모 역할 수행기간이 연장되고 있으며, 맞벌이 부부의 증가로 조부모에게 자녀양육을 지원받는 가정이 증가 추세에 있다. 이와 함께 조손가족 또한 늘어나고 있어, 주요 친족 관계 중의 하나로 조부모와 손자녀 관계에 대해 살펴보는 것은 의의 있다 하겠다. 다음에서는 조부모 됨의 의미, 조부모의 유형과 역할, 조손가족을 중심으로 조부모 - 손자녀 관계에 대해 살펴보고자 한다.

1) 조부모 됨의 의미

손자녀가 출생하면서 조부모가 되는 경험은 조부모들의 만족감에 긍정적인 영향을 준다(Neugarten & Weinstein, 1964; 최규련, 2007, 재인용). Neugarten과 Weinstein은 조부모 됨을 통해 젊음과 활력을 다시 느끼게 되는 생물학적 갱신감 및 과거와 현재, 미래의 연결감을 경험한다고 제안했다. 또한 손자녀에게 지혜와 지식을 전수하거나 인격성장에 도움을 주는 역할을 하게 되어 성취감과 보람을 가지며, 자신이나 자녀가 이루지 못한 성취감에 대한 기대를 갖게 된다고 보았다. 물론 손자녀의 출생이 조부모에게 성취감·기쁨과 같은 긍정적인 정서만 제공하는 것은 아니다. 처음으로 할머니, 할아버지라고 불리면서 노인 됨을 인정하고 싶지 않은 양가감정을 경험하기도 하며, 손자녀양육에서 어느 선까지 역할을 담당할 것인지에 대한 고민이 짐이 되기도 한다.

한편, 친밀한 조부모 - 손자녀 관계는 손자녀에게 상징적·실질적인 측면에서 유익하고 중요한 의미를 갖는다(최규련, 2007). 손자녀들에게 조부모와의 친밀한 관계는 가족결속감과 심리적 안정감을 제공하며, 자신의 뿌리를 발견하고 가족역사와 문화의 계승을 통해 지혜를 전수받음으로써 인격성장과 정체감의 근원으로 작용한다.

2) 조부모의 유형과 역할

조부모의 역할과 조부모 - 손자녀 관계는 손자녀의 연령, 부모의 태도와 상황, 조부모의 특성과 건강상태 등에 따라 달라질 수 있으며, 조부모의 유형 또한 학자들에 따라 다양하게 구분된다. 조부모의 유형에 대한 대표적인 구분으로 소원한 유형, 적극 참여형, 동료적 유형, 조언자 유형, 대리부모형의 5가지에 대하여 살펴보면 다음과 같다(Benokratis, 1999; 최규련, 2007, 재인용).

- **소원한 유형**(remote): 조부모가 멀리 떨어져 살고 서로 자주 볼 수 없으며 가끔씩 만난다. 세대 간 친밀한 관계가 형성되지 못하고 의례적·공식적인 모임이나 행사에서 만나는 관계를 유지한다.
- **적극 참여형**(involved): 조부모가 손자녀를 키우고 지도하는 데 열심히 적극적으로 참여하는 유형이다. 대부분 같이 살거나 가까이에 거주하며, 조부모는 손자녀의 일상에 자발적으로 활발하게 개입하고 실질적인 권위를 행사한다.
- **동료적 유형**(companionate): 손자녀와 따로 살면서 독립성과 자율성을 유지하는 유형이다. 손자녀의 훈육과 교육은 부모에게 맡기고 손자녀와 함께 여가활동을 하면서 즐거움을 얻는 데 치중한다.
- **조언자 유형**(advisory): 가정 안에서 권위를 유지하며 경험과 연륜을 통해 다양하게 조언하고 훈계하여 바르게 지도하거나 지식을 가르치는 역할을 수행한다.

- **대리부모형**(surrogate): 딸이나 며느리가 취업하거나 지병이나 이혼, 경제문제, 무능력 문제 등으로 자녀를 돌보지 못하는 상황에서, 부모를 대신하여 손자녀를 대리 양육하는 유형이다.

위와 같은 조부모의 유형은 각기 다른 역할을 내포하고 있으며, 이는 손자녀의 연령, 부모의 태도와 여건, 조부모의 건강·경제적 상태와 특성, 사회가 공유하는 역할의 관점 등 제 요인에 따라 달라질 수 있다. 따라서 조부모가 기대하는 바와 실제 역할 유형 간에 차이가 있을 수 있으며 유형에 따른 만족도 또한 다를 수 있다. 조부모를 비롯한 부모와 손자녀 모두의 노력을 통해, 조부모가 순기능적 역할을 수행하며 전체 가족 관계의 안정성을 유지하도록 노력하는 것이 바람직하다.

결혼과 가족

아이 2명 중 1명 조부모 손에 자라

경기도 일산에 사는 김희숙(가명·61) 씨는 7살짜리와 5살짜리 손자 둘을 돌본다. 원래 김 씨는 손자를 키울 생각이 없었다. 주변 사람들에게도 "손자 봐주지 말아야 한다. 요즘 세상에 늙어서 누가 애 보고 있느냐"며 큰 소리를 쳤다. 그러나 맞벌이를 하는 며느리가 입덧으로 고생해 잠깐 보살피기 위해 8년 전 부산에서 올라온 게 화근이었다. 하나밖에 없는 아들이 아이를 돌봐 달라고 하는데 차마 거절하지 못했다. 결국 3년만 키워 주기로 마음먹었다. '남의 손에서 자라는 것보단 내 손주 내가 키우는 게 낫겠지'라는 생각에서다. 그러는 사이 둘째 손자가 태어나고 며느리가 일을 그만두지 못하면서 육아는 고스란히 김 씨 몫이 됐다. 남편과도 생이별했다. 두 아이를 돌보느라 부산에 내려갈 여유가 없다. 한 달에 한 두 번씩 남편이 올라와야 얼굴을 볼 수 있다. 명절에도 부산에 내려가지 않고 아들 집에서 지낸다. 김 씨는 "내 손자들을 나 몰라라 할 수 없어 키우고 있긴 하지만 아이들 돌보랴 살림까지 하랴 체력이 부친다"고 하소연했다. 그는 이어 "돈 벌겠다는데 부모가 자식을 위해 이 정도의 희생을 감수해야지 별 수 있겠느냐"고 하면서도 "언제까지 아이들을 키워야 할지 답답하다"고 토로했다.

이처럼 할머니·할아버지가 손주를 키우는 이른바 '황혼육아'가 급증했다. 평생 애를 두 번 키우는 셈이다. 통계청에 따르면, 지난해 기준으로 510만 맞벌이가구 중 조부모가 손주 육아를 맡은 가구가 절반(250만 가구)에 이르는 것으로 나타났다. 맞벌이가정의 영유아 두 명 중 한 명은 할머니·할아버지 손에 자라는 셈이다.

특히 최근에는 경제적 이유로 맞벌이에 나선 부부가 늘면서 조부모 육아가 늘었다. 집값은 뛰고 교육비를 비롯한 생활비 부담이 커진 탓이다. 이런 이유로 '스크럼족(Scrum 族; 결혼 이후에도 경제적인 이유로 부모와 함께 사는 성인)'이 늘었다. 임영주 아이에듀케어 센터장은 "퇴근시간을 배려해 주는 어린이집이 부족한 데다 아직도 남보다는 가족의 도움을 받고 싶어 하기 때문에 아이 양육을 부모에게 의지하는 자녀가 많다"고 말한다.

출처: 이코노미스트(2013. 9. 16). 재구성.

결혼과 가족

처가가 친가보다 손주 더 떠맡아

아이 양육을 부모 중 누구에게 더 많이 맡길까. 육아정책연구소가 2012년 7월 생후 36개월 미만 영아를 둔 여성 1,000명을 조사한 결과, 양육자의 53.8%가 외조부모에게 맡기는 것으로 나타났다. 친조부모는 34.2%로 외조부모가 친조부모보다 1.6배 높게 나타났다. 경기도 가족여성연구원에 따르면, 양육 시간은 1주일에 5일 이상, 하루 평균 9~11시간이었다. 자식들로부터 받는 용돈은 한 달 평균 30만 원 수준에 불과했다.

조부모에 아이를 맡기는 이유 중 하나는 육아 도우미나 보육기관보다는 가족이기 때문에 믿고 맡길 수 있다는 것이다. 육아와 가사를 병행하는 워킹맘들은 이른 출근과 늦은 퇴근 때문에 생기는 보육 공백도 조부모가 채워 주기 때문에 일하는 부모 입장에서는 부담을 덜 수 있다.

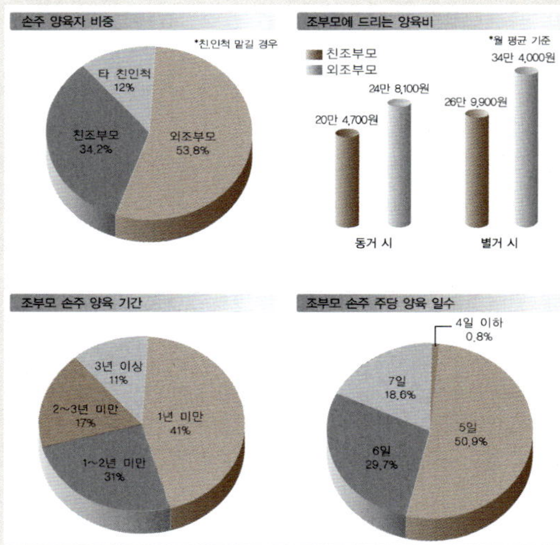

서울시가 6월 발표한 '통계로 본 서울의 가족구조'에 따르면, 2010년 현재 가구주인 부모와 동거하는 30~49세 성인은 48만 4,663명으로, 2000년의 25만 3,244명보다 91.4% 증가했다. 이들 중 상당수는 어린 시절처럼 지금도 부모의 보호와 양육을 받고 있는 셈이다. 60세 이상 부모를 상대로 자녀와의 동거 이유를 물은 결과 "손주 양육 등 자녀의 가사를 돕기 위해서(10.5%)"라는 대답이 "자녀가 경제적인 이유 등으로 독립생활이 불가능해서(29%)"라는 대답 다음으로 많았다.

출처: 이코노미스트(2013. 9. 16). 재구성.

결혼과 가족

'조부모 – 손주 관계 전문가' 미래 유망 직업으로

서울 목동에 사는 김문숙(57) 씨는 올 초부터 구청에서 운영하는 노인대학에서 영어를 배우기 시작했다. 알파벳도 잘 몰랐던 그가 영어 공부를 하기로 결심한 것은 세 살 배기 손자 때문이다. 곧 유치원에 들어가서 영어를 배울 손자에게 완벽하지는 않아도 기본적인 것은 가르치고 싶어서다. 노인대학 영어교실에 나오는 할아버지·할머니들도 손자·손녀들과 영어 대화를 하려는 사람들이 많다고 했다. 김 씨는 "요즘 모임에 나가면 친구들 사이에서도 손자·손녀 교육이 화제"라며 "여기서 교재 정보를 귀띔받은 뒤 책을 사 주고 있다"고 말했다. 박주영 강남구보육정보·육아지원센터장은 "조부모들이 처음에는 억지로 육아를 맡아도 '이왕 하는 거 잘 해 보겠다'는 의지가 높아지고 있다"며 "앞으로 이들을 지원하는 다양한 프로그램이 많이 생겨날 것"이라고 말했다.

육아용품 시장 소비층도 엄마에서 할머니로 바뀌면서 홈쇼핑업체들도 할아버지, 할머니들이 TV 앞에 많이 앉는 평일 오전 시간대에 영유아용 교육용품을 배치하고 있다. ○○샵 관계자는 "최근 영유아 교구재를 구입하는 50, 60대 고객이 늘고 있다"며 "이런 점을 고려해서 영유아용 교육상품 방송에 쓸 자막은 노인들의 시력을 배려해 평소보다 크게 만든다"고 말했다.

할머니들의 육아 노동을 국가가 인정하고 지원하는 제도도 생겼다. 서울 강남구는 9월부터 손주를 돌보는 친·외조부모에게 시간당 6,000원씩 최대 24만 원을 지급하는 '손주 돌보미 사업'을 시범 운영한다. 지원 대상은 막내가 만 3개월 이상~15개월 미만인 두 자녀 이상의 맞벌이가정으로 아동과 아동의 부모·조부모가 모두 강남구에 거주해야 한다. 신연희 강남구청장은 "중장년 일자리를 창출하면서 동시에 영유아가 조부모로부터 무한 돌봄을 받을 수 있는 환경이 보장될 수 있다"고 말했다.

최근에는 '조부모 – 손주 관계 전문가'라는 용어도 등장했다. 한국고용정보원이 지난해 발표한 '10년 후 미래 유망직업'에는 '새롭게 부상할 직업' 17가지에 이 직업이 포함됐다. 김한준 한국고용정보원 연구위원은 "조부모와 손주는 어릴 때부터 같이 생활하면 1·3세대 간의 공감대를 형성할 수 있어 고령자와 젊은 사람들의 세대 간 갈등을 완화하도록 조정하는 역할을 할 수 있을 것"이라고 말했다.

출처: 이코노미스트(2013. 9. 16). 재구성.

3) 조손가족

부모의 이혼, 가출, 근무지, 재혼 등으로 할아버지나 할머니와 함께 사는 조손가족이 급증하고 있다. 조손(祖孫)가족이란 '65세 이상 가구주 또는 그의 배우자와 18세 미만 손자가 생계·주거를 함께 하는 가족'으로 정의할 수 있다. 즉, 조부모가 자녀세대와 동거하지 않고 손자녀와 함께 살면서, 기본적인 의식주 및 생활 전반을 책임지고 있는 가족 형태이다. 조손가족의 대부분은 소득이 거의 없어 어렵게 생계를 이어가고 있음에도 불구하고 점차 증가 추세에 있어, 사회적으로 관심을 가지고 보다 촘촘한 사회안전망을 구축해 '빈곤의 대물림'을 막아야 한다는 지적이 나오고 있다.

(1) 조손가구의 현황

통계청에 따르면, 2010년 현재 전국의 조손가족은 11만 9,294가구로 집계됐다(그림 10-3). 10년 전에 비해 163%가량 증가한 것이다. 전체 가구에서 차지하는 비중도 같은 기간 0.24%에서 0.67%로 0.43%포인트 늘었다(세계일보, 2013). 고공행진을 하는 이혼율과 불경기의 장기화 및 맞벌이 부부의 증가 등을 감안하면 이 같은 추세는 더욱 심화될 것으로 예상된다.

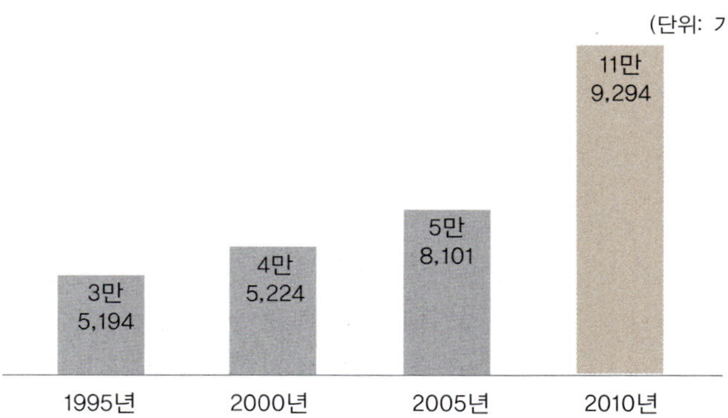

출처: 통계청(2011).

[그림 10-3] 조손가구의 증가 추이

(2) 조손가족의 문제점

여성가족부가 2010년 처음 실시한 '조손가족 실태조사' 결과를 보면, 조손가정의 문제점이 고스란히 드러난다. 먼저, 조부모가 손자녀를 키우게 된 이유는 절반 이상(53.2%)이 '손자녀 친부모의 이혼이나 재혼'이었고 친부모의 '가출 및 실종'이라고 답한 경우도 14.7%에 달했다(그림 10-4).

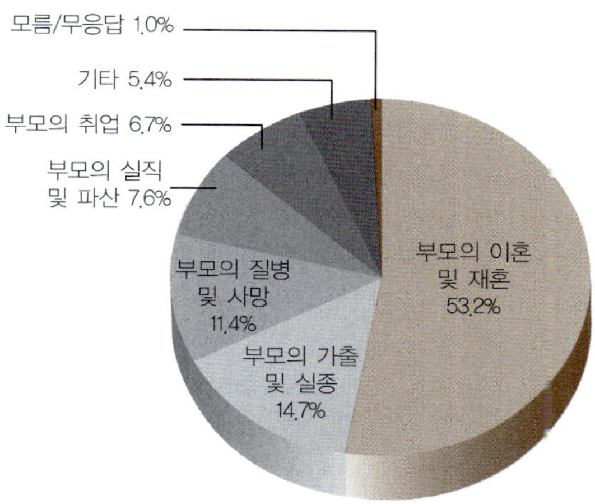

출처: 여성가족부(2010).

[그림 10-4] 조손가족 조부모가 손자녀를 양육하게 된 이유

조손가족의 조부모 특성을 살펴보면, 조부나 조모 모두 생존해 손자녀를 양육하는 가구는 17.1%에 불과하고, 조부 또는 조모 홀로 양육하는 경우가 82.9%나 됐다. 조부모의 평균 연령은 72.6세였고, 학력은 '초등학교 졸업 이하'가 82.3%에 달했다. 경제적인 측면으로는 월소득 기준 44.0%가 40~80만 원 미만, 20.1%가 40만 원 미만으로, 월평균 가구소득이 59만 1,000원에 그쳤다(그림 10-5). 조손가족의 월평균 생활비는 약 63.5만 원으로 집계되어 월평균 소득 59.7만 원에 비해 월 3.8만 원 정도 더 들어 적자가 누적되고 있는 상태임을 알 수 있다. 절반가량인 46.7%는 정부나 공공기관의 지원금에 의존하고, 지원을 받지 못하는 경우에는 단순 노무직(20.2%)을 통해 어렵게 생활비를 벌고 있었다. 결과적으로 대다수의 조손가족이 손자녀를 제대로 양육하기 어

려운 상태다.

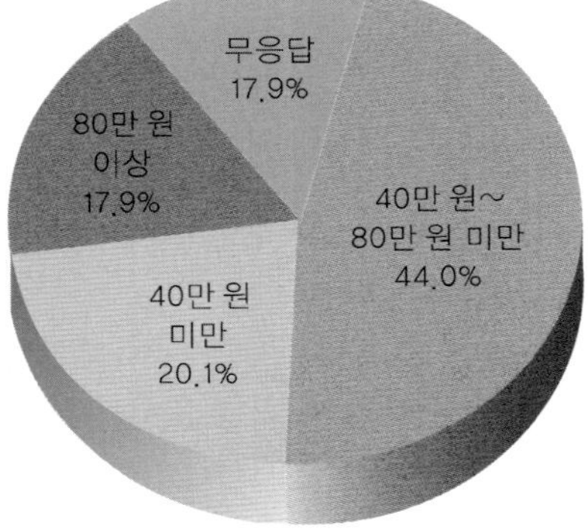

[그림 10-5] 조손가족 월평균 소득

손자녀양육의 어려운 점으로 조부모들은 '경제적 문제'(66.2%)를 가장 많이 선택했고, 다음으로 '손자녀의 생활·학습 지도 문제'(11.5%), '장래 준비문제'(10%) 등을 꼽았다. 이 같은 어려움에도 불구하고 대부분의 조부모들은 '손자녀가 성인이 될 때까지'(63.5%) 또는 '부모가 찾으러 올 때까지'(29.5%) 키우겠다고 응답했다.

손자녀를 대상으로 한 설문 결과를 초등학교 손자녀와 중고교생 손자녀로 나누어 살펴보면 다음과 같다. 초등학생 손자녀의 절반 이상(56.8%)이 '할아버지·할머니가 아프지 않았으면 좋겠다'고 답해 조부모에 대한 애정을 확인할 수 있다. 그러면서도 필요한 물건을 사 주지 않아 속상해 하고(33.7%), 자신의 마음을 알아주지 못하는 것 같아 야속하게(20.5%) 느끼고 있는 것으로 나타났다(그림 10-6). 또한 학교생활을 하면서 가장 바라는 바를 두 가지 고르게 한 결과, '학교 공부를 도와줄 사람이 있으면 좋겠다'(31.9%)는 바람과 함께 '준비물이나 현장학습 등이 무료'면 좋겠고(27.7%), '행사에 와 줄 사람이 있으면 좋겠다'(24.0%)고 답해 부모의 빈자리를 크게 느끼고 있었으며, '선생님이나 친구들이 차별하지 말았으면 좋겠다'(13.4%)는 응답도 적지 않아 학교에서 차별받고 있음을 암시한다.

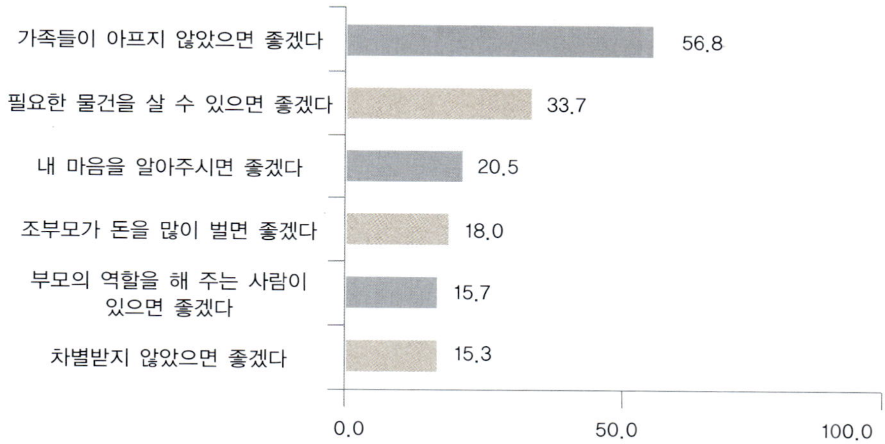

[그림 10-6] 초등학생 손자녀의 조부모와의 생활 희망사항(복수응답)

한편, 중고생 손자녀의 경우 조부모와 마찬가지로 경제적 어려움에 대한 지원을 가장 큰 바람으로 꼽았다. 조부모와 함께 살기 위해 정부에 기대하는 내용으로는 '경제적인 생활비 지원'(76.5%)이 압도적이었고, '오래 살 수 있는 주택 제공'(12.2%), '간병인이나 가사도우미 파견'(4.1%), '가족의 취업 및 창업 알선'(2.5%)을 요구하였다(그림 10-7).

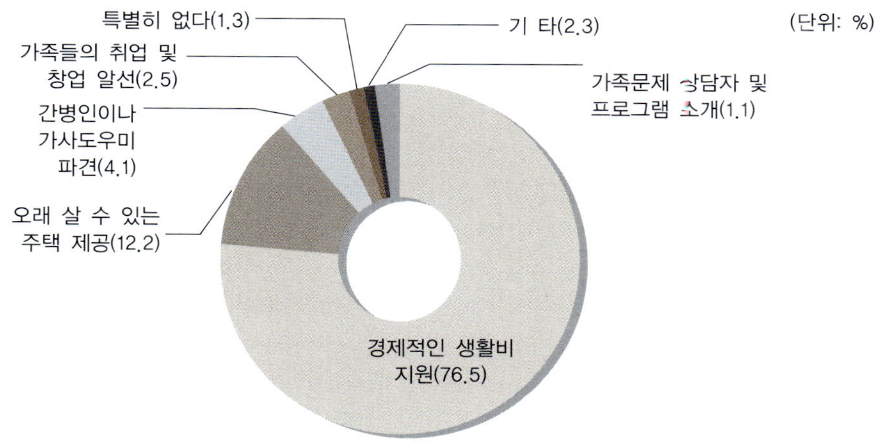

[그림 10-7] 중·고교생 손자녀의 조부모와 동거를 위한 지원 요구사항

앞에서 살펴본 바와 같이, 조부모의 연로함과 열악한 경제적 수준을 고려할 때, 조손가족의 경제적 자립을 통해 생활수준을 향상시킬 수 있는 상황이 아니다. 또한 복지 효율성을 위해 인위적인 시설 복지를 통해 해결하는 것 역시 가족유대감을 고려할 때 이들을 위한 바람직한 방법이 아니다. 무엇보다도 이들의 생활수준을 향상시키고, 삶의 질을 높일 수 있는 물질적 지원책을 강구하는 것이 급선무이다. 조손가족의 어려움이 당사자들의 불성실함이나 불운함에 기인되어서는 안 된다. 경제적 지원과 함께 이들을 소외시키지 않는 따뜻한 시선이 사회적으로 공유되어야 한다. 특히 조손가족에서 성장하고 있는 손자녀들이 사회적 약자로서 소외당하지 않도록 다양한 복지 서비스를 개발·강화하는 것이 절실히 요구되는 상황이다.

결혼과 가족

조손가정을 해체하라

서울 용산구 동자동 쪽방촌. 3평 남짓한 방에서 유성옥(75) 할머니와 두 손자(초등학교 3년, 1년)가 살고 있다. 유 씨의 집은 다가구 주택들이 다닥다닥 붙어 있는 골목길을 한참 들어가고도 급경사 계단을 올라간 곳에 있었다. 방은 3명이 누우면 꽉 찰 만큼 비좁았다. 그나마 두 명의 조카 손자녀까지 떠안고 살다 내보낸 것이 얼마 전이다. 어두컴컴한 부엌은 이런 곳에서 밥을 해 먹을 수 있을까 싶을 정도로 열악해 보였다. 아들 부부는 가영이가 한 살 때 이혼했다. 씀씀이가 헤펐던 며느리는 빚과 아이들만 남겨 놓고 떠난 후 재혼을 해서 연락이 끊겼다. 아들은 빚을 갚겠다고 일자리를 찾아 떠돌아다니더니 더 큰 빚만 지고 신용불량자가 됐다. 가끔 걸려 오는 전화로 살아 있다는 것을 확인할 뿐이다. 20년째 살고 있는 집 전세금은 3,200만 원. 일부는 한국사회복지협의회에서 지원해 주고 나머지는 대출을 받았다. 수입은 정부보조금 110만 원인데 대출 상환과 두 손자 교육비로 대부분 나간다. 다행히 효준이와 가영이는 몸이 불편한 할머니를 도와주며 잘 자라고 있다고 했다. 유 씨는 “아이들이 기가 죽을까봐 학교에 갈 때면 지팡이 없이 가고, 고기 등을 사 놓고 아빠가 어제 저녁에 사 놓고 갔다고 둘러댄다”고 했다. 유 씨의 가장 큰 걱정은 뭘까. 유 씨가 한숨을 쉬며 말했다. “내 소원은 아이들이 중학교 졸업할 때까지만이라도 살았으면 좋겠어요.”

'평균 연령 72.6세, 평균 학력 초등학교 졸업 이하 82.3%, 월평균 가구소득 59만 1,000원, 10명 중 8명은 거동불편이나 건강이상' 각종 수치가 보여 주는 것처럼 조손가정은 가장 취약한 상황에 놓인 1세대와 3세대의 결합이다. 신체적·경제적 능력을 상실한 고령의 조부모가 무책임한 자식을 대신해서 손자녀를 책임지고 있는 것이다. 이혼율의 증가와 더불어 급속하게 늘고 있는 조손가정은 한국의 유별난 현상이다. 성인이 되면 부모로부터 독립하는 것이 당연한 서구와 달리 결혼 이후에도 부모에 대한 의존도가 큰데다가 '핏줄'은 무조건의 책임을 강요한다. 선진국에서 정부나 사회가 체계적인 복지의 테두리 내에서 관리하고 있는 것과는 달리 우리나라는 '핏줄'에 기대어 늙은 할머니·할아버지에게 아이들을 떠맡기고 있는 셈이다.

조손가정의 현실은 수치에서 나타난 것보다 훨씬 심각하다. 경제적인 문제는 물론이고 건강문제·손자녀와 소통문제·학습지도 등 삼중고, 사중고에 시달리고 있다. 초록우산 어린이재단 영등포종합사회복지관의 김미경 관장은 "고령의 조부모의 경우 대부분 질병을 수반하고 있는데다 근로능력은 상실하고 생활능력도 감퇴되다 보니 손자녀를 돌보는 데 문제가 생긴다. 자식을 잘못 키웠다는 죄책감과 후회밖에 남은 것이 없고 양육부담도 크다 보니 우울증도 심각하다. 삶을 놔 버리고 싶다가도 손자녀를 보면 주저앉을 수도 없고 굉장히 복잡한 심리상태에 놓여 있다"고 말했다.

세대 차이가 많이 나다 보니 갈등도 심각하다. 전문가들이 입을 모아 말한 것이 조부모와 손자녀 세대 간의 소통부재였다. 부모와 자식도 말이 통하지 않는 마당에 조부모와는 말할 것도 없다. 아예 대화가 단절된다. 말이 안 통하니 아이들은 밖으로 겉돌게 되고 문제 청소년이 될 가능성이 많다. 조손가정의 경우 조부모와 손자녀 양쪽 모두 근본적인 관계의 단절로 인해 심각한 상처를 안고 있다. 특히 손자녀는 모든 관계의 시작인 부모와의 관계 해체로 인한 애정결핍이 심각하다. 그로 인해 관계 맺기에 어려움을 느끼거나 지나치게 관계에 집착해 너무 이른 나이에 이성관계에 빠지기도 한다.

2000년부터 아동복지는 요보호아동을 맡아 줄 위탁가정 중심 정책으르 전환하고 아동복지법을 개정해 '위탁가정제도'를 시행하고 있다. 위탁가정제도는 일반가정 위탁, 친인척 위탁, 대리양육가정 위탁으로 구분되는데, 대리양육가정 위탁이 조손가정에 해당한다. 위탁가정으로 선정된 경우는 아동 1인당 양육보조비 12만 원을 받을 수 있고 상해보험을 들어 준다. 하지만 조손가정 중 대리양육위탁가정으로 선정된 경우는 7%(2011년 통계) 정도에 불과하다. 위탁가정을 선정하는 기준이 아이를 양육할 환경이 제대로 갖춰져 있는지를 우선적으로 보기 때문에 오히려 기초생활수급 대상자 등 형편이 어려운 조손가정은 우선순위에서 밀리기 쉽다. 외국의 경우 비혈연관계인 일반가정 위탁 신청자가 많지만 우리나라는 신청자가 극히 드물다. 서울시의 경우 대리양육위탁가정은 629가구인 데 반해, 일반위탁가정은 50가구에 불과하다.

지난해 연세대 원주캠퍼스에 4년 장학생으로 들어간 김미현(가명) 양. 친모는 도박에 빠지고 친부는 집 밖으로 돌다 미현 양이 초등학교도 들어가기 전에 이혼을 했다. 친모·친부 모두 양육을 회피하고 친조부모·외조부모들도 외면했다. 다행히 일반위탁가정제도 덕분에 지금의 위탁부모들을 만났다. 피 한 방울 섞이지 않았지만 위탁부모들은 행여 미현 양이 기가 죽을까 걱정하며 아낌없이 사랑을 쏟아 키워 주었다. 미현 양은 환경이 안정되면서 초등학교 고학년부터는 반에서 1등을 놓치지 않았다. 대학에 들어가서 기숙사 생활을 하는 미현 양은 주말이면 위탁부모들이 보고 싶어 집으로 달려간다.

가족해체의 그늘에서 위태롭게 혈연으로 뭉쳐 있는 조손가정. 가정이 완전한 울타리가 돼 주지 못하는 상태에서 조손가정 아이들은 다시 기초생활수급자로 자라 가난을 대물림하게 될 가능성이 많다. 결국 그 짐은 고스란히 사회로 돌아오는 악순환이 되풀이된다. 핏줄이라는 이유로 모든 문제를 끌어안고 가정의 형태를 유지하는 것이 바람직한지, 취약세대의 결합인 '위기의 가정'을 해체하고 '안전한 가정'을 만들어 주기 위한 대안 마련에 나서야 하는지, 이 지점에서 우리 사회의 고민이 시작돼야 한다.

출처: 주간조선(2013. 10. 21). 재구성.

Part 05

가족 위기와 적응

결혼으로 부부 관계가 맺어지고 부모-자녀 관계로 확대되었던 가족 관계는 이혼으로 그 관계가 해소된다. 이혼이 가족의 문제와 갈등을 해결하는 방법이 될 수 있으나 대개 가족의 구조적·기능적 측면에서 뿐만 아니라 가족구성원의 삶에서 큰 변화를 가져와 가족은 위기에 직면하게 된다. 이혼, 사별 등에 의한 심리·정서적 스트레스의 증가, 사회적·경제적 상황의 악화 속에서 가족을 재구성하려는 노력의 일환으로 재혼을 선택하는 경향이 높아지고 있으나 재혼가족 또한 가족 적응에 어려움을 겪는다.

이에 제5부에서는 외형적인 가족의 해체와 재구성 이상의 어려움을 내포하는 이혼과 한부모가족, 재혼이 가족의 보다 나은 적응으로 나아가는 선택이 되기 위해서 알아야 할 관련 내용들을 살펴볼 것이다.

Marriage & Family

C•H•A•P•T•E•R **11**

이혼과 한부모가족

■ 이혼에 대한 시각이 긍정적으로 변화하고 있으나 배우자와의 혼인 관계가 해소되는 이혼은 부부뿐만 아니라 자녀의 삶에서 복합적인 변화를 가져오고 그 결과 나타나는 한부모가족로서의 가족 적응과정에서 겪는 문제의 심각성에 대해 우려하는 바가 크다. 본 장에서는 이혼과 한부모가족 각각의 개념, 경향 또는 현황, 특징을 살펴보고 가족의 적응을 돕기 위한 지원 방향을 모색해 보고자 한다.

01 이 혼

1) 이혼의 개념

이혼은 가족의 중심이 되는 부부가 결혼의 관계를 소멸시키는 생활사건이다(오영희, 2012). 즉, 법률상으로 유효하게 성립한 혼인의 당사자들이 모두 살아있으면서 혼인에 의한 결합 관계를 법적으로 소멸시키는 것이다(유영주 외, 2013).

이혼의 성립을 위한 법적인 절차는 민법(제834조, 제840조)에 근거하여 협의 이혼과 재판 이혼으로 나뉜다. 협의 이혼은 부부의 자율을 존중하여 가정법원에서 판사로부터 당사자 간의 합의 이혼의사를 확인받아 신고하면 성립되는 이혼이다. 협의 이혼에서 이혼의 사유는 문제가 되지 않으므로 성격의 불일치, 불화, 금전문제, 건강문제 등 어떤 이유로든 부부간의 이혼의사만 일치되면 이혼이 가능하다.

재판 이혼은 부부 중 일방이 이혼을 원하지만 다른 일방과 합의가 안 되었을 때 가정법원의 조정을 거쳐 이혼소송을 청구하고 그 재판의 선고로써 이혼이 성립되는 것이다. 민법에 의하면, 이혼청구 소송은 배우자가 부정행위 또는 악의로 유기하는 행위를 하거나, 배우자 또는 그 직계존속으로부터 심하게 부당한 대우를 받았을 때, 자기의 직계존속이 배우자로부터 심하게 부당한 대우를 받았을 때, 배우자의 생사가 3년 이상 분명하지 않을 때, 기타 혼인 관계를 지속하기 어려운 중대 사유가 있을 때 부부 중 한 명에 의해 제기될 수 있다.

2) 이혼의 경향과 원인

이혼은 가족과 결혼 관계의 안정성과는 반대로 가족체계의 붕괴를 보여 준다는 점에서 이혼의 경향을 주목할 필요가 있다. 우리나라의 이혼 통계(통계청, 2013a, 2019b)에 의하면, 2003년 이후 이혼건수와 조이혼율(인구 1천 명당 이혼건수)이 감소하는 경향 속에 2015년의 이혼건수는 102만 9천 건으로, 조이혼율은 1997년 이후 최저 수준인 2.1건으로 나타난다. 글로벌 경제위기에 따른 국내 경제상황의 악화와 이혼숙려제의 도입에 따른 반작용으로 2009년에 일시적인 증가세가 나타났으나(문혁준 외, 2012), 이후 이혼건수가 감소하는 경향은 초혼연령의 상승으로 혼인건수 자체가 감소했고 이혼숙려제가 긍정적인 영향을 미치고 있기 때문에 나타났을 것으로 보인다.

〈표 11-1〉 총이혼건수, 조(組)이혼율 추이

	2002년	2005년	2010년	2015년	2018년
총이혼건수(천 건)	144.9	128.0	116.9	102.9	108.7
증감(천 건)*	10.3	-10.9	-7.1	-6.4	2.7
증 감 률(%)*	7.7	-7.8	-5.8	-5.5	2.5
조이혼율	3.0	2.6	2.3	2.1	2.1

* 전년도 기준
출처: 통계청(2013a, 2019b).

결혼과 가족

이혼숙려제도(離婚熟慮制度)

결혼한 부부가 협의 이혼을 신청했을 때 일정한 숙려기간이 지난 뒤 이혼이 허가되는 제도이다. 이혼 전에 부부가 상대방에 대해 생각할 기회를 주어서 이혼을 쉽게 결정하지 못하게 하겠다는 목적으로 2007. 12. 21. 민법 개정으로 도입되었다(민법 제836조의2 제2항 및 제3항 신설).

숙려기간은 미성년인 자녀가 있거나 임신 중인 경우 3개월, 성년이 되기까지 1개월에서 3개월이 남은 자녀가 있을 경우 성년이 되는 날까지, 성년이 되기까지 1개월 이내의 자녀가 있을 경우 1개월, 그리고 자녀가 없거나 성년인 자녀만 있을 경우에는 1개월이다.

다만, 폭력으로 인해 당사자 일방에게 참을 수 없는 고통이 예상되는 등 이혼을 해야 할 급박한 사정이 있는 경우에는 이 기간이 단축되거나 면제될 수 있다.

이혼의 평균연령은 2018년 남자 48.3세, 여자 44.8세로 상승세를 보이고 있다(통계청, 2019b). 10년 전인 2008년에 비해 남자는 4.0세, 여자는 4.3세 높아졌다. 이 같은 현상은 초혼연령이 10년 전에 비해 남녀 모두 상승한 것 외에 이혼부부의 혼인지속기간 증가와 깊은 관련이 있다. 2018년 이혼 부부의 평균 혼인지속기간은 15.6년으로 10년 전에 비해 2.8년이 증가했으며, 혼인지속기간이 길수록 이혼이 감소했던 20년 전에 비해 2018년에는 20년 이상의 혼인지속기간인 경우가 전체 이혼의 33.4%이며 혼인지속기간이 30년 이상인 부부의 이혼도 10년 전 7,100건에 비해 13,600건으로 1.9배 증가했기 때문이다. 20년 이상 동거한 부부의 이혼을 가리키는 '황혼이혼'의 원인으로는 남편의 조기 퇴직에 따른 경제문제 관련 갈등 증가, 평균수명 증가로 남은 인생을 자유롭고 주체적으로 살려고 하는 요구 증가, 그리고 최근 이혼소송에서 가사노동의 가치가 높이 평가되는 것 등을 고려해 볼 수 있다(성정현·홍석준, 2009).

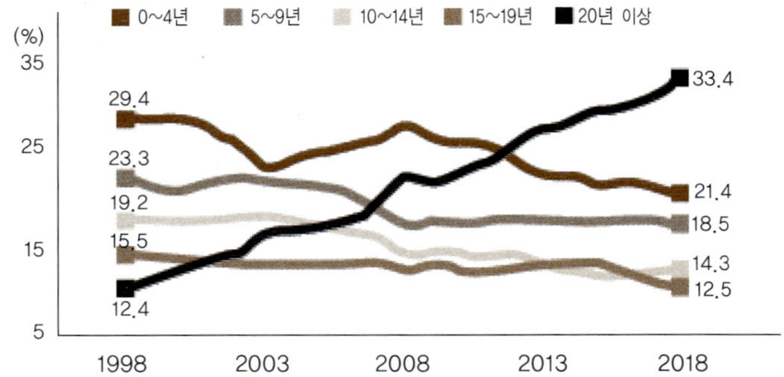

[그림 11-1] 혼인지속기간별 이혼 구성비 추이(1998~2018년)

출처: 통계청(2019b).

미성년 자녀가 있는 부부의 이혼 비중은 2018년 전체 이혼의 45.4%로 지속적으로 감소하는 경향을 보이는 것으로 나타난다(통계청, 2019b). 이는 평균 이혼지속기간의 증가나 황혼이혼의 증가 또는 이혼숙려기간 동안 미성년 자녀의 양육문제를 심각하게 고려하는 기회를 갖기 때문에 나타난 결과로 볼 수 있다.

이혼의 종류에 따라서 이혼의 구성을 살펴보면, 절대적으로 협의이혼이 재판이혼에 비해 다수를 차지하는 가운데 2002년의 협의이혼(83.9%)과 재판이혼(15.7%) 구성에 비해 2018년에는 협의이혼(78.8%)과 재판이혼(21.2%)의 구성에서 협의이혼의 비율이 감소하였다(통계청, 2019b). 특히 재판이혼은 2008년 이혼숙려제가 도입되면서 급증했으나, 2011년 이후로는 감소하는 추세를 보이고 있다.

2000년 이후 이혼의 주된 이유별 이혼건수의 순위는 큰 변화를 보이지 않고 있다. 성격의 차이, 경제문제, 배우자의 부정, 가족 간의 불화, 정신적·육체적 학대, 건강 등의 순으로 이혼건수가 많은 것으로 나타난다. 부부의 성격 차이는 단순히 각자의 성격뿐만 아니라 가치관이나 가족문화에 따른 차이, 성격의 부조화, 의사소통의 문제 등도 포함한다(공정자·구훈모·조성숙, 2005). 그러므로 성격의 차이에 의한 이혼은 부부 개인의 삶의 주관적 가치 차이에 의한 이혼이라고도 볼 수 있다(오영희, 2012).

〈표 11-2〉 이혼의 이유별 이혼건수와 구성비 (단위: 건, %)

연도	계	배우자 부정	정신적·육체적 학대	가족 간 불화	경제문제	성격 차이	건강문제	기 타*
2000	119,455 (100.0)	9,729 (8.1)	5,205 (4.4)	26,195 (21.9)	12,786 (10.7)	48,067 (40.2)	1,053 (0.9)	16,420 (13.7)
2005	128,035 (100.0)	9,708 (7.6)	5,706 (4.5)	12,159 (9.5)	19,105 (14.9)	63,028 (49.2)	803 (0.6)	17,526 (13.7)
2010	116,858 (100.0)	10,001 (8.6)	5,559 (7.3)	8,564 (7.3)	14,017 (12.0)	53,032 (45.4)	794 (0.7)	24,891 (21.3)
2015	109,153 (100.0)	8,016 (7.3)	4,172 (3.8)	8,017 (7.3)	12,126 (11.1)	50,406 (46.2)	639 (0.6)	22,766 (20.9)
2017	106,032 (100.0)	7,528 (7.1)	3,837 (3.6)	7,523 (7.1)	10,742 (10.1)	45,676 (43.1)	594 (0.6)	21,195 (20.0)

* 이혼사유 미상 제외
출처: 통계청(2018b).

최근 우리나라의 이혼 증가율이 감소하는 경향을 보이고 있지만 인구 1,000명당 이혼건수가 2.0건을 초과하고 있어 OECD 주요 국가의 이혼율(Eshleman & Bulcroft, 2010)에 비추어 낮은 수준은 아니다. 이혼은 부부간의 갈등이나 가족 내 문제로 발생할 뿐만 아니라 가족을 둘러싼 사회의 변화에 의해 증가될 수 있다. 다양하게 제시되고 있는 이혼의 원인을 살펴보면 다음과 같다(김용미 외, 2009; 오영희, 2012; 이기숙·김득성·공미혜·김은경·전영주·손태홍 외, 2009; 정현숙·유계숙, 2001).

먼저, 결혼, 가족, 이혼에 대한 가치관의 변화이다. 즉, 유교사상에 기초한 가족중심의 가치관을 벗어나 가족보다는 개인을 먼저 고려하며 가족 관계보다는 부부관계를 중요하게 생각하는 개인주의 가치관으로 변화된 것이다. 이에 부부간의 상호 기대와 필요가 충족되지 않으면 가족과 자녀를 위해 참고 살기 보다는 이혼을 하겠다는 경향이 증가하고 있다. 이러한 경향은 이혼에 대한 사회인식이 보다 허용적으로 변화되는 것과도 관계가 있다. 이혼을 부정적 시각에서 보기보다는 불행한 결혼에 대한 적극적인 대처 방안의 하나로 보는 것이다. 주변에 이혼하는 사람이 많아지면 용기를 내어 이혼을 하게 됨으로써 이혼의 상승작용을 일으키는 것이다.

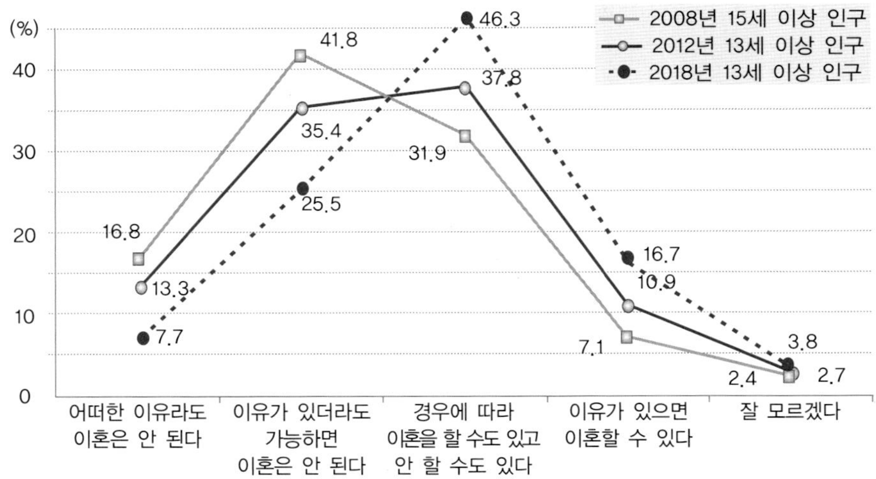

출처: 통계청(2008, 2013b, 2018a).

[**그림** 11-2] 이혼에 대한 견해

부부간의 성역할의 변화 또한 이혼을 용이하게 한다. 남녀평등사상이 팽배해지면서 남성은 가정에서 전통적인 가부장제에 따른 남성의 역할을 지키려 하는 데 비해, 여자는 남성과 평등한 성역할을 수용하는 데 적극적인 경향을 보인다. 특히 직장을 가진 아내가 가사와 자녀양육을 일방적으로 남편에게로 넘기고 직업역할에 열중한다면 부부가 기대하는 성역할의 차이로 갈등이 유발된다. 여성의 학력수준이 높아지고 취업률이 증가함에 따라 여성은 지위가 향상되고 경제적 자립이 가능하게 되었다. 따라서 부부 상호 간 경제적으로 의존할 필요성이 낮아지고 경제적 안정을 위해 불만족스러운 결혼생활을 유지하기보다 이혼을 선택하는 것이 낫다는 경향을 보인다.

기타 이혼 증가의 원인으로는 가족의 구조적 측면에서 자녀를 적게 출산하고, 산업화·도시화의 영향으로 확대가족의 이혼조정력이 약화된 만큼 상대적으로 개인의 자유로운 선택에 의한 이혼이 증가하게 되었다는 것을 들 수 있다. 법제도에 의한 이혼 억제기능의 약화를 지적하기도 한다. 무과실 이혼이 가능해지고, 재산분할청구권이나 면접교섭권의 신설과 같은 이혼에 따르는 불평등한 법조항들이 개정되어 여성이 과거에 비해 쉽게 이혼을 하게 된다는 것이다.

결혼과 가족

재산분할청구권

- 부부가 이혼하면 혼인 중 부부가 공동으로 모은 재산을 나눌 필요가 있다. 이때 이혼한 부부 일방이 상대 배우자에 대해 재산분할을 청구할 수 있는 권리가 재산분할청구권이다.
- 재산분할청구권은 협의 이혼, 재판 이혼의 경우에 모두 인정되며, 부부 사이에 재산분할에 관한 합의가 이루어지지 않으면 가정법원에 재산분할심판을 청구할 수 있다.

면접교섭권

- 이혼 후 자녀를 직접 양육하지 않는 부모 일방과 자녀는 상호 면접교섭할 수 있는 권리를 가진다.
- 면접교섭은 직접적인 만남, 서신교환, 전화통화, 선물교환, 일정기간의 체재(예를 들어, 주말 동안의 숙박) 등 다양한 방법이 실시될 수 있다.
- 면접교섭권의 행사는 자녀의 복리를 우선적으로 고려해서 이루어져야 한다. 따라서 자녀가 부모를 만나기 싫어하거나 부모가 친권상실사유에 해당하는 등 자녀의 복리를 위해 필요한 경우에는 당사자의 청구 또는 가정법원의 직권에 의해 면접교섭이 제한되거나 배제될 수 있다.
- 면접교섭의 방법과 범위에 대해서는 부부가 합의해서 정하고, 합의가 이루어지지 않으면 가정법원에 심판을 청구해서 정할 수 있다.
- 이혼한 부모가 재혼해서 자녀를 친양자(親養子)로 입양한 경우에는 친생(親生)부모의 면접교섭권이 더 이상 인정되지 않는다. 친양자는 재혼한 부부의 혼인 중의 출생자로 보아, 입양 전의 친족 관계가 종료되기 때문이다.

3) 이혼에 따르는 어려움

과거 이혼을 결혼이나 가족 관계에서의 실패를 의미한다고 보던 사회적 시각은 점차 긍정적으로 변화되어 더 나은 삶의 만족과 안정을 찾는 기회로 보는 경향이 높아지고 있다. 그럼에도 불구하고 이혼 전·후 과정에서 부부는 법적인 이혼뿐만 아니라 삶의 다양한 측면에서 상실을 경험하게 되므로 이혼을 사별 다음으로 높은 스트레스를 주는 사건이라고 볼 수 있다(성정현·홍석준, 2009).

이혼에 따르는 어려움은 구체적으로 다음과 같이 제시된다(김용미 외, 2009; 오영희, 2012; 유영주 외, 2013; 이기숙 외, 2009; 정현숙·유계숙, 2001; 최규련, 2007).

(1) 정신적 어려움

이혼을 한 직후에 이혼자는 우울과 분노, 자존심의 저하, 상실감, 외로움, 노화에 대한 두려움, 사회적 지지의 부족에 대한 두려움, 지위의 상실, 경제적 불안정, 부모 역할의 변화, 전 배우자와의 재결합에 대한 환상 등으로 복잡하고 부정적인 정서상태, 즉 심리적 디스트레스를 경험한다(성정현, 1998). 이혼을 제기한 사람은 스트레스와 죄책감을, 이혼을 당한 사람은 실패나 패배의 감정을 느끼기도 한다. 정서적인 어려움은 남성보다 여성에게서 더 심각하게 나타난다.

결혼과 가족

이혼자가 경험하는 부정적인 감정

"왜 이런 일이 나에게?"	⇨	자기연민	복수심	⇦	"너도 한번 당해 봐라"
"잠자고 싶고 다시 깨어나고 싶지 않아!"	⇨	우울	상처받은 자존심	⇦	"내가 이런 모습이 되다니"
"내가 이렇게 상처 받다니!"	⇨	분노	죄의식	⇦	"모든 게 내 책임이야"
"이 세상에는 나 혼자뿐이야"	⇨	외로움	두려움	⇦	"나 혼자 살아갈 수 있을까?"
"드디어 끝났군, 일어나고야 말았어"	⇨	안도	심리적 안정감의 상실	⇦	"우울하고, 짜증나고, 죽고 싶어"

출처: 김용미 외(2009).

(2) 사회적 관계망의 축소

이혼의 과정이나 이혼 직후 부부가 공유하던 사회적 관계는 분리·상실된다. 특히 이혼 후 법적 관계가 정리되면 혼인으로 맺어졌던 확대가족구성원들과의 관계 역시 소멸되어 점차 사회적 교류도 줄어들게 되고, 이혼이나 이혼자를 수치스럽게 인식하는 경우 부모나 형제와의 관계도 멀어지게 된다. 아직도 한국사회에는 이혼 여성을 불쌍하다거나 이기적인 여자로 보는 이분법적 경향이 남아 있어 사회에서는 부정적으로 보거나 호기심의 대상으로 인식하기도 한다(김용미 외, 2009). 따라서 이혼 여성은 심리적 위축감으로 사회적 접촉을 꺼리게 되어 이전에 관계 맺던 사회적 관계망은 더욱 축소되고 이를 보상할 수 있는 새로운 관계망의 형성은 더욱 어려워진다. 이혼에 대한 부정적인 시각은 한부모가족으로서의 이혼가족구성원들에게 이혼에 의한 아픔 이상의 고통을 준다.

(3) 경제적 어려움

이혼에 따른 경제적인 문제는 남성과 여성 모두에게 해당된다. 남성은 주로 가정의 수입원 역할을 하므로 여자보다는 생계의 어려움은 적지만 위자료 지급, 재산분할 등으로 재산이 감소되고 불규칙한 생활리듬, 아내 대신 자녀양육과 살림을 맡아 하는 대행자에 대한 지출 등으로 지출이 증가되는 어려움을 겪는다. 반면 여성 특히 전업주부였던 여성이 겪는 주거 및 생계의 어려움은 상대적으로 더 크다. 이혼 후 자녀양육을 맡게 되면 전 배우자로부터 자녀양육비를 받더라도 경제적 부담을 더 많이 느끼게 된다.

(4) 부모-자녀 관련 어려움

이혼 후 홀로 자녀를 양육해야 하는 남성과 여성은 모두 자녀양육과 직장의 병행이 어렵다는 것을 실감하게 된다. 시간적으로 자녀양육과 직장을 양립하는 것이 쉽지 않고, 한부모로서 가사노동까지 겸해야 한다면 자녀와의 대화시간은 더욱 부족하게 된다. 자녀를 양육하지 않는 이혼자는 자녀에 대한 그리움, 자녀를 충분히 지지해 주지 못한다는 이유로 힘들어한다.

부모의 이혼으로 자녀는 새로운 심리적 과제를 안게 된다(Wallerstein, 1983). 부모의 이혼과 관련하여 아동은 가족이 해체되었다는 현실을 인정해야 하며, 부모의 갈등과 곤경으로부터 거리를 두고 일상적인 생활을 계속해야 한다. 상실감, 분노, 자책감을 극복하고, 과거로 돌아갈 수 없고 이혼의 상태가 지속된다는 것을 수용하며, 부모와의 관계에 대해 현실적인 희망을 갖는 것이 과제라고 볼 수 있다. 그만큼 이혼가정의 자녀가 겪는 고통과 어려움이 크다는 것을 짐작할 수 있다.

부모의 이혼을 경험한 자녀들은 부정적인 정서를 가지고 성장함으로써 학교나 사회에 부적응을 보일 수 있다. 인간관계가 위축되고 공격성이나 일탈적 행동의 문제를 보이거나 학업성취를 포함한 학교생활 부적응을 보일 가능성이 높아진다.

Wallerstein(1983)에 의하면, 이혼가족의 자녀들은 부모 이혼 후 10년까지도 심리적 장애를 겪는다. 그러나 부모의 이혼 후 시간이 흐를수록, 문제해결을 위해 다양한 방식을 적용할수록, 친권부모와 개방적인 대화로 긍정적인 상호작용을 할수록, 비친권부모와 접촉을 많이 할수록 생활적응력이 높다고 보고된다. 그러므로 이혼가정 자녀의 장래 삶을 무조건 비관적으로 예측하는 것은 적절하지 않다.

〈표 11-3〉 부모의 이혼에 대한 자녀의 반응

연령	반응
6세 이하	부모의 이혼에 매우 놀라고 혼란스러워 하며, 자신의 잘못 때문에 부모가 이혼했다고 생각한다. 자신이 버려지거나 다른 곳으로 보내질 것을 두려워한다. 이혼과 관련된 일부 변화만 이해할 수 있다.
7~8세	슬픔, 두려움, 불안정성, 상실감을 느낀다. 자신이 거부당했거나 버려졌다고 느끼지만 자신을 비난하지는 않는다. 부모의 재결합을 강하게 원하며 가족은 안전을 위해 필수적인 것이라고 믿는다.
9~10세	부모에 대해 사랑과 분노의 이중 감정을 느낀다. 이혼에 대해 보다 현실적으로 이해하며 자신의 감정이나 분노를 잘 표현할 수 있다. 부모의 이혼에 대해 자신의 책임감을 더 이상 느끼지는 않지만 부모들의 행동이 도덕적이지 않다고 보고 분노를 느낀다.
15~18세	이혼에 대해 강한 분노와 슬픔, 수치심, 당혹감을 느끼며 감정을 솔직하게 표현한다. 부모를 한 인간으로 인식하여 그들과의 관계를 새롭게 설정하며, 성공적인 결혼생활에 대한 자신의 개념이나 가치를 재평가한다.

출처: Wallerstein & Kelly(1976); 정현숙·유계숙(2001). 재인용

02 한부모가족

1) 한부모가족의 개념과 유형

한부모가족이란 용어는 한때 편부모가족이라는 용어와 혼용되기도 했다. 그러나 편부모의 '편'(編)이 결손을 의미한다는 사회적 편견과 그로 인한 고립감을 줄이기 위해 한부모가족이라는 용어를 사용하고 있다. 한부모가족의 '한'은 '하나'라는 의미 외에 '하나로도 충분히 크다' 또는 '온전하다'는 의미를 함께 갖는다(이동원·공선영·구자순·김미숙·김종숙·김현주 외, 2001).

결혼과 가족

한부모가족의 법적 정의

1. "모" 또는 "부"란 다음 각 목의 어느 하나에 해당하는 자로서 아동인 자녀를 양육하는 자를 말한다.
   가. 배우자와 사별 또는 이혼하거나 배우자로부터 유기(遺棄)된 자
   나. 정신이나 신체의 장애로 장기간 노동능력을 상실한 배우자를 가진 자
   다. 교정시설·치료감호시설에 입소한 배우자 또는 병역복무 중인 배우자를 가진 사람
   라. 미혼자(사실혼(事實婚) 관계에 있는 자는 제외한다)
   마. 가목부터 라목까지에 규정된 자에 준하는 자로서 여성가족부령으로 정하는 자
      - 배우자의 생사가 분명하지 아니한 자
      - 배우자 또는 배우자 가족과의 불화 등으로 인하여 가출한 자

1의2. "청소년 한부모"란 24세 이하의 모 또는 부를 말한다.

2. "한부모가족"이란 모자가족 또는 부자가족을 말한다.
3. "모자가족"이란 모가 세대주(세대주가 아니더라도 세대원(世代員)을 사실상 부양하는 자를 포함한다)인 가족을 말한다.
4. "부자가족"이란 부가 세대주(세대주가 아니더라도 세대원을 사실상 부양하는 자를 포함한다)인 가족을 말한다.
5. "아동"이란 18세 미만(취학 중인 경우에는 22세 미만을 말한다)의 자를 말한다.

출처: 한부모가족지원법 제4조(정의); 한부모가족지원법 시행규칙 제2조(모·부의 범위).

한부모가족의 유형은 형성원인과 가구주의 성별에 따라 분류할 수 있다(양세정, 2013). 한부모가족의 형성 원인을 중심으로는 한 배우자의 사망, 이혼, 별거, 미혼출산, 장기입원, 장기구속 등에 따라 분류할 수 있다. 가구주의 성별에 따라서는 어머니가 주 양육자인 모자가족(single mother-headed family), 아버지가 주 양육자인 부자가족(single father-headed family)으로 분류된다.

본 장에서는 자녀가 있으면서 이혼 또는 사별로 인한 한부모가족을 중심으로 다루기로 한다.

2) 한부모가족의 현황

핵가족의 비율이 증가하는 추이 속에서 한부(모)와 미혼자녀로 구성된 한부모가구는 1985년 일반가구의 8.9%에서 2014년 최대 10.5%를 보인 후 2018년에는 7.5%로 다소 감소한 경향을 보이지만, 이러한 한부모가족의 비율은 주요 선진국보다 높은 편이다(통계청, 2017). 한부모가족의 가구 구성을 보면, 모자가구 51.6%, 부자가구 21.1%, 모자 및 다른 가구원 구성 가구 13.9%, 부자 및 다른 가구원 구성 가구 13.5%로 모자가구가 가장 많다. 그러나 모자가구는 부자가구에 비해 그 구성 비율이 감소(1995년 82.1% → 2018년 51.6%)하고 부자가구의 비율은 증가(1995년 17.9% → 2018년 21.1%)하고 있다(여성가족부, 2019b). 이러한 경향은 이혼 시 자녀를 반드시 본인이 양육하겠다는 태도가 변화하여 자녀의 장래와 현실 조건을 고려하여 자녀양육자를 결정하기 때문이라 할 수 있다(이동원 외, 2001).

〈표 11-4〉 한부모가구의 추이(1985~2018년)

(단위: 천 가구, %)

연도	총가구 수	한부모가구 수
1985	9,571	848(8.9)
1995	12,958	960(7.4)
2000	14,312	1,124(7.9)
2005	15,887	1,370(8.6)
2010	17,339	1,594(9.2)
2015	19,561	1,608(8.2)
2018	20,500	1,539(7.5)

주: 총가구 수 대비 백분율
출처: 통계청(2017).

2018년 현재 한부모의 평균 연령은 43.1세이며, 한부모가족의 형성 원인으로는 이혼(77.6%), 사별(15.4%), 미혼모(부)(4.0%), 별거(2.9%)의 순으로 많이 나타난다(여성가족부, 2019b). 연도별 변화 추이를 고려할 때 사별에 의한 한부모가족은 점차 감소(1990년 56.0% → 2018년 15.4%)하는 반면, 이혼에 의한 한부모가족은 급격하게 증가(1990년 8.9% → 2018년 77.6%)하고 있다. 또한 자녀 수는 평균 1.5명이고, 가장 어린 자녀는 미취학 아동(15.0%), 초등학생(35.1%)보다 중학생 이상(50.5%)이 많은 것으로 나타난다. 따라서 향후 이혼가구를 중심으로 한 경제적 자립이나 자녀양육, 교육지원 등의 대책을 마련하는 정책이 필요하다는 것을 시사한다.

경제생활 측면에서 한부모가족은 가족의 내적·외적 자원이 부족하여 가족의 기능과 역할을 수행하는 데 한계가 있는 취약 및 위기가족에 포함된다. 생계유지 목적의 경제활동과 자녀양육의 이중부담을 안고 있는 한부모가족의 증가에 따라 빈곤의 대물림에 대한 우려가 높다. 2018년 한부모가족의 구체적인 현황을 경제생활과 자녀양육 측면에서 살펴보면 다음과 같다(여성가족부, 2019b)

한부모가족의 가구소득액은 전체 가구 평균의 56.5%, 순자산은 전체 가구 평균의 23.5% 수준을 보인다. 한부모의 84.2%는 취업 중이지만 서비스 종사자가 가장 많아 고용안정성이 낮고 소득이 적은 워킹푸어(working poor)의 특징을 보인다. 주거 현황에서도 자가의 비율이 전체 가구의 절반 수준이며, 2015년에 비해 공공임대 주택 거주자가 2배 이상 증가한 것으로 나타나 주거안정성이 낮다고 볼 수 있다.

미취학 자녀돌봄을 위해서는 어린이집과 유치원 시설보육 이용률이 86.1% 수준으로, 초등 자녀돌봄을 위해서는 초등돌봄교실, 방과후교실, 지역아동센터를 이용하는 비율이 59.6%로 높고, 2015년에 비해 이러한 기관 이용률은 증가하고 있다. 그러나 자녀의 전체 연령대에 걸쳐 한부모들이 겪는 양육 어려움은 돌봐 주는 어른 없이 보내는 돌봄 공백과 함께 양육비·교육비 부담이 가장 크다고 조사되었다.

3) 한부모가족의 특징

가족유형의 하나로서 한부모가족은 지난 20년간 지속적으로 증가하여 보편적인 가족유형으로 자리 잡게 되었다(김연우, 2012). 다음에서는 한부모가족의 이해를 위해 한부모가족에 대한 이론적 관점을 먼저 살펴보고, 한부(모)와 자녀의 가족구성원 측면에서 가족 특성을 살펴보고자 한다(양세정, 2013; 이영숙·박경란, 2010).

(1) 한부모가족에 대한 이론적 관점

❶ 가족구조적 관점(Family Structure Pespective)

가족은 자녀를 사회화하는 주체가 되는 핵심 체계이므로 한부모가족에서 한쪽 부모의 부재 자체가 가족의 문제를 발생시킨다고 보는 전통적인 관점이다(Amato & Keith, 1991). 결핍모델(Deficit model)이라고도 불린다(Hetherington & Stanley-Hagan, 1999). 이 관점에 의하면, 한부모는 자녀양육과 경제활동을 병행해야 하므로 자녀에게 투입하는 절대적인 시간과 에너지가 부족하여 자녀의 학교생활에 부정적 영향을 미친다. 또한 자녀는 사회화과정에서 역할모델 상실, 사회적 기술의 습득 제한, 직업 활동이나 결혼생활에의 부정적 영향을 경험하게 된다. 그러나 경제 요인과 부모 - 자녀 관계, 가족응집력 같은 가족기능적 요인을 통제하면 자녀의 우울, 부적응 등의 부정적인 문제가 감소된다는 보고도 있다. 이는 한부모가족이라는 가족

구조가 경제 요인과 가족과정 요인들을 통해 간접적으로 자녀에게 영향을 미친다는 것을 시사해 준다.

❷ 경제적 결핍 관점(Economic Deprivation Perspective)

경제적 결핍 관점은 한부모가족의 부모가 가족해체로 인한 소득의 감소 때문에 경제적 스트레스와 압박을 받게 된다고 본다(Amato & Keith, 1991). 자녀양육에 필요한 물질적·비물질적 자원이 제한됨으로써 한부모는 양육행동에 영향을 받아 부정적인 양육행동을 보이게 되고 자녀의 교육을 지원하는 데 어려움을 겪게 된다. 이에 자녀의 학력이 낮아질 가능성이 높아 성장 후 실업, 빈곤, 조혼 및 심리사회적 문제로 자녀에게 부정적인 영향을 줄 수 있다.

❸ 가족과정 관점(Family Process Perspective)

가족과정은 가족구성원 간의 상호작용적 역동 관계, 교류를 포함하여 가족 안에서 일어나는 심리사회적, 생리적 기능과 관계를 지칭하는 것으로 가족체계의 성장, 연속, 생존에 있어 중요하다(Walsh, 2002). 부자가족이나 모자가족과 같은 가족구조도 중요하지만 가족 안에서 정적 요소인 한부모의 양육행동, 자녀와의 의사소통, 가족응집력 등이 잘 작동하면 한부모가족 자녀에게 긍정적인 양육환경을 제공할 수 있다고 보는 것이다. 이와 같은 가족기능적 요소의 완충효과는 한부모가족 청소년 자녀의 비행, 학교적응 연구들에서 보고되었다.

(2) 한부모가족의 구성원

❶ 모자가족의 어머니

심리·정서적 특성

사별 또는 이혼으로 한부모가족이 된 어머니는 시간의 자유 또는 남편·시댁 식구들과의 갈등, 폭력으로부터 자유를 느끼며 대인관계에서도 편하게 친구를 만나는 등의 자유를 즐기게 된다. 또한 일상생활에서 가장의 역할을 수행함으로써 자신감을 가지고 삶의 주도권을 회복했다고 인식하기도 한다.

반면 한부모가족의 어머니는 부정적인 심리·정서적 경험을 하기도 한다. 특히 사별에 의한 여성가장은 남편의 부재와 그에 따른 시댁과의 관계 악화로 외로움을 많이 느낀다. 부부 중심 사회에서 이혼이나 별거로 가장이 된 여성은 자신과 자녀에 대한 주변인들의 부정적인 시각을 느끼며 결혼의 실패자라는 자아상실감을 겪게 된다. 자신의 무능력감과 주변 환경을 통제할 수 없다는 무력감, 세상에 대한 자신감의 결여는 미래에 대한 불안·두려움으로 이어지게 된다. 가장으로서 가정의 관리자, 의사결정자로서 역할을 혼자 해야 한다는 점 또한 심리적 스트레스를 주는 원인이 된다.

▌자녀의 양육과 교육 특성

한부모가족의 어머니에게 자녀는 자신의 기쁨이고 살아야 할 이유를 제공하는 근원으로 인식된다. 특히 아버지의 문제로 이혼을 하게 된 경우 어머니는 아버지의 부재를 채우기 위해 자녀와 더욱 대화하고, 관계 형성에 노력함으로써 자녀와 좋은 관계를 유지하려 한다. 이는 모자가족의 가구주가 부자가족의 가구주보다 자녀양육에 더 많은 시간과 관심을 보이므로 모자가족이 자녀에게 더 나은 환경이라는 진화론적 관점(Evolutionary Perspective)을 뒷받침한다.

그러나 한부모가족의 어머니는 일반가정의 부모가 갖는 자녀양육과 교육의 문제를 동일하게 겪는 것은 물론 부가적인 어려움을 겪게 된다. 경제활동과 가정생활을 병행해야 함에 따라 자녀양육의 부담, 양육비와 교육비에 대한 경제적 부담이 크기 때문이다. 이는 모자가족이 부자가족에 비해 경제적 어려움에 처할 가능성이 높고, 부의 부재로 인해 권위나 통제력의 약화로 자녀양육에 문제가 나타날 수 있다고 보는 개별주의적 관점(Individual Perspective)에 부합하는 특징이기도 하다.

▌경제·사회적 특성

한부모가족의 가장 큰 고민은 경제적 어려움이다. 한부모가족의 여성가장은 생계유지를 위해 취업을 해야 하지만 취업의 기회가 적고 취업 시에도 소득이 낮아 경제적 어려움과 사회진출의 어려움을 동시에 경험한다. 아울러 가족해체의 과정에서 배우자와 관련된 사회적 지지망을 잃어버리거나 유지할 수 없게 되어 사회관계가 단절되거나 사회적 고립에 처하기도 한다.

그러나 여성 가장으로서 혼자가 된 어머니는 일에 집중하여 자기능력을 발휘하거나 취미생활을 통해 생활의 자신감 또는 성취감을 얻기도 한다. 새로이 시작한 사회생활에서 남성보다 우대받거나 사회적 지원을 받을 기회를 얻을 수도 있다.

❷ 부자가족의 아버지

한부모가족 중 부자가족은 모자가족에 비해 경제적 어려움이 적어 상대적으로 주목을 덜 받았다. 그러나 한부모가족을 보호·지원하기 위한 제도로서 1989년 모자복지법이 제정된 이후 2002년에 그 명칭이 모부자복지법으로 변경(2007년 한부모가족지원법으로 개정)된 것은 남성이 가장인 부자가족의 어려움과 지원의 필요성을 잘 보여 준다.

부자가족의 아버지는 아내의 부재로 인한 가족구조상의 결손에 따라 가사와 자녀양육의 문제를 해결해야 한다. 여성의 일이라고 생각하는 가사를 해야 한다는 것은 부자가족의 아버지에게 열등감을 느끼게 한다. 자녀의 양육에 관해서는 모자가족의 어머니보다 부모 역할 수행에 한계를 더 많이 느끼게 된다. 자녀와 친밀하게 정서적인 교류를 하는 것이 쉽지 않고, 자녀의 양육과 생활·학교교육 지원능력이 부족함을 인식하고 심리적 부담감을 느끼게 된다. 그러나 자녀와 함께 하는 운동과 여가활동, 자녀 행동통제에 있어서는 남성가장이 여성가장보다 상대적으로 수행의 어려움이 적다는 보고도 있다(Hawkins, Amato, & King, 2006).

한편, 부자가족의 아버지는 자신의 삶을 실패한 인생으로 규정하거나 이혼이나 별거에 의한 부자가족의 아버지와 자녀를 왜곡되게 인식하는 사회적 편견에 직면할 수 있다. 이때 느끼는 자학감, 부정적인 정서는 사회활동의 위축과 두려움을 초래하게 된다.

❸ 한부모가족의 자녀

한부모가족의 자녀가 겪는 경험은 한부모가족의 형성 원인에 따라 다를 수 있겠으나 이혼에 의한 한부모가족의 비율이 가장 높다는 점에서 이혼가정 자녀의 경험과 적응과정을 통해 이해할 수 있다. 일반적으로 어머니가 자녀와 친밀도가 높기 때문에 양육부모가 어머니인 경우 자녀는 변화된 생활에 빨리 적응할 수 있다. 특히 청소년의 경우는 어머니와 동거할 경우 일찍 성숙하고 가정사에 대한 책임감을 가지므로 어머니와 동반자적인 관계를 보이기도 한다(최경일, 2007).

무엇보다도 한부모가족으로 가족구조가 변하면 자녀는 자신이 생리적·신체적으로 의존하고 있는 가족체계가 흔들린다고 인식하여 생활의 변화에 대해 저항감을 가지며 부(모)와 불안한 관계를 유지하게 된다. 또한 한부모가족의 자녀는 부 혹은 모의 부재 속에 남녀 관계의 왜곡을 배우거나, 어머니를 돌보아야 한다는 부담을 가지며 학교적응과 또래 관계에서 어려움을 겪는다. 부모와 안정적인 관계를 맺으려고 노력하면서도 부모와의 관계를 보상하기 위해 조부모에게 의존하거나 학교에서 부적절하게 행동하기, 비슷한 처지의 친구들과 어울리기 등의 부정적인 모습을 보이기도 한다.

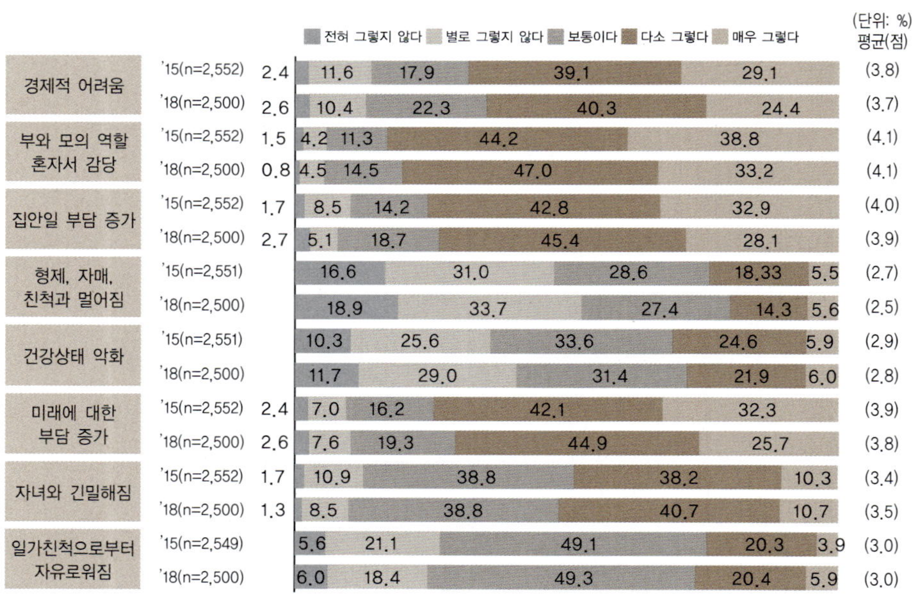

[그림 11-3] 한부모가 된 후 달라진 점

출처: 여성가족부(2019b).

03 이혼 및 한부모가족의 적응을 위한 지원

1970년대 이후 이혼이 불행과 갈등으로 얼룩진 결혼 관계를 벗어나 자기를 발견할 수 있는 새로운 기회를 제공한다는 점에서 이혼에 대한 태도가 긍정적으로 변화하고 있다. 그러나 이혼은 배우자가 생존한 상태에서 혼인 관계를 소멸시킴으로써 가족의 구조적·기능적 문제를 가져오게 되므로 이혼의 예방 노력이 이혼 후 가족에 대한 지원 못지않게 중요하다. 따라서 이혼 및 한부모가족의 적응을 위한 지원방안을 이혼 전 지원, 이혼 후 및 한부모가족 지원으로 나누어 알아보고자 한다.

1) 이혼 전 지원

이혼을 포함하여 결혼생활에서 일어날 수 있는 다양한 문제들은 가족구성원들의 생애주기를 고려할 때 예측 가능하다. 물론 이러한 문제들에 대해 미리 준비하는 방법을 배우는 것은 쉽지 않지만 이혼을 예방하고 건강한 가족생활을 할 수 있도록 가정교육이 확대 실시되어야 한다. 이에 정부 차원에서는 건강가정지원법을 2005년 제정하고 건강가정지원센터를 통해 건강한 가족생활을 영위하고 가족이 유지·발전되도록 하는 데 목적을 둔 가정교육과 가족상담을 실시하도록 하고 있다.

가족교육 프로그램은 예비부부와 신혼기의 부부를 대상으로 결혼과 가족, 양성평등한 부부 관계 만들기, 의사소통 다루기, 부부갈등에 대처하기, 분노 조절하기, 사랑을 만들어 가기 등의 주제들을 교육한다(건강가정지원센터, 2013). 이혼을 고려하는 부부의 갈등을 조정하기 위해서는 가족상담을 실시하여 가족문제의 근원적인 해결을 도와주고 있다. 이혼이 진행 중인 부부의 경우 이혼을 철회 또는 보류하여 부부 관계를 회복하거나 아니면 이혼과정에서의 고통을 줄이고 이혼이 결정된 후의 적응을 돕기 위한 가족상담이 실시될 수 있다. 특히 법원은 협의 이혼을 신청한 부부에게 필요하다고 판단되면 전문가와의 상담을 권유하는 '상담권고제도'에 근거하여 건강가정지원센터와 연계하여 이혼상담을 실시하고 있다. 이와 같이 이혼숙려기간 동안 이루어지는 상담은 부부 관계를 강화하여 이혼율을 낮추는 데 기여하고 있다(문혁준 외, 2012).

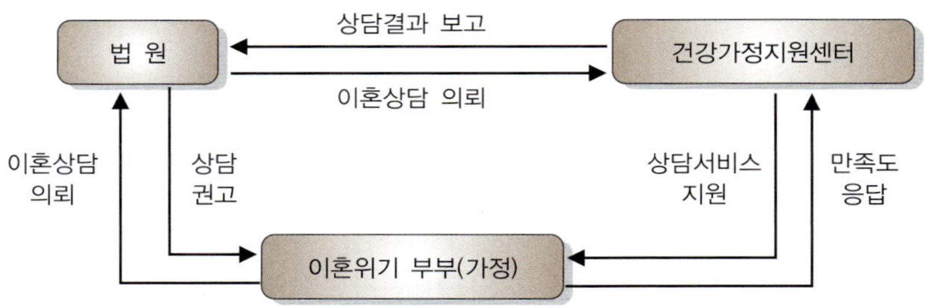

출처: 건강가정지원센터(2013).

[그림 11-4] 법원 연계 이혼상담 추진체계

2) 이혼 후 및 한부모가족 지원

한부모가족이 건강한 가족체계로 자리 잡는 데 필요한 지원을 개인과 가족에 대한 심리사회적 적응 지원, 그리고 사회 및 제도적 지원으로 나누어 살펴보고자 한다(건강가정지원센터, 2013; 김승권·김연우, 2012; 이영숙·박경란, 2010; 최해경, 1997).

(1) 심리사회적 적응 지원

아직 우리 사회에서 한부모가족은 비정상적, 일탈적, 역기능적인 가족체계로 인식되고 있다. 또한 개인적 차원에서 한부모가족구성원들은 개인 및 가족생활에서의 극적 변화에 따른 높은 스트레스를 겪으며 일반 가족에 비해 심리적 안녕의 수준이 낮다. 스트레스가 축적된 한부모가족의 부모는 희열·행복과 외로움·우울의 반대 정서를 번갈아 경험하는 정서적 불안을 보인다.

그러나 이전의 결혼 관계가 끝났고 이전의 배우자와의 관계에 더 이상 매여 있지 않다는 정체감의 재확립이 필요하다. 특히 이혼을 하고 한부모가족이 되기로 선택한 경우 성공적인 삶의 적응을 위해 한부모의 상황을 그대로 수용하고 편안한 마음을 가져야 한다. 자신에게 보다 관심을 가지고 자신의 욕구를 만족시키려는 의지를 가지며 혼자 사는 것이 나쁘지만은 않다는 인식의 변화가 필요하다. 그리고 한부모가족은 부모 - 자녀의 관계, 가족이 갖는 취약성 등으로 당면하게 되는 여러 가지 문제 상황들에 적극적으로 대처하며 생활할 때 자신감을 회복하고 삶에 적응해 나가야 한다.

이를 위해 건강가정지원센터에서 제공하는 가족역량강화 사업은 한부모가족이 복합적인 가족문제를 해결하고 욕구를 해소함으로써 가족기능이 빨리 회복되도록 지원한다. 한부모의 부모 역할 강화, 한부모가족이 건강한 가족으로 적응해 나갈 수 있도록 돕는 프로그램은 자녀와 함께 살지 않는 부모, 자녀에게 양육비나 양육을 제공하지 않는 부모도 대상으로 포함하여 실시할 필요가 있다.

나아가 한부모가족은 사별, 이혼으로 친구, 친척이나 지인과의 관계가 어색해지거나 소원해지는 경향이 있고 원가족과도 경제적·사회적으로 관계가 점차 멀어지게 된다. 따라서 한부모가족의 적응을 위해서는 사회적인 지지망을 만들어 주는 것이 중요하다.

사회지지적인 관계망은 한부모가족을 정서적, 도구적으로 지지할 수 있는 공식 또는 비공식적인 지지망이다. 부부 관계가 사회적 관계의 1차적 지원망이지만 한부모가족에게는 기대할 수 없으므로 친인척, 친구가 2차적 지원망으로 역할할 수 있다. 친인척은 자녀를 돌보아 줌으로써 경제활동을 돕거나 생활에 직접적인 경제적 도움을 제공한다. 또한 동반자로서 임시 거처를 마련해 주기도 한다. 친구는 정서적 위로를 제공하여 한부모가정의 심리적 안녕에 긍정적인 영향을 준다.

친구나 지인과의 관계 유지뿐만 아니라 다른 한부모가족구성원들로 구성된 자조모임을 통해 사회적 관계를 맺고 도움을 주고받는 것은 매우 유용한 사회적 지지의 방법이다. '한부모가족자립센터', '한부모가족지원센터'와 같이 이혼으로 혼자된 사람들의 모임은 안전한 환경에서 동일하게 이혼을 경험한 사람들로부터 정서적, 도구적 대처방법을 함께 논의하고 배울 수 있는 장을 마련해 준다. 집단구성원들과 상호작용하면서 우울, 상실감, 분노와 같은 부정적인 정서의 조절과 자녀의 양육과 교육, 법적 문제, 경제적 어려움을 해결하는 데 도움을 받을 수 있다.

(2) 사회 및 제도적 지원

❶ 한부모가족에 대한 사회적 인식의 변화

다양한 유형의 가족이 증가하면서 전통적인 가족에 대한 사회 인식이 개방적으로 변화하고는 있으나 한부모가족은 그들에게 '적대적인 사회환경'에서 살고 있다. 한부모가족 부(모)의 적응을 돕기 위해서는 한부모가족에 대한 부정적인 사회적 편견을 벗어나 배려하고 이해해 주려는 인식의 변화가 요구된다. 유사하게 한부모가족의 자녀들도 결손가족 환경에서 성장함으로써 학교부적응, 사회일탈적 행동경향을 보일 것이라고 부정적으로 바라보는 경우가 많다. 그러나 양부모가족의 자녀에서도 양육과 교육의 문제가 발견되며, 한부모가족의 자녀라도 가족의 구조적 결함에도 불구하고 사회적 지지를 받으며 건전하게 양육되는 자녀가 없지 않다. 따라서 사회적으로 한부모가족의 자녀들에 대한 시각이 긍정적으로 변화되도록 지원하는 노력이 필요하다.

❷ 한부모가족 지원 제도

한부모가족을 보호·지원하기 위한 제도와 정책의 개발은 한부모가족이 열악한 생활환경 속에서도 생계유지를 위해 경제활동과 자녀양육이라는 이중고를 겪고 있다는 데서 출발한다. 이러한 한부모가족의 취약성과 위기가 지속된다면 현재의 가족 안정성이 위협받을 뿐만 아니라 그 자녀들에게도 대물림될 수 있다고 우려되기 때문이다.

한부모가족지원 정책은 긴급지원, 소득, 주거, 자립, 의료, 정서 등의 다양한 측면에서 지원을 하고 있다. 전체 한부모가족의 46.0%가 기초생활보장 또는 저소득 한부모로서 정부의 지원을 받고 있으나, 여전히 한부모가족의 생활안정과 자립지원, 자녀양육 지원에 대한 요구도가 높다(여성가족부, 2019b) 추후 정책은 이 점을 고려하여 추진할 필요가 있다.

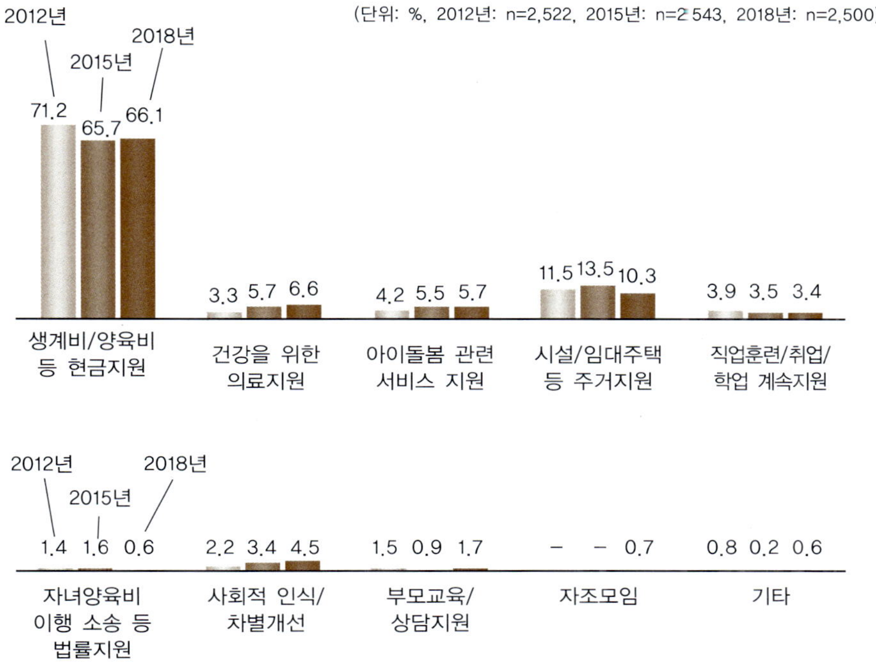

[그림 11-5] 한부모가 필요하다고 느끼는 지원(1순위)

출처: 여성가족부(2019b).

CHAPTER 12

재 혼

■ 재혼은 부부의 조합이 바뀌고 이전 결혼 관계에서의 자녀를 데리고 새롭게 가족을 구성하는 것이다. 최근 결혼건수의 18%를 넘어서는 비율을 차지하며 매년 그 비율이 증가하고 있다. 그러나 재혼에 의한 가족은 초혼가족에 비해 가족의 구조와 관계가 보다 복잡하여 결혼 관계 및 부모–자녀의 관계와 같은 가족 내 문제뿐만 아니라 가족 외적인 문제로 어려움을 겪게 된다. 본 장에서는 재혼의 개념과 특징, 경향, 재혼가족이 겪는 어려움, 그리고 재혼가족을 위한 지원에 대해 살펴봄으로써 재혼과 재혼가족에 대한 이해를 높이고자 한다.

01 재혼의 개념과 특징

1) 재혼의 개념

재혼은 배우자 한쪽이나 양쪽 모두가 두 번 이상 결혼을 하는 것이다. 재혼으로 이루어지는 가족(remarried family)은 재혼에 의해 구성된 가정에 자녀가 있거나 없으면서 하나의 가구를 유지하는 가족을 일컫는다. 유사하게 한쪽 부모가 친부모이며 그 친부모가 재혼하기 전에 출생한 18세 이하의 자녀가 있는 재혼가족을 의미하는 계부모가족(stepfamily)(Glick, 1989), 또는 재결합가족(reconstructed family), 혼합가족(blended family), 이중핵가족(binuclear family) 등으로 불리기도 한다(Eshleman

& Bulcroft, 2010).

본 장에서는 재혼한 부부 어느 한쪽이나 양쪽에 전혼자녀(前婚子女) 혹은 계자녀(繼子女)(stepchildren)가 적어도 한 명 이상 있는 계부모가족을 중심으로 살펴보고자 한다.

재혼에 의해 형성되는 가족은 다양한 가족유형을 보인다. 재혼한 남편과 부인 각각의 전혼자녀 유무와 양육권 유무를 기준으로 재혼가족을 분류하고 각각의 특성을 살펴보면 다음과 같다(성정현·여지영·우국희·최승희, 2009).

〈표 12-1〉 재혼가족의 유형

구 분			아내의 전혼자녀 유무		
			전혼자녀 없음	전혼자녀 있음	
				양육권 없음*	양육권 있음*
남편의 전혼자녀 유무	전혼자녀 없음		① 무자녀 재혼가족	② 비동거 계부가족	③ 동거 계부가족
	전혼자녀 있음	양육권 없음	④ 비동거 계모가족	⑤ 비동거 계부모가족	⑥ 혼합 계부형 계부모가족
		양육권 있음	⑦ 동거 계모가족	⑧ 혼합 계모형 계부모가족	⑨ 동거 계부모가족

*: 양육권 지위는 모든 전혼자녀의 양육권을 갖는 경우에는 동거형(residential)으로, 모든 전혼자녀의 양육권을 갖지 않는 경우에는 비동거형(nonresidential)으로, 한 배우자는 양육권을 가진 동거 친부모이고(residential) 다른 배우자는 양육권을 갖지 않는 친부모일 때(nonresidential)는 혼합(mixed)으로 표시됨.

출처: Clingempeel, Brand, & Segal(1987); 김혜경·도미향·문혜숙·박충선·손홍숙·오정옥 외(2008). 재인용.

(1) 남편의 전혼자녀 없음

❶ 아내의 전혼자녀 없음

① **무자녀 재혼가족**: 재혼부부 모두 전혼자녀가 없는 경우이다. 대부분의 경우 전혼의 기간이 짧고 또 재혼가족에서 갈등의 핵심 요소인 자녀가 없기 때문에 갈등의 소지가 매우 적은 편이다. 이 유형은 초혼가족과 유사하므로 본 장의 재혼가족 의미에서 제외된다.

❷ 아내의 전혼자녀 있음

② **양육권 없음 - 비동거 계부가족**(nonresidential stepfather family): 재혼하는 아내에게만 전혼자녀가 있지만 양육권을 소유하지 않은 경우이다. 따라서 재혼 후에도 자녀와 동거하지는 않기 때문에 계부로서의 책임과 역할이 상대적으로 덜 부담스러운 상태이다. 하지만 재혼한 아내의 전혼자녀에 대한 면접교섭권 문제나 양육비 문제가 때로 갈등을 일으킬 수 있다.

③ **양육권 있음 - 동거 계부가족**(residential stepfather family): 재혼하는 남편에게는 전혼자녀가 없지만 부인은 전혼자녀가 있으면서 동시에 양육권을 가지고 있으므로 동거하게 되는 가족유형이다. 전혼자녀가 없는 계부와 부인의 전혼자녀 간의 상호 적응이 중요한 관건이라고 할 수 있다.

(2) 남편의 전혼자녀 있음

❶ 남편의 양육권 없음

④ **아내의 전혼자녀 없음 - 비동거 계모가족**(nonresidential stepmother family): 재혼하는 아내에게는 전혼자녀가 없지만 남편에게는 전혼자녀가 있다. 하지만 양육권을 소유하지 않아 동거하지는 않으므로 갈등의 소지는 적다고 할 수 있다.

⑤ **아내의 전혼자녀양육권 없음 - 비동거 계부모가족**(nonresidential stepparent family): 부부 모두 전혼자녀가 있지만 양육권을 가지고 있지 않은 경우이다. 따라서 재혼생활이 안정기에 접어들 때까지 부부 관계를 위협하는 요소는 적은 편이지만 양측 모두 양육비와 면접교섭권의 문제가 있을 수 있다.

⑥ **아내의 전혼자녀양육권 있음 - 혼합 계부형 계부모가족**(mixed stepparent family): 재혼부부 모두 전혼자녀가 있지만 양육권은 아내에게만 있다. 따라서 거주형태는 계부가족의 형태를 띠지만 남편의 양육비와 면접교섭의 문제에 대한 조정이 필요한 가족이라고 할 수 있다.

❷ 남편의 양육권 있음

⑦ **아내의 전혼자녀 없음 - 동거 계모가족**(residential stepmother family): 재혼하는 남편에게 전혼자녀가 있으면서 양육권이 있는 반면, 재혼하는 아내에게는 전혼자녀가 없는 전형적인 계모가족이다. 계모에게 전혼자녀가 없으므로 재혼 초기에 자녀들이 생물학적 부모의 재결합에 대한 환상을 현실화시키려는 시도를 계속할 수 있다는 점에서 계모의 어려움은 더 커질 수 있다. 또한 재혼가족을 둘러싼 여러 가지 신화로 어려움을 겪기도 한다.

⑧ **아내의 전혼자녀양육권 없음 - 혼합 계모형 계부모가족**(mixed stepparent family): 재혼하는 부부 모두 전혼자녀가 있지만 남편에게만 양육권이 있는 경우이다. 따라서 주거 모습은 유형 ⑦과 유사한 계모가족의 형태를 보이지만, 전혼자녀가 있기 때문에 전혼자녀에 대한 양육비와 면접교섭의 문제를 안고 있다는 점에서 차이가 있다.

⑨ **아내의 전혼자녀양육권 있음 - 동거 계부모가족**(residential stepparent family): 재혼하는 부부 모두에게 전혼자녀가 있을 뿐만 아니라 양육권도 가지고 있어 가장 복잡한 형태를 띠는 가족유형이다. 부부가 상대 배우자의 자녀에게 적응하는 문제 외에도 재혼한 부모의 자녀들이 의붓형제와 관계를 형성하고 한 공간에서 동거해야 하는 상황에 직면하면서 가족구성원의 역할과 기대, 경계, 가족규칙 등과 같은 다양하고 복잡한 문제들에 봉착할 수 있다. 그러므로 이 유형의 재혼가족은 재혼 초기에 가족구성원이 경험할 수 있는 다양한 변화와 스트레스를 미리 알고 준비할 필요가 있다.

2) 재혼의 특징

초혼은 성인 두 사람의 양자(dyad) 관계로 출발한다. 반면 재혼은 이미 생물학적 부모가 존재하면서 재혼에 따라 생긴 계부모로 인해 부모의 조합이 바뀌고 전혼자녀가 추가될 수 있는 상황에서 출발한다. 그만큼 재혼가족의 구조와 관계는 보다 복잡해지는 것이다. 이에 재혼은 새로 구성하는 가족의 유형 차이에도 불구하고 비슷한 경험과 고민을 하게 한다(성정현 외, 2009; Ganong & Coleman, 1994).

첫째, 계부모와 계자녀 모두 주어진 역할의 경계가 모호함을 경험한다. 특히 계자녀가 이전 부모를 지속적으로 만난다면 계자녀는 두 가족의 경계가 모호한 상태에서 자신을 '커다란 가족'의 구성원이라고 느끼기도 한다. 또한 계부모와 계자녀는 이전 가족에 대한 기대를 재혼가족에 그대로 투영한다. 따라서 재혼가족의 안전과 적응을 위해서는 가족으로서의 모호성과 복잡성에 대처하는 것이 중요하다고 하겠다.

둘째, 이혼 또는 사별로 인한 상실감과 생활의 변화를 경험한 상태에서 재혼을 하면 가족구성원들은 새 가족의 형성에 따른 또 다른 변화를 추가 경험하게 된다. 가족형성의 초기 단계에서 심리정서적 스트레스는 매우 높아지게 되는 것이다. 그러므로 전혼 관계에서의 상실감, 정서적인 문제를 극복하는 것이 우선되어야 안정된 상태의 가족응집력을 기대할 수 있다.

나아가 재혼 후 가족의 구성원들이 심리정서적으로 적응해 가는 과정을 통해 단계적으로 재혼의 특징이 어떻게 나타나는지를 살펴보면 다음과 같다(Carter & McGoldrick, 1989, 성정현 외, 2009, 재인용).

재혼의 초기 단계는 새로운 관계가 시작되는 시기이다. 재혼에 대한 환상과 비현실적 기대를 가지고 있는 가족구성원들은 환상과 현실 간의 괴리감을 경험하면서 환상이 현실로 대치되는 양상을 보인다. 따라서 이 단계에서 재혼가족에게는 환상을 포기하고 재혼에 대한 실망과 혼란, 가족 간의 상이한 경험에 대해 상호 대화하는 것이 중요 과업이 될 수 있다.

재혼의 중간 단계는 새로운 결혼생활과 가족에 대한 개념화와 계획이 이루어지는 시기이다. 이 단계에서는 계부모의 역할과 관계에 대한 갈등이 일어나지만 점차 안정된 부모 - 자녀 관계가 발달된다. 따라서 재혼가족의 새로운 가족규칙·의례·관습을 만들고 가족구성원 간의 경계를 규정하는 것이 필요하다.

마지막 단계는 재혼가족이 재구성되는 시기로 가족규범이 서로이 수립되고 재혼가족으로서의 역사가 시작되는 시기이기도 하다. 따라서 재혼가족의 통합을 증진하는 노력과 함께 가족구성원 간의 친밀성과 애착 관계가 발달되는 이 단계에서는 계부모의 역할을 확고하게 수립하는 것이 중요 과업이다. 재혼에 따른 가족의 변화, 상실감, 충성심 갈등 등과 관련된 슬픔을 극복하는 것 또한 재혼가족의 과업이라 할 수 있다.

02 재혼의 경향

2018년 혼인통계(통계청, 2019b)에 의하면 2012년 이후 혼인건수는 연속적으로 감소하고 있으며 조혼인율(인구 1천 명당 혼인건수)은 5.0건으로 1970년 통계가 작성된 이후 최저 수준으로 나타났다. 전체 혼인건수에서 남녀 모두 초혼(77.6%), 남녀 모두 재혼(11.9%)이 차지하는 비율은 높게 나타난다. 1990년에 비해 남자초혼+여자초혼은 감소하지만, 나머지 혼인형태, 즉 남자재혼+여자초혼, 남자초혼+여자재혼, 남자재혼+여자재혼 모두가 증가하며, 특히 남녀 모두 재혼의 증가가 뚜렷하다.

〈표 12-2〉 부부의 혼인형태별 구성비율 (단위: 건, %)

혼인형태	1990년	2000년	2010년	2018년
남자초혼+여자초혼	356,649 (89.3)	271,843 (82.0)	254,600 (78.1)	200,000 (77.6)
남자재혼+여자초혼	14,510 (3.6)	11,447 (3.5)	13,900 (4.3)	10,200 (4.0)
남자초혼+여자재혼	9,315 (2.3)	16,219 (4.9)	18,300 (5.6)	15,900 (6.2)
남자재혼+여자재혼	18,838 (4.7)	13,863 (9.6)	39,100 (12.0)	30,700 (11.9)
계	399,312 (100.0)	331,372 (100.0)	326,100 (100.0)	257,600 (100.0)

주: '계'에는 미상을 포함, 백분율은 '계' 기준.
출처: 통계청(2019b).

2018년 여자의 재혼건수 중 이혼에 의한 재혼이 차지하는 비율은 93.8%로 증가하여 사별에 의한 재혼이 감소하는 경향과 대조를 보이고 있다. 따라서 재혼가족을 위한 지원은 이혼 후 재혼가족에게 보다 초점이 맞추어져야 함을 알 수 있다.

〈표 12-3〉 아내의 결혼종류별 결혼건수 (단위: 건, %)

결혼종류	1990년	2000년	2010년	2018년
총 계	399,312 (100.0)	332,090 (100.0)	326,104 (100.0)	257,622 (100.0)
초 혼	371,159 (92.9)	283,357 (85.3)	268,541 (82.3)	210,316 (81.6)
재 혼	28,153 (7.1)	48,132 (14.5)	56,488 (17.3)	46,747 (18.1)
– 사별 후 재혼	–	5,466 (11.4)	4,773 (8.4)	2,882 (6.2)
– 이혼 후 재혼	–	42,666 (88.6)	52,678 (93.3)	43,865 (93.8)

주: 결혼종류 중 미상은 제외함. 사별 후 재혼, 이혼 후 재혼의 백분율은 재혼 건수를 기준.
출처: 통계청(2019b).

한편, 재혼자의 평균연령을 살펴보면, 1990년 남성이 39세, 여성이 34세에서 2018년에는 남성이 48.9세, 여성이 44.6세로 점차 높아지는 경향을 보이고 있다. 이는 초혼연령의 상승이나 황혼이혼의 증가에 의해 나타난 현상일 수 있다. 40대 중·후반의 재혼자는 학령기, 청소년기의 자녀를 두고 있을 가능성이 높다고 할 때 재혼가족에서의 자녀 적응에 대해 더 관심을 가져야 함을 알 수 있다.

〈표 12-4〉 재혼자의 평균연령

연도	1990년		2000년		2010년		2015년		2018년	
구분	남편	아내	남편	아내	남편	아내	남편	아내	남편	아내
평균연령	38.8	34.0	42.1	37.5	46.1	41.6	47.6	43.5	48.9	44.6

출처: 통계청(2013a, 2019b).

03 재혼가족의 어려움

재혼으로 가족의 형성을 결정하는 순간부터 초혼가족에 비해 재혼가족의 구성원 간 상호 적응에는 많은 어려움이 있다. 이에 이혼과 재혼이 일반화되어있는 미국의 경우 재혼가족의 이혼율이 초혼가족보다 높고, 두 번 재혼한 부부의 이혼율도 높다고 보고된다(Coleman, Ganong, & Fine, 2000). 한국에서도 재혼가족을 불완전하거나 비정상적인 가족으로 간주하는 경향이 있다.

재혼부부가 상호 적응에 어려움을 경험하는 이유는 다음과 같이 설명될 수 있다(성정현 외, 2009; 이영숙·박경란·전귀연, 2008). 첫째, 독신이 된 후 재혼하기까지의 기간이 매우 짧아 이전 결혼에 대한 상실감, 분노, 슬픔을 극복할 시간을 충분히 갖지 못하기 때문이다. 둘째는 재혼부부가 서로에 대한 신뢰 형성이 되지 않은 상태에서 재혼을 서두르기 때문이다. 이것은 배우자 간의 조화뿐만 아니라 자녀와의 적응문제를 다루는 데도 한계를 가져온다. 상호 신뢰감의 부족은 서로의 자산 관리 방법 등 경제적인 문제로 인한 갈등을 유발할 수 있다. 셋째는 재혼 후의 배우자나 생활방식에 대한 상호 기대를 충분히 논의하지 않고 재혼을 한다면 그 가족의 불안정성은 더욱 높아지게 된다. 사소한 생활방식의 차이로 인해 가족 갈등이 생기면 큰 괴리감을 느끼게 된다. 넷째, 재혼한 사람이 충동적이고 좌절감을 통제하지 못하거나 반사회적 행동, 술과 약물중독과 같은 개인적인 특성을 보일 때 재혼가족의 적응 어려움은 더욱 커진다.

〈표 12-5〉 재혼자의 결혼적응 요인

구분	요인
긍정적 요인	본인의 의지, 사회적 지지, 배우자의 지지, 이전 배우자와의 단절, 부부의 정서적 동질감, 양쪽 모두 재혼이며 좋은 부부 관계 유지, 계부모와 계자녀 간 좋은 관계, 재혼 후 출산 자녀가 없을 때, 의사소통 및 갈등 해결이 원활할 때, 전혼자녀와 동거 시, 부부별산제의 경우, 생활비의 공동부담, 법적·제도적 정비, 이전 배우자와의 관계 명확성, 완전한 친족 관계
부정적 요인	한쪽이 초혼인 경우, 심각한 스트레스, 계자녀와의 갈등, 낮은 재혼 만족도, 친족 관계의 어려움, 부부 관계의 갈등, 새로운 가족형성의 어려움, 법적·제도적 어려움, 정서적 균열, 경제적 어려움, 사회적 편견, 높은 역할긴장

출처: 이수정·전영주(2009).

Crosbie-Burnett(1989)은 재혼가족의 구성원이 겪는 어려움을 2중 ABC-X모형으로 설명한다(고은영·서영석, 2012). 이 모형은 재혼가족 구성원이 경험하는 스트레스가 가족생활적응에 영향을 미치는 과정을 통합적으로 설명한다. 즉, 위기상황 재혼(X)은 기존의 스트레스와 함께 가족구성원들의 스트레스를 축적·심화시킨다(A). 그리고 축적·심화된 스트레스에 가족의 자원(B), 스트레스와 자원에 대한 지각(C)이 상호작용하여 재혼가족의 구성원이 적응하는 데 영향을 미친다고 가정한다.

여기서 가족의 자원(B)은 위기와 스트레스에 대처할 수 있는 개인자원(예: 신체건강, 안정적 재정 상태, 높은 교육수준, 높은 자신감), 가족자원(예: 문제해결과 친밀감 증진에 필요한 가족의 의사소통기술, 새 가족이 설정한 공동목표), 공동체자원(예: 사회적 지지, 재혼 관련 상담서비스)을 포함하는데, 재혼가족구성원들이 경험하는 스트레스를 완충하는 보호요인의 기능을 한다.

스트레스와 자원에 대한 자각(C)은 재혼, 재혼으로 증폭된 스트레스, 가족의 자원에 대한 인식을 의미한다. 재혼을 새로운 가족구성의 기회로 인식하면 새 가족에 적응할 가능성이 높아지지만 반대로 기존의 가족구조를 위협하는 것으로 인식하면 스트레스가 증폭되고 가족의 문제를 회피하려 하며 심한 경우 재이혼을 불러오게 된다.

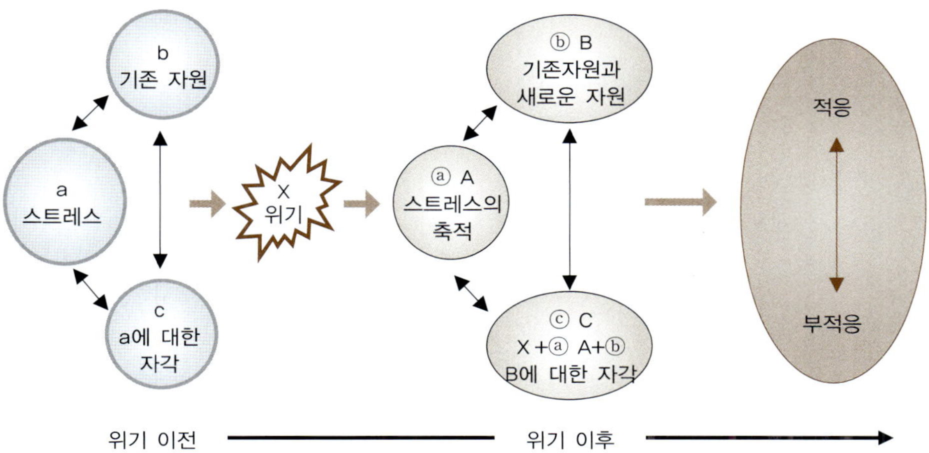

출처: 고은영·서영석(2012).

[그림 12-1] 재혼가족의 적응에 적용한 2중 ABC-X모형

1) 재혼부부의 어려움

재혼 후 부부가 경험하는 어려움 또는 극복해야 할 과제를 구체적으로 살펴보면 다음과 같다(김유정, 2012; Visher & Visher, 1988).

- **재혼에 대한 비현실적인 기대**: 재혼가족에 대한 잘못된 신화로 인해 재혼생활에 대한 비현실적인 기대를 하게 되면 실망과 좌절 그리고 갈등을 경험한다.
- **가족구성원에 대한 충성심 갈등(loyalty conflict)**: 충성심 갈등은 한 사람에 대해 애정을 느끼면서 다른 사람에게도 애정을 느낄 때 경험하는 심리적 갈등을 의미한다. 전혼자녀를 양육하는 부모는 자신의 친자녀와 새배우자에 대한 감정 사이에서, 계자녀와 동거하는 계부모는 자신의 친자녀와 계자녀에 대한 감정 사이에서 갈등을 느낄 수 있다. 이러한 갈등은 재혼가족의 적응과 통합에 부정적으로 작용하게 된다.
- **가족 내 경계 모호성과 역할의 혼란**: '경계의 모호성'은 가족의 경계 안과 밖에 있는 사람이 누구인지가 모호하다는 것으로, 가족체계 내에서 각자의 수행해야 하는 역할 인식을 불확실하게 한다. 그러므로 재혼부부는 새 가족체계에서 관계를 맺고 자신의 역할을 새로이 정의하는 데 어려움을 겪고 가족의 스트레스와 역기능을 경험한다.
- **재혼가족의 자원 분배에 대한 갈등**: 재혼으로 가족구조와 복잡성이 변화된 만큼 경제적 자원(예: 돈)과 정서적 자원(예: 애정)의 배분이 적절하게 되어야 한다. 시간과 경제적 자원의 분배 문제는 재혼부부간, 재혼부부와 이전 배우자 간 갈등을 일으키는 주요 원인으로 지적된다.
- **재혼에 대한 사회의 부정적 인식과 편견**: 재혼부부는 재혼가족에 대한 부정적 인식으로 인해 또래, 타인, 사회로부터 냉대를 받기도 한다. 이들을 위한 사회적 지원체계가 부족한 것도 사회의 부정적인 인식·경험과 관계가 있다.

결혼과 가족

재혼가족의 신화

- 정상가족 신화: 재혼가족도 초혼가족과 같을 것이다.
- 즉각적 적응의 신화: 재혼가족도 빨리 통합될 것이다.
- 즉각적 사랑의 신화: 재혼가족에서 애정이 즉각적으로 생길 것이다
- 계모는 사악하다.
- 이혼하고 재혼한 부모의 자녀는 영구적으로 손상될 수 있다.
- 비양육 부모로부터 자녀를 격리하는 것이 적응에 도움이 된다.
- 이혼으로 인한 재혼보다 사별로 인한 재혼이 더 순조롭다.

출처: Visher & Visher(1997).

2) 재혼가족 자녀의 어려움

재혼가족의 자녀는 부모의 재혼에 의한 환경변화에 직면하여 전혼과 재혼에 의한 두 가족의 구성원이면서 친부모가 현실적으로 또는 기억 속에 존재하는 상태에서 새로운 가족에 적응하려면 어려움을 겪게 된다. 가족 측면과 사회 측면에서 재혼가족의 자녀가 경험하는 어려움 혹은 적응의 문제는 다음과 같이 제시된다(김유정, 2012; 현은민, 2003).

(1) 가족 측면

재혼가족의 자녀는 연령에 관계없이 상실감, 충성심 갈등, 통제력의 부족 문제를 경험한다(Visher & Visher, 1996). 상실감은 특히 나이가 어릴수록 민감하게 느껴지는데, 부모의 재혼으로 친부모와 친숙한 양육환경에 대한 상실감, 친부모의 재결합 환상이 깨어지는 상실감을 경험하는 것이다. 특히 맏자녀는 편부모기 동안 돈독했던 편부모와의 관계, 자신의 역할이나 특권을 계부모나 의붓형제에게 빼앗겼다는 상실감을 경험하기도 한다.

재혼가족에서 자녀는 친부모에게 강한 충성심을 느끼고 의식적, 무의식적으로

계부모와의 결혼 관계를 해체하려고 애쓰기도 한다. 친부모에 대한 충성심이 분리되어 계부모와 친밀한 관계를 맺게 되면 자신이 친부모의 이혼을 막지 못했다거나 계부모의 재혼을 받아들이고 친부모를 배신했다는 죄의식으로 계부모와 관계를 맺는 것이 어렵다. 충성심에 대한 갈등은 아동기보다 청소년기 자녀에게 더 많은 스트레스를 준다.

그리고 재혼가족의 자녀는 새로운 가족체계에서 심리적으로 받아들이기 어려운 계부모의 훈육과 통제를 받아야 하고, 전혼가족에서의 역할이나 규칙이 재혼가족에서 더 이상 인정받지 못하게 되어 심리적 혼란을 경험한다. 특히 새로운 가족을 통해 전혼가족의 상실 부분이 채워질 것으로 비현실적인 기대를 하거나 새 가족에서 주어진 새 역할을 수행하기 어렵다고 인식하는 경우 자신의 생활에 대한 통제력이 부족하다고 인식하게 된다. 이는 재혼가족의 자녀에게 무력감과 부적응을 결과하게 되는데 청소년기 자녀에서 두드러지게 나타날 수 있다.

부모의 재혼으로 전혼의 확대가족을 상실하게 되는 재혼가족의 자녀는 새로운 확대가족구성원에 대한 혼란, 즉 가족의 경계에 대한 혼란을 경험한다. 경계의 혼란은 역할의 모호성을 가져온다. 편부모가족 시기에 강화받았던 역할을 잃게 되고 의붓형제가 있다면 출생순위의 변화에 따른 역할 재정립의 문제에 직면하기 때문이다.

또한 재혼가족의 자녀는 의붓형제와의 관계에서 재혼가족 내의 자원분배에 대한 갈등을 경험하게 된다. 자녀들은 물건, 공간뿐만 아니라 자신의 친부모도 의붓형제와 공유해야 한다는 상실감에 분노한다. 이러한 의붓형제 간의 경쟁과 갈등은 재혼부부의 취약한 부부 관계를 위협할 수 있다.

이상과 같이 재혼가족의 자녀는 새로운 가족체계 속에서 심리적 갈등과 정서적 긴장을 경험한다. 따라서 초혼가정의 청소년에 비해 재혼가정 청소년의 심리적 안녕감이나 사회적 유능감이 낮고 학교에서 부적응적인 행동문제를 더 많이 보인다고 보고된다. 더 심각하게는 음주, 약물사용, 흡연이 증가하고 학업중단, 가출과 같은 문제를 보이기도 한다.

(2) 사회 측면

재혼에 대한 사회의 부정적 인식과 편견은 계자녀에 대해 '불쌍한 아이' 또는 '문제가 있는 아이'라고 인식하게 한다. 혈연 중심의 가족문화에서 확대가족의 구성원들은 비혈연의 계자녀를 받아들이지 않거나 계부모에 대해 불신하는 태도를 보여 재혼부부와 자녀 간의 관계 형성에 장애가 된다. 이는 재혼가족의 자녀가 계부모와 산다는 것에 자격지심을 갖게 하거나 심지어 죄의식을 느끼게도 한다.

04 재혼가족을 위한 지원

재혼가족이 위기를 극복하고 온전한 가족으로 회복해 가는 과정에 초점을 두고 성공적인 적응을 보이는 재혼가족은 다음과 같은 특성을 보인다(김유정, 2012).

첫째, 재혼가족의 구성원들은 새로 구성한 가족에 대해 현실적인 기대를 한다. 즉, 가족구성원 간의 사랑과 보호의 감정이 성숙되기 위해서는 시간이 걸리고, 재혼가족은 초혼가족과 큰 차이가 있음을 아는 것이다. 둘째, 이혼이나 사별 후에 형성되는 재혼가족은 상실감이나 가족의 변화를 감정적으로 표현할 수 있도록 시간적 여유를 가져야 한다는 것을 인식한다. 셋째, 재혼부부간의 견고한 관계를 구축하며 재혼가족이 안정적인 분위기에서 성장하도록 한다. 넷째, 계부모와 계자녀, 계형제와 계자매 간의 적절한 관계의 발전은 재혼 초기의 가족스트레스를 이기고 가족이 성장하는 데 중요하다. 다섯째, 서로 다른 생활을 했던 두 가족의 구성원들은 일상생활에 대한 가족규칙의 재확립을 통해 과거 가족의 긍정적인 측면을 받아들이고 재혼가족의 원만한 가족생활을 도모할 수 있다. 따라서 재혼가족의 성공적인 적응을 돕기 위한 방안은 가족생활교육, 가족상담과 치료, 법제도와 사회적 인식의 개선 등 다양한 측면으로 고려되어야 한다(문혁준 외, 2010).

1) 가족생활교육

가족생활교육은 성공적인 재혼생활의 준비를 통해 문제의 발생을 예방할 수 있으므로 치료적인 개입보다 효과가 크다고 볼 수 있다(김연옥, 2007). 자녀가 있는 재혼가족을 위한 가족생활 준비교육에서는 재혼 전의 준비와 계획, 부부 관계의 강화, 전혼자녀의 양육을 위한 계부모의 역할 교육을 내용으로 포함한다(임춘희·정옥분, 1997). 특히 계부모에 대한 부모교육은 자녀의 발달적 요구와 자녀의 관점에서 재혼가족 생활 이해, 친부모와 계부모의 경계 설정과 가족역할의 재정의, 견고한 부부 관계를 통한 계부모와 계자녀 간의 관계유지 방법에 대해 다루게 된다(임춘희·정옥분, 1997; 현은민, 2003; Visher & Visher, 1997).

결혼과 가족

재혼준비교육 프로그램의 예: '준비된 재혼, 또 다른 행복'

프로그램의 목적
재혼가족을 형성할 개인이나 예비부부가 재혼가족 생활에 대하여 정확하게 이해하며, 현실적인 기대를 갖고 재혼가족 생활에서 야기될 수 있는 문제들에 대한 사전 논의를 통해 성공적인 재혼생활을 위한 준비를 돕는다.

⬇

모임1 목표	1. 재혼가족의 특징에 대해 전반적으로 이해한다. 2. 재혼생활을 위한 자신의 준비상태를 점검한다.
모임2 목표	1. 이혼이나 사별로 인한 상처를 극복하고 긍정적인 자존감을 갖는다. 2. 자신의 과거 생활을 객관적으로 재평가한다.
모임3 목표	1. 재혼가족에서의 배우자 역할에 대한 자신의 기대를 파악하고, 이와 관련된 감정과 욕구를 명료하게 표현하는 것이 필요함을 인식한다. 2. 성공적인 재혼가족 생활을 위하여 부부간의 친밀성과 유대감 및 의사소통이 중요함을 인식한다.
모임4 목표	1. 재혼가족에서의 부모-자녀 관계와 계부모-자녀 관계의 중요성과 특징을 이해한다. 2. 재혼가족에서의 부모 역할과 계부모 역할에 대해 현실적으로 기대한다. 3. 재혼가족에서의 부모 역할에 대해 긍정적인 태도를 갖는다. 4. 친부모 역할과 계부모로서의 역할 수행을 위한 각오를 다진다.

출처: 정현숙·유계숙·임춘희·전춘애·천혜정(2000).

재혼가족에서 발생할 수 있는 가족해체를 예방하는 차원에서 가족의 성공적인 적응과 성장의 잠재력, 즉 레질리언스(reslience)를 증진하는 교육프로그램을 받도록 권장하는 것은 가족의 결속력을 강화시키고 가족애를 확인할 수 있는 기회를 제공하게 된다. 이에 김유정(2012)은 재혼이나 새로운 도전에 직면한 가족의 적응을 지원할 수 있는 실천모형을 제안하였다. 레질리언스의 세 구성 요소인 신념체계, 조직유형, 의사소통이 상호작용할 때 시너지 효과가 나타나 가족의 잠재력이 강화될 수 있다고 보았다.

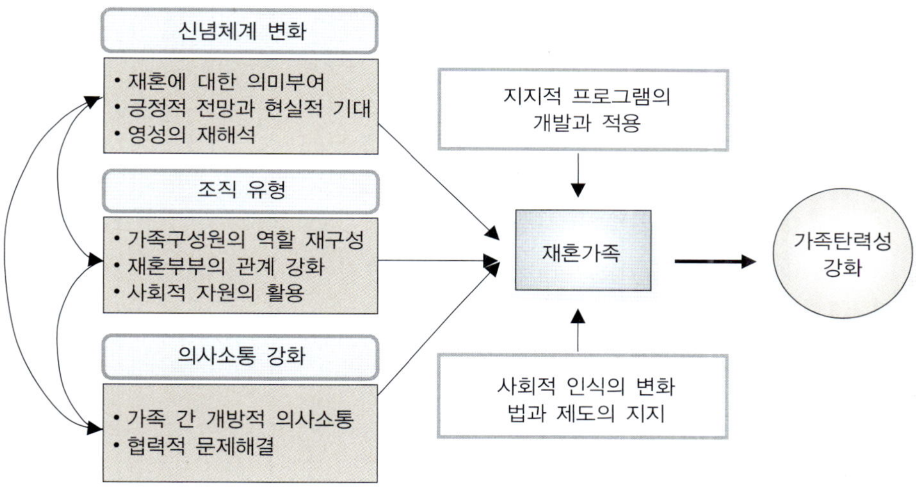

출처: 김유정(2012).

[그림 12-2] 재혼가족의 가족탄력성을 위한 실천모형

가족생활교육이 재혼가족의 건강한 가족생활을 지원하기 위해서는 효과적인 교육방법이 채택되어야 한다. 정현숙 등(2000)은 가족생활교육 프로그램의 참여과정에서 재혼에 대한 기대를 현실적으로 바뀌게 함과 동시에 자존감을 높일 수 있는 심리적 지지를 목적으로 한 상담프로그램을 실시하는 것이 바람직하다고 보았다. 또한 재혼전의 철저한 준비를 위해 재혼 전 준비도를 체크하는 척도지를 사용하거나 합의과정에서 유용한 가족회의 방법이나 의사소통 연습을 포함하는 것이 필요하다(박은주, 2004). 재혼생활에서 자녀와의 관계가 중요한 만큼 자녀를 프로그램에 포함하거나 친인척 간의 관계 형성을 연습하는 것 또한 성공적인 재혼생

활을 위해 고려되어야 한다(노명숙, 2013).

2) 가족상담과 치료

재혼가족이 적응력을 회복하고 건강한 발달이 이루어지도록 상담할 때 고려해야 할 점들은 다음과 같이 제시된다(현은민, 2003; Visher & Visher, 1988).

- 재혼가족의 구성원들은 사회적 편견에 의한 스트레스를 많이 받으므로 자신의 경험에 대한 지지와 정당성을 인정받고 싶어 한다. 따라서 무력감을 감소시키거나 부부 관계의 강화를 위한 심리치료뿐만 아니라 자아존중감의 증진을 꾀하는 노력이 필요하다.
- 자녀의 보호와 방문에 관련된 문제를 치료하는 과정에는 재혼부부와 전혼의 배우자, 조부모 등 중요한 사람들을 포함하여 실시하는 것이 필요하다.
- 공동치료자나 공동치료자를 이용한 치료과정에 나타날 수 있는 치료자의 역전이 현상을 예방하도록 한다.
- 동년배의 재혼부부들을 지지집단으로 형성하여 유사한 상황에서 문제해결의 실마리를 제공받을 수 있도록 한다.

3) 법·제도와 사회적 인식의 개선

가족법의 개정으로 재혼가족 자녀 이름의 성이 계부의 성과 다를 때 생길 수 있는 문제가 해결되고, 계부모가 국민연금 부양가족 대상에 포함되는 등의 법·제도적 개선이 이루어졌다. 그러나 계자녀의 보호를 위해 동거계부모에 의한 성학대를 예방할 수 있는 '근친상간 인정' 제도는 마련되어 있지 않은 실정이다.

학교교육, 대중매체 등을 통해 다양한 가족형태에 대한 수평적인 시각을 유도하고 재혼가족에 대한 긍정적인 이미지를 확산시키는 노력이 필요하다. 또한 성공한 재혼가족의 모델을 제시하여 사회적 관심과 제도가 긍정적, 지지적으로 변화되도록 해야 한다.

참고문헌

건강가정지원센터(2013). 사업소개. http://www.familynet.or.kr.

고은영·서영석(2012). 재혼가정 청소년의 스트레스와 가족생활적응의 관계: 가족경계혼란과 사회적지지의 조절효과 검증. 한국심리학회지: 상담 및 심리치료, 24(2), 397-419.

고정자(1999). 오늘날의 결혼과 가족. 형설출판사.

공세권(1987). 한국가족구조의 변화. 한국인구보건연구원.

공정자·구훈모·조성숙(2005). '성격 차이'와 이혼. 한국사회학회 사회학대회 논문집, 536-584.

곽금주(2008). 다문화가정 아동의 발달과 적응: 다문화가정에서의 부모 - 자녀 간의 상호작용 패턴과 그 효과를 중심으로. 한국심리학회 연차학술대회 논문집, 1-26.

국립국어원(2020). 표준국어대사전.

권민균·문혁준·권희경·성미영·신유림·안선희·안효진·이경옥·천희영·한유미·한유진·황혜신(2012). 아동발달. 서울: 창지사.

권영미(1999). 부모의 이혼이 자녀의 자아존중감과 사회성에 미치는 영향. 중앙대학교 대학원 석사학위 청구논문.

권육상(2001). 인간행동과 사회환경. 서울: 유풍출판사.

김경신·김오남·윤상희(1997). 미혼남녀의 사랑과 성에 대한 태도 및 배우자 선택 조건. 대한가정학회지, 35(3), 15-30.

김경혜·김진숙·박진옥·윤은영·이유미·정진화(2009). 아동발달. 서울: 동문사.

김두헌(1969). 한국가족제도연구. 서울: 서울대학교 출판부.

김두환(2013). 결혼비용 실태 및 소비자인식 조사. 한국소비자원.

김명자·안선영·한정화(1996). 신세대와 중년기 부부의 노부모 부양에 따른 부담감 및 보상감 분석. 한국가정관리학회지, 14(2), 97-110.

김민정(2008). 공격적 유아를 위한 중재 프로그램의 개발 및 효과검증: 사회적 기술 훈련 프로그램과 부모교육 프로그램을 중심으로. 이화여자대학교 대학원 박사학위 청구논문.

김승경(2004). 이혼 가정 아동의 탄력성에 대한 위험-보호 요인들 간의 경로 분석. 서울여자대학교 대학원 박사학위 청구논문.

김승권(2000). 한국 가족의 변화와 대응방안. 한국보건사회연구원, 2000-07, 522-551.

김승권·김연우(2012). 한부모가족 정책의 실태와 정책 제언. 보건복지포럼, 4, 59-69.

김연옥(2007). 해체된 재혼의 특성에 관한 연구: 재혼모를 대상으로. 한국사회복지학, 59(2), 171-195.

김영희(1988). 한국형 성역할 검사(Korean Sex Role Inventory) 개발연구. 아세아 여성연구, 27, 197-207.

김용미·서선희·옥경희·정혜정(2009). 결혼과 가족의 의미. 경기: 양서원.

김유정(2012). 재혼가족의 레질리언스 강화를 위한 실천모형 기초연구. 한국가정관리학회지, 30(4), 147-161.

김익균(2008). 가족 관계학. 경기: 교육과학사.

김정미·양성은(2013). 자발적 무자녀가족의 선택 동기와 사회적 인식에 대한 질적 연구. 한국가정관리학회지, 31(5), 79-95.

김태현(1999). 결혼과 사회. 서울: 성신여자대학교출판부.

김태현·전길양·이영자·임선영(2004). 현대가족복지. 서울: 하우.

김혜경·도미향·문혜숙·박충선·손홍숙·오정옥·홍달아기(2008). 가족복지론(2판). 경기: 공동체.

김혜금(2006). 아동의 위험감수 행동과 위험에 대한 인지와 두려움과의 관계. 방과후 아동지도연구, 3(2), 1-16.

김혜선·박희성(2001). 델파이조사를 이용한 결혼준비진단에 관한 기초연구. 대한가정학회지, 39(7), 125-143.

김혜영·선보영·김상동(2010). 여성의 만혼화와 저출산에 관한 연구. 한국여성정책연구원.

김홍은(1986). 부부의 자원과 부부 권력과의 관계 연구. 대한가정학회지, 24(4), 179-188.

노명숙(2013). 재혼가족을 위한 프로그램 개발의 현황과 과제. 한국산학기술학회논문지, 14(1), 169-175.

도현심(2008). 부모존경·자녀존중 부모교육 프로그램. 열린부모교육학회 창립 학술대회 자료집, 16-24.

류현수·이정숙·김주아(2007). 가족 관계와 복지. 서울: 동문사.

무안여성상담센터(2009. 9. 7). 평등가족지수로 우리집 평등지수 알아보기. http://www.womanlove.or.kr/ bbs/board.php?bo_table=sub240&wr_id=1에서 2013년 12월 2일 인출.

문아람(2008). 노년기 가족 관계 특성이 노인 생활만족도에 미치는 영향. 중앙대학교 행정대학원 석사학위 청구논문.

문혁준(2001). 유아의 비디오 시청에 있어 부모의 태도 및 관여에 관한 연구. 대한가정학회지, 39(3), 11-23.

문혁준·김진이·양성은·이은주·천희영·황옥경(2010). 가족 복지. 서울: 창지사.

문혁준·양성은·김혜금·천희영·권영인·조한숙(2012). 가족 관계. 서울: 창지사.

민하영·이윤주·김경화(2008). 인문계 고등학생의 자살생각 및 시도와 소외감 및 진로장벽의 관계. 청소년상담연구, 16(1), 69-85.

박범혁·김경미·김혜숙·조주영·황종귀(2009). 성과 윤리. 서울: 동문사.

박병금(1997). 이혼가정 자녀의 자아존중감 향상을 위한 집단사회사업개입의 효과. 경북대학교 대학원 석사학위 청구논문.

박선희(2005). 노인이 자각하는 가족 관계가 자아존중감 및 삶의 만족도에 미치는 영향. 청주대학교 대학원 석사학위 청구논문.

박성연·박응임·한세영(2009). 아동양육방식. 아동학회지, 30(6), 15-28.

박시라(1999). 자녀양육기 기혼남성의 친족 유대. 서울대학교 대학원 석사학위 청구논문.

박영호·박미정(2003). 어머니 취업여부에 따른 아동이 지각한 모성애 및 심리적 성장환경. 교육이론과 실천, 13(2), 193-210.

박은주(2004). 재혼 교육프로그램의 개발. 전남대학교 대학원 박사학위 청구논문.

법제처(2013). 건강가정기본법. http://www.law.go.kr/lsSc.do?menuId=0&subMenu=1&query=%EA%B1%B4%EA%B0%95%EA%B0%80%EC%A0%95%EA%B8%B0%EB%B3%B8%EB%B2%95#liBgcolor0.

법제처(2013). 찾기 쉬운 생활법령 정보: 한부모가족.

보건복지부(2013). 「헤이그국제아동입양협약」 서명.

보건복지부(2019). 2018년 입양 통계.

보건복지부·한국보건사회연구원(2012). 2012년 전국 결혼 및 출산동향 조사.

브리태니커 사전.

서동인(1989). 손자녀가 지각한 조모와 손자녀와의 접촉과 조모의 역할수행. 한국가정관리학회지, 7(2), 45-60.

서울시건강가정지원센터.(2013). 우리 결혼할까요? 서울특별시와 함께 하는 예비부부교육 매뉴얼.

성경원(2009). 결혼과 가정. 경기: 교육과학사.

성정현(1998). 성역할태도와 이혼여성의 적응에 관한 연구. 서울대학교 대학원 박사학위 청구논문.

성정현·여지영·우국희·최승희(2009). 가족복지론(개정판). 경기: 양서원.

성정현·홍석준(2009). 인터넷 자료를 통해 본 한국의 이혼 문화와 사회복지. 경기: 집문당.

송정애·이양훈·정해은(2009). 가족과 생활문화. 경기: 양서원.

신희이·문혁준(2009). 부모-자녀 간의 의사소통유형 및 아동의 자아개념과 또래관계. 아동학회지, 30(4), 33-46.

안창현(2008). 부부의 자아존중감, 의사소통 및 가족 응집성·적응성과 갈등대처방식의 관계. 연세대학교 생활환경대학원 석사학위 청구논문.

양세정(2013). 한부모가족 가구주의 성별과 한부모 - 자녀 의사소통이 청소년 자녀의 우울에 미치는 영향: 모자가족과 부자가족의 비교를 중심으로. 연세대학교 사회복지대학원 석사학위 청구논문.

양연순(1994). 결손가정 아동과 정상가정 아동의 자아개념 및 성격특성 비교연구. 건국대학교 대학원 석사학위 청구논문.

여성가족부(2010). 2010 조손가족 실태조사. 연구보고 2010-15.

여성가족부(2010). 2010년 제2차 가족실태조사.

여성가족부(2011). 2011년 청소년 종합실태조사.

여성가족부(2011. 12. 30). 결혼준비교육 프로그램의 효과성 메타분석. 가족정책기초연구 정책브리프(2011-5호).

여성가족부(2019a). 2018년 전국 다문화가족 실태조사 연구.

여성가족부(2019b). 2018년 한부모가족 실태조사 결과 발표. http://www.mogef.go.kr/nw/rpd/nw_rpd_s001d.do?mid=news405&bbtSn=706302에서 2020년 1월 29일 출력

오성배(2005). 코시안(Kosiand) 아동의 성장과 환경에 관한 사례연구. 한국교육, 32(3), 61-83.

오성배(2007). 현장진단: 국제결혼 가정 자녀(Kosian)의 교육 환경과 문제. 교육 비평, 22, 186-213.

오영희(2012). 이혼가정의 자녀양육 과정. 중앙대학교 대학원 박사학위 청구논문.

옥선화·정민자·고선주(2006). 결혼과 가족. 서울: 하W우

유가효(2007). 해방 이후 혼전 교제와 배우자 선택과정의 변화. 한국학논집, 34, 319-346.

유영주·김순옥·김경신(2008). 가족 관계학(제2판). 서울: 교문사.

유영주·김순옥·김경신(2013). 가족 관계학(제3판). 경기: 교문사.

이광규(1992). 가족과 친족. 서울: 일지사.

이기숙·김득성·공미혜·김은경·전영주·손태홍·오경희(2009). 결혼의 기술(2판). 서울: 신정.

이동원·공선영·구자순·김미숙·김종숙·김현주·김혜경·박옥희·원영희·이여봉·장화경·최선희·함인희(2001). 변화하는 사회 다양한 가족. 서울: 양서원.

이성희·한희선(2009). 여성과 가족. 파란마음.

이수정·전영주(2009). 재혼연구 동향분석: 1996년~2007년 발간된 국내 논문을 중심으로. 한국가족관계학회지, 13(4), 173-195.

이영·전혜정·강민주(2009). 부모 - 자녀 관계. 아동학회지, 30(6), 29-41.

이영숙·박경란(2010). 현대 가족 관계학. 서울: 신정.

이영숙·박경란·전귀연(2008). 가족문제와 복지(2판). 서울: 신정.

이재연·김경희(1993). 부모교육. 서울: 양서원.

이정연(1991). 한국 도시 남편이 지각한 부부 권력 과정에 관한 연구. 한국가정관리학회지, 18(4), 267-284.

이혜상(2003). 취업모의 양육태도와 유아의 부적응 행동 간의 관계. 열린유아교육연구, 8(3), 337-354.

임춘희·정옥분(1997). 초혼계모의 재혼가족생활 스트레스와 적응에 관한 경험적 연구. 대한가정학회지, 35(5), 73-102.

장영식· 고경환·이승욱·이정우·고혜연·진재현(2012). 한국의 보건복지동향 2012. 연구보고서 2012-44, 한국보건사회연구원.

정성호(2006). 중년의 사회학. 서울: (주)살림출판사.

정영미(2006). 조부모 - 손자녀 친밀감과 조부모에 대한 부모의 태도: 서울소재 중학생을 중심으로. 한서대학교 정보산업대학원 석사학위 청구논문.

정옥분·정순화·홍계옥(2009). 결혼과 가족의 이해. 서울: 시그마프레스.

정태기(2010). 위기와 상담. 서울: 상담과 치유.

정현숙(2004). "결혼전교육프로그램" 개발을 위한 기초연구. 한국가정관리학회지, 22(1), 91-101.

정현숙·유계숙(2001). 가족 관계. 서울: 신정.

정현숙·유계숙·임춘희·전춘애·천혜정(2000). 재혼준비교육프로그램 개발 및 평가. 대한가정학회지, 38(5), 1-13.

정현숙·유계숙·최연실(2003). 결혼학. 서울: 도서출판 신정.

정현숙·최연실·유계숙(1998). 결혼학개론. 상명여자대학교출판부.

신희이·문혁준(2009). 부모-자녀 간의 의사소통유형 및 아동의 자아개념과 또래관계. 아동학회지, 30(4), 33-46.

조병은·이종희·이현정·곽선정(2012). 미혼 여교사의 배우자 선택에서의 동질혼 추구 경향. 한국가정과교육학회지, 24(4), 1-18.

조성연(2003). 여성 한부모의 사회적 지원과 자녀양육방법. 한국생활과학회지, 12(5), 579-593.

조정문·장상희(2001). 가족사회학. 서울: 아카넷.

주소희(1991). 이혼가정자녀의 정신건강에 관한 연구, 이화여자대학교 대학원 석사학위 청구논문.

최경일(2007). 한부모 가정 청소년과 부모와의 관계에 대한 현상학적 연구. 청소년학연구, 14(4), 145-168.

최규련(2007). 가족관계론. 경기: 공동체.

최규련(2007). 가족상담 및 치료. 경기: 공동체.

최외선·유향기(1985). 가족의 권력구조와 부부 역할에 관한 연구. 인문연구, 7(3), 681-712.

최외선·현은민·전귀연·이기숙·김득성·손낙주·구순주·배기조·홍상욱·박혜인(2008). 결혼과 가족. 대구: 정림사.

최재석(1982). 현대가족연구. 서울: 일지사.

최해경(1997). 사회적 지지망구조가 편부모가족의 심리적 안녕에 미치는 영향 연구. 한국사회복지학, 33, 377-395.

통계청(2005). 1970년 이후 혼인·이혼 주요특성 변동추이.

통계청(2007). 인구동태통계연보: 혼인·이혼 편. http://kostat.go.kr.

통계청(2008). 2008년 사회통계조사. http://kostat.go.kr.

통계청(2012). 한부모가족 현황.

통계청(2013a). 2012년 혼인·이혼통계. 보도자료(2012. 4. 23.). http://kostat.go.kr.

통계청(2013b). 사회조사. http://kostat.go.kr.

통계청(2013c). 인구주택총조사: 장래가구추계. http://www.index.go.kr.

통계청(2017). 장래가구추계 : 2015~2045. http://www.index.go.kr/potal/main/EachDtlPageDetail.do?idx_cd=1578에서 2020년 1월 29일 출력.

통계청(2018a). 사회조사: 이혼에 대한 견해. http://kosis.kr/statHtml/statHtml.do?orgId=101&tblId=DT_1SSFA070R&conn_path=I2에서 2020년 1월 29일 출력.

통계청(2018b). 인구동향조사 : 시도/이혼사유별 이혼. http://kostat.go.kr에서 2020년 1월 29일 출력.

통계청(2018c). 2017 인구·주택 총조사.

통계청(2018d). 2018년 사회조사 결과. (가족·교육·보건·안전·환경)

통계청(2019a). 2018년 다문화 인구동태 통계.

통계청(2019b). 2018년 인구동태통계연보(혼인·이혼편). http://kosis.kr/publication/publicationThema.do에서 2020년 1월 29일 출력.

통계청(2019c). 2018년 혼인·이혼통계.

통계청(2019d). 2019년 고령자 통계.

통계청(2020). 2019년 11월 인구 동향

한경순(2004). 방과후 보육에서 부모 - 자녀 의사소통 향상 프로그램의 효과성 연구. 방과후아동지도연구, 2(1), 75-96.

한국가정생활 개선진흥회. 표준 혼인 모형. http://www.home-sun.net/include.php?inc=sub065

한국교육심리학회(2000). 교육심리학용어사전. 서울: 학지사.

한국문학평론가협회(2006). 문학비평용어사전. 서울: 국학자료원.

한국보건사회연구원(2015). 2015년 전국 출산력 및 가족보건·복지 실태조사.

한국보건사회연구원(2016). 비혼 동거 커플의 증가와 프랑스의 시민연대계약(PACS). 글로벌 사회정책 브리프, 13.

한국보건사회연구원(2018). 2018년 전국 출산력 및 가족보건·복지 실태조사.

한국보건사회연구원(2019). 전국출산력 및 가족보건복지실태조사 통계정보보고서.

한국소비자원(2017. 8. 31). 미혼자 10명 중 8명 '작은 결혼' 하고 싶지만 주변 여건상 주저.

한국여성정책연구원(2015). 고비용 혼례문화 개선을 위한 '작은 결혼식' 국민인식 및 실태. KWDI

Brief 36.

한준아·박경자(2008). 저소득층 이혼 가족 아동의 적응에 있어 보호요인 탐색: 아동의 대처 전략, 부모 양육 유형, 부모의 스트레스, 사회적 지지. 대한가정학회지, 46(8), 1-15.

허혜경·박인숙(2010). 사회변동과 성역할. 서울: 문음사.

현은민(2003). 재혼가족의 아동: 가족적·사회적 측면에서 경험하는 문제와 대책 고찰. 한국가족관계학회지, 8(2), 101-126.

홍달아기(2003). 대학생의 배우자 선택성향에 대한 연구. 한국가족관계학회지, 8(1), 75-97.

홍성대(2007). 한국 친족체계 변화에 관한 연구: 공계친족체계에서 부계친족체계로의 변화과정을 중심으로. 고려대학교 대학원 박사학위 청구논문.

Abidin, R. R. (1990). *Parenting stress index*. Pediatric Psychology Press.

Adams, B. N. (1998). *The family: Sociological interpretation*. New York: Harcourt Brace.

Amato, P. R., & Keith, B. (1991). Parental divorce and adult well-being: A meta-analysis. *Journal of Marriage and the Family, 53*(1), 43-58.

Anderson, M. L. (1983). *Thinking about women: Sociological and feminist perspectives*. New York: MacMillan.

Baumrind, D. (1966). Effects of authoritative parental control on dhild behavior. *Child Development, 37*, 887-907.

Bell, D. (1997). Defining marriage and legitimacy. *Current Anthropology, 38*(2), 237-254.

Benokratis, M. V. (1999). *Marriage and families*. Prentice-Hall, Inc.

Bigner, J. J. (2006). *Parent-child relations: An introduction to parenting*(7th ed.). NJ: Pearson Education Inc.

Blood, R. O., & Wolfe, D. M. (1960). *Husbands and wives: The dymanics of married living*. NY: Free Press.

Bronfenbrenner, U. (1979). *The ecology of human development*. Cambridge, MA: Harvard University Press.

Bronfenbrenner, U. (1986). Ecology of the family as a context for human development: Research perspectives. *Developmental Psychology, 22*, 723-742.

Bronfenbrenner, U. (1993). Ecological systems theory. In R. H. Wozniak(ed.), *Development in context*(pp. 44-78). Hillsdale, NJ: Erlbaum.

California State Department of Education(1990). *Flexible, fearful, feisty: The doffernt temperaments of infants and toddlers*. California State Department of Education. Sacramento, CA.

Carter, B., & McGoldrick, M. (1989). Overview: The changing family life cycle: A framework for family therapy. In B. Carter & M. McGoldrick(eds.), *The changing family life cycle: A framework for family therapy*(2nd ed.)(pp. 3-28). Boston: Allyn & Bacon.

Carter, B., & McGoldrick, M. (1996). 가족생활주기와 가족치료. 정문자 역. 서울: 중앙적성출판사.

Cherlin, A. J. (2002). *Public & private families*. NY: McGraw-Hill.

Cherlin, A. J. (2004). The deinstitutionalization of American marriage. Journal of Marriage and Family, 66, 848-861.

Chilman, C. (1980), Social and psychological research concerning adolescent child bearing, 1970~1980. *Journal of Marriage and the Family*, Nov, 793-805.

Clarke, J. I., & Dawson, C. (1989). *Growing up again: Parenting ourselves, parenting our children*. Minneapolis: Hazelden.

Clarkwest, A. (2007). Spousal dissimilarity, race, and marital dissolution. *Journal of Marriage and Family, 69*, 639-653.

Clingempeel, W. G., Brand, E., & Segal, S. (1987). A multilevel-multivariable-developmental perspective for future research on stepfamilies. In K. Pasley & M. Ihinger-Tallman(eds.), *Remarriage and step-parenting: Current research and theory*(pp. 65-93). New York: Guilford.

Coleman, M., & Ganong, L. (1984). Effects of family structure on family attitudes and expectations. *Family Relations, 33*, 425-432.

Coleman, M., Ganong, L., & Fine, M. (2000). Reinvesting remarriage: A modest proposal for organizing familty treatment. *Journal of Marital and Family Therapy, 10*, 19-29.

Cromwel, R. E., & Olson, D. H. (1975). *Power in families*. New York: John Wiley & Sons.

Crosbie-Burnett, M. (1989). Application of family stress theory to remarriage: A model for assessing and helping stepfamilies. *Family Relations, 38*, 323-331.

Cuber, J. F., & Harroff, P. B. (1980). Five types of marriage. In A. Skolnick & J. H. Skolnick(eds.), *Family in transition*(pp. 321-332). Toronto: Little Brown and Co.

Cummings, E. M., & Davies, P. T. (1994). Marital conflict and child adjustment: An emotional insecurity hypothesis. *Psychological Bulletin, 116*, 378-411.

Davies, P. T., & Cummings, E. M. (1998). Exploring children's emotional insecurity as a mediator of the link between marital relations and child adjustment. *Child Development, 69*, 124-139.

Dinkmeyer, D. (1985). 당신도 유능한 부모가 될 수 있다(이경우 편역). 서울: 창지사.

Duvall, E. A. (1980). *Marriage and family development*(5th ed.). Philadelphia: J. B. Lippicott.

Eshleman, J. R. (2000). *The family*. MA: Allyn & Bacon.

Eshleman, J. R., & Bulcroft, R. A. (2010). *The family*. Boston, MA: Allyn & Bacon.

Fehr, B. (1988). Prototype of analysis of the concepts of love and commitment. *Journal of Personality and Social Psychology, 55*(4), 557-579.

Fisher, H. (2004). *Why we love*(정명진 역). 우리는 왜 사랑에 빠지는가. 서울: 생각의 나무.

Fisman, R., Iyengar, S. S., Kamenica, E., & Simonson, I. (2006). Gender differences in mate selection: Evidence from a speed dating experiment. *The Quality Journal of Economics, 121*, 673-697.

Freud, S. (1933). *New introductory lectures in psychoanalysis*. New York: Norton.

Fromm, E. (1975). 사랑의 기술(황문수 역). 서울: 문예출판사.

Gagong, L. H., & Coleman, M.(1994). *Remarried family relationships*. CA: Sage Publications.

Galinsky, E. (1987). *The six stages of parenthood*. Reading, MA: Addison-Wesley.

Glick, P. C. (1989). Remarried families, stepfamilies and stepchildren: A brief demographic profile. *Family Relations, 38*, 24-27.

Goldberg, H. (2007). *What men still don't know about women, realationships, and love*(진성록 역). 남자, 여자를 해석하다. 서울: 부글북스.

Gordon, T. (1986). 부모교육: 자녀·청소년 지도의 새기술·효과적인 대화 방법(이태영·황영자 역). 서울: 교학연구사.

Gottman, J. M. (1993). A theory of marital dissolution and stability. *Journal of Family Psychology, 7*(1), 57-75.

Hamner, T. J., & Turner, P. H. (2001). *Parenting in contemporary society*(4th ed.). Boston: Allyn & Bacon.

Hawkins, D. N., Amato, P. R., & King, V. (2006). Parent-adolescent involvement: The relative influence of parent gender and residence. *Journal of Marriage and Family, 68*(1), 125-136.

Hendrick, C., & Hendrick, S. (1986). A theory and method of love, *Journal of Personality and Social Psychology, 50*(2), 392-402.

Herbert, M. (1991). *Child care and the family*. Windsor: NFER/Nelson.

Herbst, P. G. (1954). Conceptual framework for studying the family. In O. S. Oeser & S. B. Hammond(eds.), *Social structure and personality in a city*(pp. 126-137). London: Routledge & Kegan Paul.

Hertherington, E. M., & Clingempeel, W. G. (1992). Coping with marital transitions. *Monographs of the Society for Research in Child Development, 57*, 2-3.

Hetherington, E. M., & Kelly, J. (2002). *For better or worse: Divorce reconsidered*. New York: W. W.

Norton.

Hetherington, E. M., & Stanley-Hagan, M. (1999). The adjustment of children with divorced parents: A risk and resiliency perspective. *Journal of Child Psychology and Psychiatry, 40*, 129-140.

Hoffman, L. W. (1960). Effects of the employment of mothers on parental power relations in the devision of household tasks. *Marriage and Family Living, 22*, 27-35.

Kelley, H. H. (1983). Love and commitment. In H. H. Kelley et al.(eds.), *Close relationships*. NY: Freeman.

Kerckhoff, A. C., & Davis, K. E. (1962). Value consensus and need complementarity in mate selection. *American Sociological Review, 27*, 295-303.

Knox, D., & Schacht, C. (2010). *Choices in relationships*. CA: Wadsworth.

Lee, J. A. (1993). 사랑의 유형. 로버트 스턴버그 외 지음, 고선주 외 역. 사랑의 심리학. 서울: 하우.

LeMaster, E., & DeFrain, J. (1983). *Parents in contemporary America*. Homewood, IL: Dorsey.

Lewis, R. A. (1973). A longitudinal test of a development framework for premarital dyadic formation. *Journal of Marriage and Family, 35*, 16-25.

Lyndia, O., Ann, S., Gail, A., Renee, W. S., Richard, D., & Varzi, J. (2005). Saving sex for later: An evaluation of a parent ducation intervention. *Perspectives on Sexual & Reproductive Health, 37*, 166-173.

Maccoby, E. E., & Martin, J. A. (1983). Socialization in the context of the family: Parent-child interaction. In P. H. Mussen & E. M. Hetherington(eds.), *Handbook of child psychology: Vol. 4. Socializayion, personality, and social development*(4th ed.). NY: Wiley.

Masters, W. H., Johnson, V. E., & Kolodny, R. C. (1988). *Masters and Johnson on Sex and Human Loving*. Little, Brown and Company.

McGoldrick, M. (1999). Becoming a couple. In E. A. Carter & M. McGoldrick(eds.), *The expanded family life cycle: Individual, family, and social perspectives*(3rd ed.). Needham Heights, MA: Allyn & Bacon.

Moir, A., & Jessel, D. (2009). *Brain Sex*. (곽윤정 역). 브레인 섹스. 서울: 북스넛.

Mueller, M. M., & Elder, G. H. (2003). Family contigencies across the generations: Grandparent-grandchild relationships in holistic perspective. *Journal of Marriage and the Family, 65*, 404-417.

Murdock, G. P. (1949). *Social structure*. New York, NY: Macmillian.

Murstein, B. I. (1970). Stimulus-value-role: A theory of marital choice. *Journal of Marriage and Family, 32*, 465-481.

Murstein, B. I. (1980). Mate selection in the 1970s. *Journal of Marriage and Family, 42*, 777-792.

Murstein, B. I. (1987). A clarification and extension of the SVR theory of dyadic pairing. *Journal of Marriage and Family, 49*, 929-933.

Mussen, P. H., Conger, J. J., Kagan, J., & Huston, A. C. (1990). *Child development and personality*(7th ed.). New York: Harper & Row.

Neugarten, B. L. (1977). Personality and aging. In J. Birren & K. W. Schaie(eds.), *Handbook of the psychology of aging*. New York: Van Nostrand Reinhold.

Neugarten, B. L., & Weinstein, K. K. (1964). The changing American grandparent. *Journal of Marriage and the Family, 26*, 199-204.

Nolen-Hoetsema, S. (2003). *Women who think too much*(오민영 역). 생각이 너무 많은 여자. 서울: 한언.

Olson, D. H., & DeFrain, J. (2003). *Marriage and families: Intimacy, diversity, and strengths*. NY: McGraw-Hill.

Olson, D. H., DeFrain, J., & Skogrand, L. (2008). *Marriage and families: Intimacy, diversity, and strengths*. NY: McGraw-Hill.

Parke, R. D. (1995). 아버지의 어린이 양육. 곽덕영(역). 서울: 학문사.

Parsons, T. (1943). The kinship system of the contemporary United States. *American Anthropologist, 45*, 22–28.

Parsons, T. (1955). The American family. In T. Parsons & R. F. Bales(eds.), *Family, socialization, and interaction process*. Gelencoe, IL: The Free Press.

Prager, K. J. (1991). Intimacy status and couple conflict resolution. *Journal of Social and Personal Relationships, 8*, 505-526.

Rodman, H. (1972). Marital power and the theory of resources in cultural context. *Journal of Comparative Family Studies, 3,* 50-69.

Rogers, S., & White, L. (1998). Satisfaction with parenting: The role of marital happiness, family structure, and parents' gender. *Journal of Marriage and the Family, 60*, 293-308.

Rubin, Z. (1973). *Liking and loving: An invitation social psychology*, N. Y.: Holt Rinehart and Winston.

Sassler, S., & Lichter, D. T. (2020). Cohabitation and Marriage: Complexity and diversity in union-formation patterns. Journal of Marriage and Family, 82, 35-61.

Seccombe, K., & Warner, R. L. (2004). *Marriage and families: Relationships in social context*. CA: Wadsworth/Thomson Learning.

Segrin, C., Taylor, M. E., & Altman, J. (2005). Social congitive mediators and relational outcomes associated with parental divorce. *Journal of Social and Personal Relationships, 22*, 361-377.

Slicker, E. K., & Thornberry, I. (2002). Older adolescent well-being and authoritative parenting. *Adolescent and Family Health, 3*(1), 9-19.

Smith, C, A., Cudaback, D., Goddard, H. W., & Myers-Walls, J. A. (1994). *The national extension parent education model final report*. Manhattan: Kansas State Cooperative Extension Service.

Smock, P. A., & Schwartz, C. R. (2020). The demography of families: A review of patterns and change. Journal of Marriage and Family, 82, 9-34.

Spanier, G. B., & Cole, C. L. (1976). Toward clarification and investigation of marital adjustment. *International Journal of Sociology of the Family, 6,* 121-146.

Steinberg, L., & Silk, J. S. (2002). Parenting adolescents. In M. H. Bornstein(ed.), *Handbook of parenting*(Vol. 1, 2nd ed., pp. 103-133). Mahwah, NJ: Erlbaum.

Sternberg, R. J. (1988). *The triangle of love: Intimacy, passion, commitment*. New York: Bassic Books.

U. S. Census Bureau(2010). The United States' Census 2010.

Udry, J. R. (1971). *The social context of marriage*. NY: Lippincott.

Vazsonyi, A. T., Hibbert, J. R., & Snider, J. B. (2003). Exotic enterprise no more? Adolescent reports of family and parenting processes from youth in four countries. *Journal of Research on Adolescence, 13*, 129-160.

Visher, F. B., & Visher, J. S. (1988). *Old loyalties, new ties: Therapeutic strategies with stepfamilies*. NY: Brunner/Mazel.

Visher, F. B., & Visher, J. S. (1996). *Therapy with stepfamilies*. NY: Brunner/Mazel.

Visher, F. B., & Visher, J. S. (1997). *Stepping together: Creating strong stepfamilies*. NY: Brunner/Mazel.

Wallerstein, J. S. (1983). Children of divorce: The psychological tasks of the child. *American Journal of Orthopsychiatry, 53*(2), 230-243.

Wallerstein, J. S., & Kelly, J. (1976). The effects of parental divorce: Experiences of the child in later latency. *American Journal of Orthopsychiatry, 46*, 256-269.

Walsh, F. (2002). A family resilience framework: Innovative practice applications. *Family Relations, 51*(2), 130-138.

Walters, J., & Stinnett, N. (1971). Parent-child relationships: A decade review of research. *Journal of Marriage and the Family, 33*, 70-111.

Winch, R. F., Ktsanes, T., & Ktsanes, V. (1954). The theory of complementary needs in mate-selection: An analytic and descriptive study. *American Sociological Review, 19*, 241-249.

경향신문(2006. 9. 29). [인류학자가 보는 세상](11) 한국가족은 모계화되고 있는가?. 박부진 교수.

http://news.khan.co.kr/kh_news/khan_art_view.html?artid=200609291504001&code=900308 에서 2013년 12월 10일 인출.

국가법령정보센터. 민법.
http://www.law.go.kr/lsInfoP.do?lsiSeq=122983#0000

국민일보(2013. 5. 9). 서울시, 올해 1100쌍 예비부부교육 실시.
http://news.kukinews.com/article/view.asp?page=1&gCode=soc&arcid=0007164316&cp=nv

뉴스와이어(2011. 6. 10). 가장 개선이 필요한 관혼상제 분야, 혼례 56.1%. http://www.newswire.co.kr/newsRead.php?no=550718

뉴스위크 한국판(2013. 6. 10). 혼전동거는 해도 후회 안해도 후회? 52-54.

머니투데이 뉴스(2006. 10. 25). 며느리가 시어머니에게 가장 서운할 때는?. 홍기삼 기자.
http://www.mt.co.kr/view/mtview.php?type=1&no=2006102510104320197&outlink=1에서 2013년 12월 5일 인출.

복지로(2010. 9. 20). 국민 68.6% "4촌 이내라야 친족".
http://www.bokjiro.go.kr/news/allNewsView.do?board_sid=308&data_sid=214031에서 2013년 12월 13일 인출.

세계일보(2013. 2. 26). [가정이 희망이다] 조손가정 실태 살펴보니….
http://www.segye.com/content/html /2013/02/26/20130226024095.html에서 2013년 12월 8일 인출.

엠이코노미(2012. 4. 6). '장서 갈등'의 원인 1위 '지나친 간섭'.
http://m-economynews.com/detail.php?number=1040&thread=26r06에서 2013년 12월 4일 인출.

여성신문(2013. 12. 13). 결코 아버지만의 자식이 아닙니다. 이소영 기자 greenss@womennews.co.kr.
http://www.womennews.co.kr/news /63975에서 2013년 12월 15일 인출.

여성조선(2013. 12.). 행복한 부부를 위한 부부생활백서 10. 최강현 원장.
http://woman.chosun. com/magazine/viewArticle. do?atCode=1876에서 2013년 11월 18일 인출.

연합뉴스(2007. 9. 10.). 맞벌이 가사노동, 女 하루 208분 男 32분.
http://micon.miclub.com/board/ viewArticle. do?artiNo=54061848에서 2013년 11월 27일 인출.

이코노미스트(2013. 5. 13). 예비 부부 '3無(주례, 웨딩사진, 화환) 결혼식'에 꽂히다.
http://magazine. joins.com/economist/article_view.asp?aid=297451.

이코노미스트(2013. 9. 16). 아이 2명 중 1명 조부모 손에 자라. 김성희·허정연 기자.
http://magazine.joins.com/economist/article _view.asp?aid=298862에서 2013년 12월 5일 인출.

조선일보(2012. 3. 16). 또 하나의 고통... 결혼비용, 7년 새 2배로.
http://news.chosun.com/site/data/html _dir/ 2012/03/16/2012031600205.html

조선일보(2013. 10. 31.). 행복한 부부 대화 10계명. 이영숙.
http://edu.chosun.com/site/data/html_dir /2011/07/22/ 2011072201418.html에서 2013년 11월 14일 인출.

조선일보(2019. 7. 31). https://news.chosun.com/site/data/html_dir/2019/07/31/2019073100207.html

주간조선(2013. 10. 21). 조손가정을 해체하라. 황은순 기자.
http://weekly.chosun.com/client/news/viw.asp? nNewsNumb =002278100024&ctcd=C09에서 2013년 12월 18일 인출.

찾기 쉬운 생활법령 정보(2013). 혼인성립의 요건.
http://oneclick.law.go.kr/CSP/CnpClsMain.laf?popMenu=ov&csmSeq=170&ccfNo=1&cciNo= 1&cnpClsNo=1

충남.넷(2010. 9. 19). 친족의 탄생(1).
http://www.chungnam.net/media/mediaMain.do?article_no=MD0000357772&med_action=view&mnu_cd=CNNMENU00006&orderby=REG_DATE에서 2013년 12월 16일 인출.

한겨레신문(2013. 12. 10.) 중년이혼이 신혼이혼 앞질렀다.
http://www.hani.co.kr/arti/society/society_general/614831.html에서 2013년 12월 10일 인출.

한경 키즈맘(2012. 11. 20.). '이렇게만 계속하면 남남 될 수 있다' 이혼을 부르는 5가지 행동. 이미나 기자 helper@hankyung.com. http://kizmom. hankyung.com/news/apps/news.sub_view?popup=0&nid=02&c1=02&c2=01&c3 =00&nkey=2012 11201007341에서 2013년 12월 9일 인출.

한국경제(2006. 10. 15.). [다산칼럼] 중년에게 희망을. 함인희.
http://www.hankyung.com/news/app/newsview.php? aid=2006101533961에서 2013년 11월 30일 인출.

http://www. google.co.kr

저자소개

문혁준 가톨릭대학교 아동학전공 교수

양성은 인하대학교 아동심리학과 교수

김상림 인천대학교 유아교육과 교수

손서희 숙명여자대학교 가족자원경영학과 교수

윤수정 인하대학교 아동심리학과 초빙교수

천희영 고신대학교 아동복지학과 교수

제2판

결혼과 가족

초 판 1쇄 발행 2014년 2월 20일
초 판 2쇄 발행 2016년 1월 6일
제2판 1쇄 발행 2020년 2월 21일

지 은 이 | 문혁준·양성은·김상림·손서희·윤수정·천희영
펴 낸 이 | 김기섭
편 집 인 | 김민수
펴 낸 곳 | 창지사 www.changjisa.com
08589 서울시 금천구 가산디지털 1로 83 파트너스타워 1차 9층
전화 (02) 719-2211~3
팩스 (02) 701-9386
등 록 | 1977년 4월 28일·제1-421호

ISBN 978-89-426-1319-9 (93330)

값 20,000원

「이 도서의 국립중앙도서관 출판예정도서목록(CIP)은 서지정보유통지원시스템 홈페이지(http://seoji.nl.go.kr)와 국가자료공동목록시스템(http://www.nl.go.kr/kolisnet)에서 이용하실 수 있습니다.(CIP제어번호: CIP2020007103)」